【新版建设工程合同示范文本系列丛书】

建设工程施工合同（示范文本）（GF—2013—0201）
与
建设工程施工合同（示范文本）（GF—1999—0201）
对照解读

推荐适用于房屋建筑工程、土木工程、线路管道和设备安装工程、装修工程等建设工程

王志毅 主 编

合同协议书与协议书对照解读
通用合同条款与通用条款对照解读
专用合同条款与专用条款对照解读
附件对照解读
应用指南与填写范例

中国建材工业出版社

图书在版编目（CIP）数据

建设工程施工合同（示范文本）（GF—2013—0201）与建设工程施工合同（示范文本）（GF—1999—0201）对照解读／王志毅主编．—北京：中国建材工业出版社，2013.9

（新版建设工程合同示范文本系列丛书）

ISBN 978-7-5160-0556-9

Ⅰ.①建… Ⅱ.①王… Ⅲ.①建筑工程－工程施工－合同－范文－中国 Ⅳ.①TU723.1

中国版本图书馆CIP数据核字（2013）第190388号

内 容 提 要

二十余年来，国务院下属相关主管机构和各地方主管机构在建设工程领域制订并发布了大量的合同示范文本，取得了良好的社会效果。随着我国建设领域的法制建设和建筑市场各参与主体的业务水平、管理水平的不断提高，原有的建设工程合同示范文本客观上已经难以满足建筑市场的需要。为规范建设施工合同管理，指导当事人防范合同条款粗放、风险预防不明确、相关法律法规调整等因素而产生合同纠纷，作为近年来对《建设工程施工合同（示范文本）》（GF—1999—0201）进行修订的最重要成果，住房和城乡建设部、国家工商行政管理总局发布了新版的《建设工程施工合同（示范文本）》（GF—2013—0201），自2013年7月1日起执行。

为组织学习、宣传和推行建设工程施工合同示范文本，中国建材工业出版社组织业内有关专业人士编写了《建设工程施工合同（示范文本）（GF—2013—0201）与建设工程施工合同（示范文本）（GF—1999—0201）对照解读》，对《建设工程施工合同（示范文本）》（GF—2013—0201）的《合同协议书》、《通用合同条款》、《专用合同条款》、《附件》进行了逐条对照、有针对性的解读并对应用《建设工程施工合同（示范文本）》（GF—2013—0201）提供了填写范例和简明指南。

本书适用于建设工程项目发包人、建筑施工企业、工程项目管理机构、监理单位、招标代理机构、设计机构、保险机构、工程担保机构、高等院校和相关主管部门、行业协会、培训机构、会计/审计/律师事务所以及其他相关机构的管理人员。

建设工程施工合同（示范文本）（GF—2013—0201）与
建设工程施工合同（示范文本）（GF—1999—0201）对照解读
王志毅　主编

出版发行：中国建材工业出版社
地　　址：北京市西城区车公庄大街6号
邮　　编：100044
经　　销：全国各地新华书店
印　　刷：北京鑫正大印刷有限公司
开　　本：889mm×1194mm　1/16
印　　张：24.5
字　　数：680千字
版　　次：2013年9月第1版
印　　次：2013年9月第1次
定　　价：62.00元

本社网址：www.jccbs.com.cn
本书如出现印装质量问题，由我社营销部负责调换。联系电话：（010）88386906
丛书法律顾问：北京市众明律师事务所

建设工程施工合同（示范文本）（GF—2013—0201）
与
建设工程施工合同（示范文本）（GF—1999—0201）
对照解读

主　编　王志毅

副主编　潘　容

关　于

建设工程施工合同（示范文本）（GF—2013—0201）

与

建设工程施工合同（示范文本）（GF—1999—0201）

对照解读

以　及

应用《建设工程施工合同（示范文本）》（GF—2013—0201）的简明指南

2013年

前　言

作为建设工程项目承发包双方之间最重要的法律文件，建设工程施工合同的签订和履行直接关系到建设工程能否顺利进行、关系到建设工程的质量和工期、关系到承发包双方的权利和义务分配、关系到承发包双方的风险和责任承担。我国的建设工程施工合同长期存在着履约率低、合同纠纷多的现象，究其最重要的原因，就是当事人缺乏应有的合同知识和法律意识，所签订的合同或是内容不完备，或是格式不规范，在合同签订之时就留下了许多日后纠纷的隐患。

为了避免上述情形的发生，引导当事人在订立、履行建设工程施工合同时严格遵守法律、行政法规的规定，遵循公平的原则确定各方的权利义务，遵循诚实信用的原则履行合同，从而维护当事人各方的合法权益，建设部和国家工商行政管理局早在1991年即发布了《建设工程施工合同》（GF—91—0201）作为示范文本推广使用，当时在指导当事人正确签订和履行建设工程施工合同方面发挥了巨大作用，取得了良好的社会效益和经济效益。

为了与1997年颁布的《中华人民共和国建筑法》、1999年颁布的《中华人民共和国合同法》等法律法规相统一，建设部和国家工商行政管理局在总结近几年施工合同示范文本实践经验的基础上，参照国际咨询工程师联合会（FIDIC）相关合同条款，对《建设工程施工合同》（GF—91—0201）进行了修订并于1999年12月24日发布了《建设工程施工合同（示范文本）》（GF—1999—0201），原《建设工程施工合同》（GF—91—0201）停止使用。1999年版建设工程施工合同示范文本在建筑市场上得到了更加广泛的应用，进一步规范了建筑市场秩序、提高了建设管理水平。

近十余年来，随着我国建设领域的法制建设和建筑市场各参与主体的业务水平、管理水平的不断提高，《建设工程施工合同（示范文本）》（GF—1999—0201）客观上已经难以满足建筑市场的需要，与《中华人民共和国劳动合同法》(2007年6月29日公布，2008年1月1日起实施)、《中华人民共和国社会保险法》(2010年10月28日公布，2011年7月1日起实施)、《中华人民共和国建筑法》(2011年4月22日修订，2011年7月1日起实施)、《最高人民法院关于适用〈中华人民共和国合同法〉若干问题的解释（一）》(1999年12月1日由最高人民法院审判委员会第1090次会议通过，自1999年12月29日起施行)、《最高人民法院关于适用〈中华人民共和国合同法〉若干问题的解释（二）》(2009年2月9日由最高人民法院审判委员会第1462次会议通过，自2009年5月13日起施行)、2004年财政部、建设部印发的《建设工程价款结算暂行办法》（财建［2004］369号）等法律、法规、司法解释、部门规章的规定存在矛盾等问题也日益突出。

为规范建设施工合同管理，指导当事人防范合同条款粗放、风险预防不明确、相关法律法规调整等因素而产生合同纠纷，国家有关部门早在数年前即启动了对《建设工程施工合同（示范文本）》（GF—1999—0201）的修改工作。作为近年来对《建设工程施工合同（示范文本）》（GF—1999—0201）进行修订的最重要成果，住房和城乡建设部、国家工商行政管理总局发布了新版的《建设工程施工合同（示范文本）》(GF—2013—0201)，自2013年7月1日起执行。

《建设工程施工合同（示范文本）》（GF—2013—0201）以现行的相关法律、法规为依据，充分体现了十余年来我国工程建设领域的立法成果，全面反映了工程建设、项目管理的基本制度，借鉴和吸收了国际最新的合同管理经验，公平界定了合同双方的权利义务，平衡分配了工程风险，规范了合同订立履约行为。

众所周知，虽然我国的建设行政管理部门在建设领域发布了大量的部门规章，但是在合同履行发生争议时，因部门规章并非我国司法裁判的直接根据，如果合同没有与部门规章一致或者类似的约定，在实践中往往造成法律适用上的困难和矛盾。《建设工程施工合同（示范文本）》（GF—2013—0201）将大量的部门规章规定直接表述或有机结合为合同当事人的约定，从而巧妙地解决了行政管理部门的行政管理和合同当事人之间的意思自治以及人民法院裁判案件的司法适用之间的矛盾，这也充分体现了建设行政管理部门和《建设工程施工合同（示范文本）》（GF—2013—0201）起草者的智慧。

建设工程施工合同是发包人编制各项建设工程招标文件的重要组成部分，也是平衡发包人和承包人利益及权利义务关系的最重要的法律文件。《建设工程施工合同（示范文本）》（GF—2013—0201）的发布，必然极大地影响建筑市场各参与主体的行为规范和合同利益，更将有利于发展和完善建筑市场、有利于规范市场主体的交易行为、有利于进一步明确建设工程发包人和承包人的权利和义务、保护双方的合法权益。

为组织学习、宣传和推行建设工程施工合同示范文本，中国建材工业出版社组织业内有关专业人士编写了《建设工程施工合同（示范文本）（GF—2013—0201）与建设工程施工合同（示范文本）（GF—1999—0201）对照解读》，对《建设工程施工合同（示范文本）》（GF—2013—0201）的《合同协议书》、《通用合同条款》、《专用合同条款》、《附件》进行了逐条对照、有针对性的解读并对应用《建设工程施工合同（示范文本）》（GF—2013—0201）提供了填写范例和简明指南。

本书有助于建设工程项目发包人、建筑施工企业、工程项目管理机构、监理单位、招标代理机构、设计机构、保险机构、工程担保机构、高等院校和相关主管部门、行业协会、培训机构、会计/审计/律师事务所以及其他相关机构的管理人员掌握有关法律规定、增强合同意识，加深对《建设工程施工合同（示范文本）》（GF—2013—0201）的理解，学习和掌握签订、履行《建设工程施工合同（示范文本）》（GF—2013—0201）的技巧。

《建设工程施工合同（示范文本）》（GF—2013—0201）凝聚了行业最高行政管理部门和相关领域专家学者的智慧，内容博大精深，体系完整，措辞精确，逻辑严谨。限于编者水平的原因，仅能管中窥豹，恳请读者不吝指正，以便再版时予以修正。

新版建设工程合同示范文本系列丛书

编委会

2013 年 7 月

中华人民共和国合同法总则（节选）

（1999年3月15日第九届全国人民代表大会第二次会议通过，自1999年10月1日起施行）

第一条 为了保护合同当事人的合法权益，维护社会经济秩序，促进社会主义现代化建设，制定本法。

第二条 本法所称合同是平等主体的自然人、法人、其他组织之间设立、变更、终止民事权利义务关系的协议。

婚姻、收养、监护等有关身份关系的协议，适用其他法律的规定。

第三条 合同当事人的法律地位平等，一方不得将自己的意志强加给另一方。

第四条 当事人依法享有自愿订立合同的权利，任何单位和个人不得非法干预。

第五条 当事人应当遵循公平原则确定各方的权利和义务。

第六条 当事人行使权利、履行义务应当遵循诚实信用原则。

第七条 当事人订立、履行合同，应当遵守法律、行政法规，尊重社会公德，不得扰乱社会经济秩序，损害社会公共利益。

第八条 依法成立的合同，对当事人具有法律约束力。当事人应当按照约定履行自己的义务，不得擅自变更或者解除合同。

依法成立的合同，受法律保护。

目　　录

我们提供

图书出版、图书广告宣传、企业/个人定向出版、设计业务、企业内刊等外包、代选代购图书、团体用书、会议、培训，其他深度合作等优质高效服务。

编辑部 010-88386119

图书广告 010-68361706

出版咨询 010-68343948

图书销售 010-68001605

设计业务 010-88376510转1008

邮箱：jccbs-zbs@163.com　　网址：www.jccbs.com.cn

住房城乡建设部　工商总局
关于印发建设工程施工合同（示范文本）的通知

建市[2013]56号

各省、自治区住房城乡建设厅、工商行政管理局，直辖市建委（建交委）、工商行政管理局，新疆生产建设兵团建设局，国务院有关部门建设司，有关中央企业：

为规范建筑市场秩序，维护建设工程施工合同当事人的合法权益，住房城乡建设部、工商总局对《建设工程施工合同（示范文本）》（GF—1999—0201）进行了修订，制定了《建设工程施工合同（示范文本）》（GF—2013—0201），现印发给你们。在执行过程中有何问题，请与住房城乡建设部建筑市场监管司、工商总局市场规范管理司联系。

本合同自2013年7月1日起执行，原《建设工程施工合同（示范文本）》（GF—1999—0201）同时废止。

附件：《建设工程施工合同（示范文本）》（GF—2013—0201）（略）

住房城乡建设部　工商总局

2013年4月3日

说　　明

为了指导建设工程施工合同当事人的签约行为，维护合同当事人的合法权益，依据《中华人民共和国合同法》、《中华人民共和国建筑法》、《中华人民共和国招标投标法》以及相关法律法规，住房城乡建设部、国家工商行政管理总局对《建设工程施工合同（示范文本）》（GF—1999—0201）进行了修订，制定了《建设工程施工合同（示范文本）》（GF—2013—0201）（以下简称《示范文本》）。为了便于合同当事人使用《示范文本》，现就有关问题说明如下：

一、《示范文本》的组成

《示范文本》由合同协议书、通用合同条款和专用合同条款三部分组成。

（一）合同协议书

《示范文本》合同协议书共计 13 条，主要包括：工程概况、合同工期、质量标准、签约合同价和合同价格形式、项目经理、合同文件构成、承诺以及合同生效条件等重要内容，集中约定了合同当事人基本的合同权利义务。

（二）通用合同条款

通用合同条款是合同当事人根据《中华人民共和国建筑法》、《中华人民共和国合同法》等法律法规的规定，就工程建设的实施及相关事项，对合同当事人的权利义务作出的原则性约定。

通用合同条款共计 20 条，具体条款分别为：一般约定、发包人、承包人、监理人、工程质量、安全文明施工与环境保护、工期和进度、材料与设备、试验与检验、变更、价格调整、合同价格、计量与支付、验收和工程试车、竣工结算、缺陷责任与保修、违约、不可抗力、保险、索赔和争议解决。前述条款安排既考虑了现行法律法规对工程建设的有关要求，也考虑了建设工程施工管理的特殊需要。

（三）专用合同条款

专用合同条款是对通用合同条款原则性约定的细化、完善、补充、修改或另行约定的条款。合同当事人可以根据不同建设工程的特点及具体情况，通过双方的谈判、协商对相应的专用合同条款进行修改补充。在使用专用合同条款时，应注意以下事项：

1. 专用合同条款的编号应与相应的通用合同条款的编号一致；

2. 合同当事人可以通过对专用合同条款的修改，满足具体建设工程的特殊要求，避免直接修改通用合同条款；

3. 在专用合同条款中有横道线的地方，合同当事人可针对相应的通用合同条款进行细化、完善、补充、修改或另行约定；如无细化、完善、补充、修改或另行约定，则填写“无”或划“/”。

二、《示范文本》的性质和适用范围

《示范文本》为非强制性使用文本。《示范文本》适用于房屋建筑工程、土木工程、线路管道和设备安装工程、装修工程等建设工程的施工承发包活动，合同当事人可结合建设工程具体情况，根据《示范文本》订立合同，并按照法律法规规定和合同约定承担相应的法律责任及合同权利义务。

《建设工程施工合同（示范文本）》（GF—2013—0201）导读

《建设工程施工合同（示范文本）》（GF—2013—0201）由《合同协议书》、《通用合同条款》和《专用合同条款》三部分构成。其中《合同协议书》共有十三条；《通用合同条款》共有二十条；《专用合同条款》的内容编号与通用合同条款相对应。

《合同协议书》作为《建设工程施工合同（示范文本）》（GF—2013—0201）的第一部分，是发包人与承包人就合同内容协商达成一致意见后，向对方承诺履行合同而签署的正式协议。《合同协议书》包括工程概况、工程名称、工程地点、工程承包范围、工期、质量标准、合同价格等合同主要内容，明确了包括《合同协议书》在内组成合同的所有文件，并约定了合同生效的方式及合同订立的时间和地点等。

《合同协议书》作为《建设工程施工合同（示范文本）》（GF—2013—0201）单独的一部分，主要有以下几个方面的目的：第一，确认双方达成一致意见的合同主要内容，使得合同核心条款一目了然；第二，确认合同文件的组成部分，有利于合同双方正确理解并全面履行合同；第三，确认合同主体双方并确认合同生效。

《建设工程施工合同（示范文本）》（GF—2013—0201）的《通用合同条款》是根据《中华人民共和国建筑法》、《中华人民共和国合同法》及其他有关法律、行政法规制定的，同时也考虑了工程施工中的惯例以及施工合同在签订、履行和管理中的通常做法，具有较强的普遍性和通用性，是通用于各类建设工程施工的基础性合同条款。

建设工程虽然具有单一性，不同的工程在施工方案以及工期、价款等方面各不相同，但在工程施工中所依据的法律、法规、部门规章是统一的，发包人与承包人的权利义务也基本一致，对于违约、索赔和争议的处理原则也基本相同。因此，为节约谈判成本，可以把建设工程施工中这些共性的内容固定下来，形成合同的《通用合同条款》。

发包人、承包人双方可结合具体工程，经协商一致对《建设工程施工合同（示范文本）》（GF—2013—0201）《通用合同条款》进行补充或修改，在《专用合同条款》中进行约定。合同履行中是否执行《通用合同条款》要根据《专用合同条款》的约定。如果《专用合同条款》没有对《通用合同条款》的某一条款作出修改，则执行《通用合同条款》；反之，按修改后的《专用合同条款》执行。在工程项目招标时，《通用合同条款》应作为招标文件的一部分提供给投标人。无论是否执行《通用合同条款》，《通用合同条款》都应作为合同的一个组成部分予以保留，不应只将《合同协议书》和《专用合同条款》视为全部合同内容。

《建设工程施工合同（示范文本）》（GF—2013—0201）《专用合同条款》是专用于具体工程的条款。每项工程都有具体的内容，都有不同的特点，《专用合同条款》正是针对不同工程的内容和特点，对应《通用合同条款》的内容，对不明确的条款作出的具体约定，对不适用的条款作出修改，对缺少的内容作出补充，使合同条款更具有可操作性，便于理解和履行。《专用合同条款》和《通用合同条款》不是各自独立的两部分，而是互为说明、互为补充，与《合同协议书》共同构成合同文本的内容。

《专用合同条款》体现了建设工程施工合同的差异性，《通用合同条款》体现了建设工程施工合同的共性。根据通行的做法和双方对于合同解释顺序约定，当《专用合同条款》与《通用合同条款》约定发生冲突时，《专用合同条款》的法律效力优先于《通用合同条款》，应以《专用合同条款》约定为准适用。

除《通用合同条款》外，《建设工程施工合同（示范文本）》（GF—2013—0201）的《合同协议书》

和《专用合同条款》均涉及合同内容的填写问题。承包人和发包人应注意合同填写必须做到标准、规范、要素齐全、数字正确、字迹清晰、避免涂改；在《专用合同条款》中有横道线的地方，合同当事人可针对相应的《通用合同条款》进行细化、完善、补充、修改或另行约定；如无细化、完善、补充、修改或另行约定，则填写“无”或划“/”；涉及金额的数字应使用中文大写或同时使用大小写（可注明“以大写为准”）。

请读者注意，“对照解读”不是合同条款的组成部分。本合同所有涉及须双方共同确认的附件均应注明与合同有同等法律效力，并由双方以签订合同的方式确认。

第一部分

《建设工程施工合同（示范文本）》（GF—2013—0201）
“合同协议书”
与
《建设工程施工合同（示范文本）》（GF—1999—0201）
“协议书”

对照解读

《建设工程施工合同（示范文本）》（GF—2013—0201）第一部分 合同协议书	《建设工程施工合同（示范文本）》（GF—1999—0201）第一部分 协议书	对照解读
合同协议书 发包人：（全称）________________ 承包人：（全称）________________	**协议书** 发包人：（全称）________________ 承包人：（全称）________________	本款已作修改。 《建设工程施工合同（示范文本）》（GF—2013—0201）与《建设工程施工合同（示范文本）》（GF—1999—0201）相比，在“合同协议书”部分，共约定了十三条内容，新增加对“签约合同价”、“合同价格形式”、“安全文明施工费”、“暂估价”、“暂列金额”、“项目经理”及“承发包双方的共同承诺”等内容的约定。 我国《合同法》第二百七十条规定：“建设工程合同应当采用书面形式”。订立建设工程合同包括但不限于合同协议书和附件必须采用书面形式，这是我国现行《合同法》的强制性规定，更是合同当事人明确彼此权利、义务的重要保证。 实践中发包人是指具有工程发包主体资格和支付工程价款能力的当事人以及取得该当事人资格的合法继受人。发包人有时也被称为“发包单位”、“建设单位”、“业主”、“项目法人”，也是工程建设项目的招标人。承包人是指被发包人接受的具有工程施工承包主体资格的当事人以及取得该当事人资格的合法继受人。承包人有时也被称为“承包商”、“承包单位”、“施工企业”、“施工人”，也是工程建设项目的投标人和中标人。

《建设工程施工合同（示范文本）》 （GF—2013—0201） 第一部分　合同协议书	《建设工程施工合同（示范文本）》 （GF—1999—0201） 第一部分　协议书	对照解读
		发包人、承包人的名称均应完整、准确地写在对应的位置内，不可填写简称。注意名称应与合同签字盖章处所加盖的公章内容一致。合同主体的确定是双方主张权利和义务的基础。承发包双方应保证合同的签约主体与履约主体的一致性，避免承担因合同签约主体或履约主体不适格所导致合同无效的法律后果。
根据《中华人民共和国合同法》、《中华人民共和国建筑法》及有关法律规定，遵循平等、自愿、公平和诚实信用的原则，双方就________工程施工及有关事项协商一致，共同达成如下协议：	依照《中华人民共和国合同法》、《中华人民共和国建筑法》及其他有关法律、行政法规，遵循平等、自愿、公平和诚实信用的原则，双方就本建设工程施工事项协商一致，订立本合同。	本款未作修改。 本款是说明性条款。此部分主要说明合同签订的背景，即当事人签订合同的目的、宗旨及依据。 施工项目的名称应使用项目审批、核准机关出具的有关文件中载明的或备案机关出具的备案文件中确认的名称，如是招标工程还应与招标文件封面上的项目名称填写一致。
一、工程概况 1. 工程名称：________。	**一、工程概况** 工程名称：________。	本款未作修改。 工程名称：应填写工程全称。如：××× 工程，不可使用代号。
2. 工程地点：________。	工程地点：________。	本款未作修改。 工程地点：应填写工程所在地详细地点，如××市××区×××路××号，或××地块，东临××路，南临××路，西临××路，北临××路。

《建设工程施工合同（示范文本）》（GF—2013—0201）第一部分　合同协议书	《建设工程施工合同（示范文本）》（GF—1999—0201）第一部分　协议书	对照解读
3. 工程立项批准文号：________。	工程立项批准文号：________。	本款未作修改。 工程立项批准文号：对于须经有关主管部门审批立项才能建设的工程，应填写立项批准文号。批准立项的部门是指按照工程立项的有关规定和审批权限有权审批工程的立项部门。
4. 资金来源：________。	资金来源：________。	本款未作修改。 资金来源：应填写获得工程建设资金的方式或渠道，如政府财政拨款、银行贷款、单位自筹等。资金来源是多种方式的，应列明不同来源方式所占比例。
5. 工程内容：________。 群体工程应附《承包人承揽工程项目一览表》（附件1）。	工程内容：________。 群体工程应附承包人承揽工程项目一览表（附件1）。	本款未作修改。 工程内容：应填写反映工程状况、指标等的内容，主要包括工程的建设规模、建筑面积、结构形式等，应与工程承包范围的内容相同。对于群体工程包括的工程内容应列表说明，具体格式在附件中予以列明。
6. 工程承包范围：________。	**二、工程承包范围** 承包范围：________。	本款未作修改。 工程承包范围：是指承包人的工作范围和内容，是确定承包人合同义务的基础，应根据招投标文件或施工图纸确定的承包范围填写。

《建设工程施工合同（示范文本）》 （GF—2013—0201） 第一部分　合同协议书	《建设工程施工合同（示范文本）》 （GF—1999—0201） 第一部分　协议书	对照解读
二、合同工期 计划开工日期：______年____月____日。 计划竣工日期：______年____月____日。 工期总日历天数：______天。工期总日历天数与根据前述计划开竣工日期计算的工期天数不一致的，以工期总日历天数为准。	**三、合同工期** 开工日期：____________________。 竣工日期：____________________。 合同工期总日历天数______天。	本款已作修改。 《建设工程施工合同（示范文本）》（GF—2013—0201）将《建设工程施工合同（示范文本）》（GF—1999—0201）中约定的“绝对日期”均修改为“计划日期”，并约定了工期总日历天数。 工期是衡量承发包双方是否开始履约的重要依据，也是索赔和确定违约金的最主要依据。承发包双方应根据工程的实际情况，科学、客观地确定合理的工期。我国《建设工程质量管理条例》第十条规定，建设工程发包单位不得任意压缩合理工期。 “日历天数”是指不除去法定节假日、休息日的自然天数。合同中按天计算时间的，开始当天不计入，从次日开始计算，期限最后一天的截止时间为当天24:00时。施工工期有日历工期与有效工期之分，二者的区别在于前者不扣除法定节假日、休息日而后者扣除。 施工工期一般是指单项工程或单位工程从开工到完工所经历的时间。施工工期是建设工期中的一部分。如单位工程施工工期，是指从正式开工起至完成承包工程全部设计内容并达到国家验收标准的全部有效天数。 工期条款是确定承发包双方权利义务的主要条款。按照我国《招标投标法实施条例》第

《建设工程施工合同（示范文本）》（GF—2013—0201）第一部分　合同协议书	《建设工程施工合同（示范文本）》（GF—1999—0201）第一部分　协议书	对照解读
		五十七条的规定，合同的标的、价款、质量、履行期限等主要条款应当与招标文件和中标人的投标文件的内容一致。招标人和中标人不得再行订立背离合同实质性内容的其他协议。鉴于工期条款是合同的实质性条款，而实践中的计划开工日期和计划竣工日期、实际开工日期和实际竣工日期往往会发生很大差异，容易引发承发包双方争议。建议在专业律师的指导下慎重协商签订工期条款并在实际履行合同的过程中注意保存可以证明实际开竣工日期的相关证明材料。
三、质量标准 工程质量符合__________标准。	**四、质量标准** 工程质量标准：__________。	本款未作修改。 建设工程质量标准可分为法定的质量标准和约定的质量标准，前者主要是指国家强制性标准，后者主要指承发包双方在合同以及技术标准和要求中约定的质量标准。 《建筑工程施工质量验收统一标准》（GB 50300—2001）取消了房屋建筑工程施工质量检验与评定中的“优良”等级，只有合格、不合格之分。 如果约定的工程质量标准低于法定的工程质量标准，按法定的工程质量标准执行；如果既没有法定标准，也没有约定标准，则按通常的工程质量标准或按符合该部位的功能及结构目的的特定标准执行。在司法实践中通常按照如下原则处理：如果建设工程施工合同中约定的

《建设工程施工合同（示范文本）》（GF—2013—0201）第一部分　合同协议书	《建设工程施工合同（示范文本）》（GF—1999—0201）第一部分　协议书	对照解读
		建设工程质量标准低于国家规定的工程质量强制性安全标准的，该约定无效；合同约定的质量标准高于国家规定的强制性标准的，该约定有效。
四、签约合同价与合同价格形式 1. 签约合同价为： 人民币（大写）______（¥______元）； 其中： （1）安全文明施工费： 人民币（大写）______（¥______元）； （2）材料和工程设备暂估价金额： 人民币（大写）______（¥______元）； （3）专业工程暂估价金额： 人民币（大写）______（¥______元）； （4）暂列金额： 人民币（大写）______（¥______元）。	**五、合同价款** 金额（大写）：__________元（人民币） ¥：__________元	本款已作修改。 《建设工程施工合同（示范文本）》（GF—2013—0201）将《建设工程施工合同（示范文本）》（GF—1999—0201）中约定的“合同价款”修改为“签约合同价”，并要求对安全文明施工费、材料和工程设备暂估价金额、专业工程暂估价金额及暂列金额作出明确约定。 应注意区分“签约合同价”与“合同价款”，合同价款应为承包人按合同约定完成了全部承包工作且在履行合同过程中按合同约定对签约合同价格进行变更和调整后，发包人应付给承包人款项的金额；签约合同价应填写双方确定的合同金额，如是招标工程，则是被发包人接受的承包人的投标报价。 本款确定签约合同价格用人民币表示，同时填写大小写。其中，阿拉伯数字的表达原则上应按财务的标准填写，如果大小写不一致，并且通过其他基础数据也无法判断哪个正确时，原则上以大写的金额为准。 通常对工程造价有重大影响的因素包括但不限于以下四个方面：计价方式的改变；建筑材料、设施、设备等市场价格变化；工程承包范围的较大变化；因设计变更或经济洽商导致的工程量与工程价款的改变。

《建设工程施工合同（示范文本）》（GF—2013—0201）第一部分　合同协议书	《建设工程施工合同（示范文本）》（GF—1999—0201）第一部分　协议书	对照解读
2. 合同价格形式：________________。		《建设工程施工合同（示范文本）》（GF—2013—0201）增加“合同价格形式”的约定，并在《通用合同条款》第12.1款中约定了承发包双方可选择适用的合同价格形式，包括单价合同、总价合同和其他价格形式。其中，单价合同是指合同当事人约定以工程量清单及其综合单价进行合同价格计算、调整和确认的建设工程施工合同，在约定的范围内合同单价不作调整；总价合同是指合同当事人约定以施工图、已标价工程量清单或预算书及有关条件进行合同价格计算、调整和确认的建设工程施工合同，在约定的范围内合同总价不作调整；其他价格形式还包括成本加酬金、定额计价等形式。 承发包双方可以根据工程项目的规模大小、工程特点及预期工期的长短等因素协商一致确定本合同采用的价格形式，并注意约定相应的价格风险范围。
五、项目经理 承包人项目经理：________________。		本款为新增条款。 承包人项目经理的名字应准确填写在本款内，建议预留签名式样，以免因出现代签等情形时发生争议。注意核对与身份证件姓名相同，并留存身份证件和相关职业资格证书和（或）执业证书复印件。 项目经理从职业角度，是指对建设工程实行质量、安全、进度、成本、环保管理的责任保证体系和全面提高工程项目管理水平而设立的

《建设工程施工合同（示范文本）》（GF—2013—0201）第一部分　合同协议书	《建设工程施工合同（示范文本）》（GF—1999—0201）第一部分　协议书	对照解读
		重要管理岗位；从从业角度，是指接受承包人委托对工程项目施工过程全面负责的项目管理者，是承包人在工程项目上的代表人。建设工程项目管理的实践经验表明，工程项目的成功与否很大程度上取决于项目经理的业务水平和风险意识。项目经理责任制作为我国施工管理体制上的一项重要制度，对加强建设工程项目风险管理、提高工程质量发挥了巨大作用。2003 年 2 月 27 日，国务院发布了《关于取消第二批行政审批项目和改变一批行政审批项目管理方式的决定》（国发〔2003〕5 号），取消了建设工程项目施工承包人项目经理资质核准而由注册建造师代替，并设立过渡期。但是需要注意的是，建造师执业资格制度的建立并不意味着完全取代了项目经理责任制，而只是取消“项目经理资质”的行政审批，有变化的是大中型工程项目的项目经理必须由取得建造师执业资格的建造师担任。注册建造师资格是担任大中型工程项目经理的一项必要性条件，是国家的强制性要求。但选聘哪位建造师担任项目经理，则由企业决定，那是企业行为。 我国《招标投标法》第二十七条第二款规定，招标项目属于建设施工的，投标文件的内容应当包括拟派出的项目负责人与主要技术人员的简历、业绩和拟用于完成招标项目的机械设备等。

《建设工程施工合同（示范文本）》 （GF—2013—0201） 第一部分　合同协议书	《建设工程施工合同（示范文本）》 （GF—1999—0201） 第一部分　协议书	对照解读
六、合同文件构成 本协议书与下列文件一起构成合同文件： （1）中标通知书（如果有）； （2）投标函及其附录（如果有）； （3）专用合同条款及其附件； （4）通用合同条款； （5）技术标准和要求； （6）图纸； （7）已标价工程量清单或预算书； （8）其他合同文件。 在合同订立及履行过程中形成的与合同有关的文件均构成合同文件组成部分。 上述各项合同文件包括合同当事人就该项合同文件所作出的补充和修改，属于同一类内容的文件，应以最新签署的为准。专用合同条款及其附件须经合同当事人签字或盖章。	**六、组成合同的文件** 组成本合同的文件包括： 1. 本合同协议书 2. 中标通知书 3. 投标书及其附件 4. 本合同专用条款 5. 本合同通用条款 6. 标准、规范及有关技术文件 7. 图纸 8. 工程量清单 9. 工程报价单或预算书 双方有关工程的洽商、变更等书面协议或文件视为本合同的组成部分。	本款已作修改。 《建设工程施工合同（示范文本）》（GF—2013—0201）将构成合同文件的名称进行了补充和完善：（1）如果是招标工程，则包括“中标通知书”和“投标函及其附录”，如果是直接发包的工程则不包括此两份合同文件；（2）将“专用条款”和“通用条款”修改为“专用合同条款”和“通用合同条款”，并增加“附件”作为合同文件的组成部分；（3）将“标准、规范及有关技术文件”修改为“技术标准和要求”；（4）将“工程量清单”及“工程报价单或预算书”修改为“已标价工程量清单或预算书”；（5）增加“其他合同文件”作为合同文件的组成部分，并赋予承发包双方在《专用合同条款》中对“其他合同文件”所包括的范围作进一步的明确；（6）增加“属于同一类内容的文件，应以最新签署的为准”；（7）增加“专用合同条款及其附件须经合同当事人签字或盖章”，具体操作方式可以是在每一页文件上加盖公章或经合同当事人授权代表签字，或者采取加盖骑缝章方式。 本款约定并列举了组成合同文件的范围以及组成合同文件的效力顺序，在《通用合同条款》中对组成合同文件的解释顺序也作了约定。承发包双方可以根据工程的性质和实际情况或合同管理需要，在《专用合同条款》中对于组成合同文件的解释顺序作出调整。

《建设工程施工合同（示范文本）》（GF—2013—0201）第一部分　合同协议书	《建设工程施工合同（示范文本）》（GF—1999—0201）第一部分　协议书	对照解读
七、承诺		本款已作修改。 《建设工程施工合同（示范文本）》（GF—2013—0201）与《建设工程施工合同（示范文本）》（GF—1999—0201）相比，增加了承发包双方之间的“共同承诺”条款，以预防签订“黑白合同”；并对发包人、承包人各自的“宣示性”承诺作了补充。
1. 发包人承诺按照法律规定履行项目审批手续、筹集工程建设资金并按照合同约定的期限和方式支付合同价款。	九、发包人向承包人承诺按照合同约定的期限和方式支付合同价款及其他应当支付的款项。	本款为发包人对承包人的宣示性承诺。《建设工程施工合同（示范文本）》（GF—2013—0201）增加发包人两项承诺：（1）按照法律规定履行项目审批手续；（2）筹集工程建设资金。 根据我国《合同法》和相关法规的规定，建设工程施工合同发包人应承担以下责任：（1）做好施工前的一切准备工作，确保建设承包单位准时进入施工现场；（2）向承包人提供符合质量的材料、设备；（3）对工程质量、进度进行检查；（4）组织竣工验收；（5）支付合同价款；（6）接收工程，交付使用等。
2. 承包人承诺按照法律规定及合同约定组织完成工程施工，确保工程质量和安全，不进行转包及违法分包，并在缺陷责任期及保修期内承担相应的工程维修责任。	八、承包人向发包人承诺按照合同约定进行施工、竣工并在质量保修期内承担工程质量保修责任。	本款为承包人对发包人的宣示性承诺。《建设工程施工合同（示范文本）》（GF—2013—0201）增加承包人三项承诺：（1）确保工程质量和安全；（2）不进行转包及违法分包；（3）在缺陷责任期内承担工程维修责任。

《建设工程施工合同（示范文本）》（GF—2013—0201）第一部分 合同协议书	《建设工程施工合同（示范文本）》（GF—1999—0201）第一部分 协议书	对照解读
		根据我国《合同法》和相关法规的规定，建设工程施工合同承包人在合同履行过程中，应承担以下责任：（1）按照合同约定的日期准时进入施工现场，按期开工；（2）接受发包人的监督；（3）确保建设工程质量达到合同约定标准等。
3. 发包人和承包人通过招投标形式签订合同的，双方理解并承诺不再就同一工程另行签订与合同实质性内容相背离的协议。		《建设工程施工合同（示范文本）》（GF—2013—0201）增加承发包双方之间的承诺。约定此款的目的在于预防“黑白合同”的签订。 我国《招标投标法》第四十六条规定，招标人和中标人应当自中标通知书发出之日起三十日内，按照招标文件和中标人的投标文件订立书面合同。招标人和中标人不得再行订立背离合同实质性内容的其他协议。 我国《招标投标法实施条例》第五十七条规定，招标人和中标人应当依照招标投标法和本条例的规定签订书面合同，合同的标的、价款、质量、履行期限等主要条款应当与招标文件和中标人的投标文件的内容一致。招标人和中标人不得再行订立背离合同实质性内容的其他协议。 最高人民法院《关于审理建设工程施工合同纠纷案件适用法律若干问题的解释》第二十一条规定，当事人就同一建设工程另行订立的建设工程施工合同与经过备案的中标合同实质性

《建设工程施工合同（示范文本）》（GF—2013—0201）第一部分　合同协议书	《建设工程施工合同（示范文本）》（GF—1999—0201）第一部分　协议书	对照解读
		内容不一致的，应当以备案的中标合同作为结算工程款的根据。 在司法实践中通常按照如下原则处理：承发包双方就同一工程另行签订的变更工程价款，改变计价方式、施工工期、质量标准等中标结果的协议，应当认定为最高人民法院《关于审理建设工程施工合同纠纷案件适用法律问题的解释》第二十一条规定的实质性内容变更。承包人作出的让利等承诺，亦应认定为变更中标合同的实质性内容。但是备案的中标合同实际履行过程中，工程因设计变更、规划调整等客观原因导致工程量增减、质量标准或施工工期发生变化，当事人签订补充协议、会谈纪要等书面文件对中标合同的实质性内容进行变更和补充的，属于正常的合同变更，可以作为确定当事人权利义务的依据。
八、词语含义 本协议书中词语含义与第二部分通用合同条款中赋予的含义相同。	七、本协议书中有关词语含义与本合同第二部分《通用条款》中分别赋予它们的定义相同。	本款未作修改。 本合同条件中《通用合同条款》和《专用合同条款》对关键词语作出定义，这些被定义的词语在本合同协议书中出现，含义是相同的。
九、签订时间 本合同于______年____月____日签订。	合同订立时间：______年____月____日。	本款未作修改。 合同订立时间是指合同双方法定代表人或其授权的委托代理人以及加盖公章或合同章的时间。如双方未约定合同生效的条件，则合同订立的时间就是合同生效时间。此处应填写完整的年月日。

《建设工程施工合同（示范文本）》 （GF—2013—0201） 第一部分　合同协议书	《建设工程施工合同（示范文本）》 （GF—1999—0201） 第一部分　协议书	对照解读
十、签订地点 本合同在________签订。	合同订立地点：________。	本款未作修改。 合同签订地点，指合同双方法定代表人或其授权代表签字和加盖公章的地点。在此应填写合同签订所在省（自治区、直辖市、特别行政区）、市、区（县）等信息。最高人民法院《关于审理建设工程施工合同纠纷案件适用法律问题的解释》第二十四条规定了建设工程施工合同纠纷以“施工行为地”为合同履行地，明确了建设工程施工合同纠纷案件不适用专属管辖，而应当按照《民事诉讼法》第二十四条规定适用合同纠纷的一般地域管辖原则。合同当事人如果选择诉讼作为解决争议方式，还可以进一步约定在合同履行地、合同签订地、标的物所在地、原告住所地、被告住所地人民法院管辖。因此，当承发包双方准备在本合同的《专用合同条款》中约定发生纠纷时选择由合同签订地法院管辖时，在此填写的合同签订地点就显得尤为重要。 采用书面形式订立合同，合同约定的签订地点与实际签字或者盖章地点不符的，约定的签订地点为合同签订地点；合同没有约定签订地点，双方当事人签字或者盖章又不在同一地点的，最后签字或者盖章的地点为合同签订地点。

《建设工程施工合同（示范文本）》（GF—2013—0201）第一部分　合同协议书	《建设工程施工合同（示范文本）》（GF—1999—0201）第一部分　协议书	对照解读
十一、补充协议 合同未尽事宜，合同当事人另行签订补充协议，补充协议是合同的组成部分。		本款为新增条款。 在合同履行过程中，法律并不禁止承发包双方对合同未尽事宜经协商一致后签订补充协议。但是考虑到前述法律规定，理解与适用本款时应当注意补充协议的内容属于技术性条款还是非技术性条款，是否涉及权利义务的变更。要特别注意约定补充协议的效力以及与其他合同文件发生矛盾时的解释顺序和处理方法。
十二、合同生效 本合同自________生效。	**十、合同生效** 本合同双方约定________后生效。	本款未作修改。 承发包双方可以约定合同生效的条件。附生效条件的合同，自条件成就时生效；附生效期限的合同，自期限届至时生效。承包人还必须注意合同的生效前置条件，如建设工程的立项、规划、施工等已通过法定审批程序。为促使合同生效，应尽可能简化合同的生效条件。
十三、合同份数 本合同一式____份，均具有同等法律效力，发包人执____份，承包人执____份。		本款为新增条款。 承发包双方可根据合同存档和备案的需要，以及工程实际情况填写正本和副本的份数以及合同双方各自持有的正本和副本份数，并相应加盖“正本”和“副本”章。另外，承发包双方在签订合同时应对正本、副本各份合同文本的内容进行核对，以确保所有合同文本内容一致。

《建设工程施工合同（示范文本）》（GF—2013—0201）第一部分 合同协议书	《建设工程施工合同（示范文本）》（GF—1999—0201）第一部分 协议书	对照解读
发包人：（公章） 承包人：（公章） 法定代表人或其委托 法定代表人或其委托 代理人：（签字） 代理人：（签字） 组织机构代码：____ 组织机构代码：____ 地址：____ 地址：____ 邮政编码：____ 邮政编码：____ 法定代表人：____ 法定代表人：____ 委托代理人：____ 委托代理人：____ 电话：____ 电话：____ 传真：____ 传真：____ 电子信箱：____ 电子信箱：____ 开户银行：____ 开户银行：____ 账号：____ 账号：____	发包人：（公章） 承包人：（公章） 住所：____ 住所：____ 法定代表人：____ 法定代表人：____ 委托代理人：____ 委托代理人：____ 电话：____ 电话：____ 传真：____ 传真：____ 开户银行：____ 开户银行：____ 账号：____ 账号：____ 邮政编码：____ 邮政编码：____	本款已作修改。 《建设工程施工合同（示范文本）》（GF—2013—0201）增加承发包双方“组织机构代码”和“电子信箱”的填写。 合同由承发包双方法定代表人或其授权的委托代理人签署姓名（注意不应是人名章）并加盖双方单位公章。准确载明委托事项的《授权委托书》应作为合同附件之一予以妥善保存。承发包双方均应避免发生无权代理的法律后果。 承发包双方应明确、真实填写具体的组织机构代码、地址、电话、传真、开户银行、账号、邮政编码等内容，便于双方畅通的通讯联系及资金往来。

备注

第二部分

《建设工程施工合同（示范文本）》（GF—2013—0201）
“通用合同条款”
与
《建设工程施工合同（示范文本）》（GF—1999—0201）
“通用条款”

对照解读

《建设工程施工合同（示范文本）》（GF—2013—0201）第二部分　通用合同条款	《建设工程施工合同（示范文本）》（GF—1999—0201）第二部分　通用条款	对照解读
1. 一般约定 **1.1　词语定义与解释** 合同协议书、通用合同条款、专用合同条款中的下列词语具有本款所赋予的含义：	**一、词语定义及合同文件** **1. 词语定义** 下列词语除专用条款另有约定外，应具有本款所赋予的定义。 **1.1　通用条款：**是根据法律、行政法规规定及建设工程施工的需要订立，通用于建设工程施工的条款。 **1.2　专用条款：**是发包人与承包人根据法律、行政法规规定，结合具体工程实际，经协商达成一致意见的条款，是对通用条款的具体化、补充或修改。	本款已作修改。 《建设工程施工合同（示范文本）》（GF—2013—0201）将《建设工程施工合同（示范文本）》（GF—1999—0201）第二部分的文件名称由“通用条款”修改为“通用合同条款”，符合国际通行做法。并对“词语定义和解释”进行了补充和完善，增加约定包括“合同”、“合同当事人及其他相关方”、“工程和设备”、“日期和期限”、“合同价格和费用”及“其他”六个部分项下共二十九个关键用语的定义，以避免承发包双方解释合同条款时产生争议。删除了《建设工程施工合同（示范文本）》（GF—1999—0201）对“通用条款”、“专用条款”、“工程造价管理部门”、“违约责任”、“索赔”和“不可抗力”六个关键用语的定义。 “词语定义”中的术语通常是合同中使用的关键术语，为了避免用词和含义产生歧义，在使用这些术语前通常对其含义予以明确。在此应注意，除非承发包双方在《专用合同条款》中另有约定，被定义的词语在合同中的定义是相同的，即本款所赋予的含义。如果承发包双方需要对除此之外的其他词语进行定义，可以在《专用合同条款》中进一步明确约定。

《建设工程施工合同（示范文本）》（GF—2013—0201）第二部分　通用合同条款	《建设工程施工合同（示范文本）》（GF—1999—0201）第二部分　通用条款	对照解读
1.1.1　合同		本款已作修改。 《建设工程施工合同（示范文本）》（GF—2013—0201）在1.1.1款“合同”项下增加和修改的内容如下：
1.1.1.1　合同：是指根据法律规定和合同当事人约定具有约束力的文件，构成合同的文件包括合同协议书、中标通知书（如果有）、投标函及其附录（如果有）、专用合同条款及其附件、通用合同条款、技术标准和要求、图纸、已标价工程量清单或预算书以及其他合同文件。		《建设工程施工合同（示范文本）》（GF—2013—0201）增加1.1.1.1款“合同”的定义，“合同”实际是全部合同文件的总称，它包括定义中所明确的全部合同文件。为方便理解与管理，可以将组成合同的文件分为三个类别的信息：（1）集成信息，通常包括《合同协议书》、《中标通知书》及《投标函》等；（2）非技术信息（即“权利义务信息”），通常包括《投标函附录》、《专用合同条款》及《通用合同条款》等；（3）技术信息，通常包括技术标准和要求、图纸、已标价工程量清单或预算书等。排序时通常是集成信息类文件位置在前，其次是权利义务类信息，最后是技术类信息。组成合同文件的位置不同优先解释顺序亦不同。
1.1.1.2　合同协议书：是指构成合同的由发包人和承包人共同签署的称为“合同协议书”的书面文件。		《建设工程施工合同（示范文本）》（GF—2013—0201）增加1.1.1.2款“合同协议书”的定义，“合同协议书”是承包人与发包人共同签署的载明双方主要权利义务的称为“合同协议书”的书面文件，主要内容包括：工程概况、合同工期、质量标准、签约合同价与合同价格形式、项目经理、合同文件构成、承诺、合同签订时间、签订地点及合同生效等。

《建设工程施工合同（示范文本）》（GF—2013—0201）第二部分 通用合同条款	《建设工程施工合同（示范文本）》（GF—1999—0201）第二部分 通用条款	对照解读
1.1.1.3 中标通知书：是指构成合同的由发包人通知承包人中标的书面文件。		《建设工程施工合同（示范文本）》（GF—2013—0201）增加1.1.1.3款“中标通知书”的定义，“中标通知书”是发包人向承包人发出的中标结果通知书，必须经过签章确认。我国《招标投标法》规定，中标人确定后，招标人应当向中标人发出中标通知书，并同时将中标结果通知所有未中标的投标人。中标通知书对招标人和中标人具有法律效力。中标通知书发出后，招标人改变中标结果的，或者中标人放弃中标项目的，应当依法承担法律责任。
1.1.1.4 投标函：是指构成合同的由承包人填写并签署的用于投标的称为“投标函”的文件。		《建设工程施工合同（示范文本）》（GF—2013—0201）增加1.1.1.4款“投标函”的定义，“投标函”是指承包人的报价函。投标函作为投标书的一部分，通常是发包人将投标函的格式事先拟订好，并包括在招标文件中，由承包人填写并签章确认。
1.1.1.5 投标函附录：是指构成合同的附在投标函后的称为“投标函附录”的文件。		《建设工程施工合同（示范文本）》（GF—2013—0201）增加1.1.1.5款“投标函附录”的定义，“投标函附录”是附在投标函后面并构成投标函部分的附属文件之一，主要填写响应招标文件中规定的实质性要求和条件的内容，并给出在合同条件中相对应的条款序号。通常，一个有经验的承包人从发包人给出的数据，基本上可以判断提出的条件是否苛刻，资金是否充裕。《投标函附录》是承包人在投标时应仔细研究的重要文件之一。

《建设工程施工合同（示范文本）》（GF—2013—0201）第二部分　通用合同条款	《建设工程施工合同（示范文本）》（GF—1999—0201）第二部分　通用条款	对照解读
1.1.1.6　技术标准和要求：是指构成合同的施工应当遵守的或指导施工的国家、行业或地方的技术标准和要求，以及合同约定的技术标准和要求。		《建设工程施工合同（示范文本）》（GF—2013—0201）增加1.1.1.6款“技术标准和要求”的定义，“技术标准和要求”包括了在施工领域内的国家、行业或地方技术标准以及招标人在招标文件中列明的技术标准和要求。“技术标准和要求”是一份十分重要的文件，对发包人来说在编制时应根据项目具体特点和实际需要并与工程量清单、图纸等文件相衔接，注意保持各内容的一致性，特别是有关工程质量方面的规定；对于承包人来说，更应细致研究。
1.1.1.7　图纸：是指构成合同的图纸，包括由发包人按照合同约定提供或经发包人批准的设计文件、施工图、鸟瞰图及模型等，以及在合同履行过程中形成的图纸文件。图纸应当按照法律规定审查合格。	**1.17　图纸：**指由发包人提供或由承包人提供并经发包人批准，满足承包人施工需要的所有图纸（包括配套说明和有关资料）。	《建设工程施工合同（示范文本）》（GF—2013—0201）对“图纸”的定义进行了补充，包括两个方面：（1）如法律规定图纸应当经有关行政主管部门审查批准时，应按法律规定进行审查，合格后方可用于施工；（2）明确了图纸所包括的范围，即由发包人提供或经发包人批准的设计文件、施工图、鸟瞰图及模型等。
1.1.1.8　已标价工程量清单：是指构成合同的由承包人按照规定的格式和要求填写并标明价格的工程量清单，包括说明和表格。		《建设工程施工合同（示范文本）》（GF—2013—0201）增加1.1.1.8款“已标价工程量清单”的定义，“已标价工程量清单”是指承包人按发包人规定的格式或要求填写的包括措施项目、其他项目的名称和相应数量以及规费、税金等项目的清单。根据《建设工程工程量清单计价规范》（GB 50500—2013）第2.0.3款规

《建设工程施工合同（示范文本）》（GF—2013—0201）第二部分 通用合同条款	《建设工程施工合同（示范文本）》（GF—1999—0201）第二部分 通用条款	对照解读
		定，已标价工程量清单是指构成合同文件组成部分的投标文件中已标明价格，经算术性错误修正（如有）且承包人已确认的工程量清单，包括其说明和表格。
1.1.1.9 预算书：是指构成合同的由承包人按照发包人规定的格式和要求编制的工程预算文件。		《建设工程施工合同（示范文本）》（GF—2013—0201）增加1.1.1.9款“预算书”的定义，“预算书”是指承包人按发包人规定的格式或要求编制的工程预算文件。承发包双方可根据工程项目和内容，协商一致约定采用工程量清单计价方式或预算书计价方式。
1.1.1.10 其他合同文件：是指经合同当事人约定的与工程施工有关的具有合同约束力的文件或书面协议。合同当事人可以在专用合同条款中进行约定。		《建设工程施工合同（示范文本）》（GF—2013—0201）增加1.1.1.10款“其他合同文件”的定义，“其他合同文件”是经承发包双方签章确认的其他合同文件，可以在《专用合同条款》中进一步明确。对“其他合同文件”进行定义，主要目的是为了满足不同行业、不同项目的实际和合同管理需要所作的约定。另外，重点强调构成“其他合同文件”必须经承发包双方确认。
1.1.2 合同当事人及其他相关方		本款已作修改。 《建设工程施工合同（示范文本）》（GF—2013—0201）在1.1.2款“合同当事人及其他相关方”项下增加和修改的内容如下：

《建设工程施工合同（示范文本）》（GF—2013—0201）第二部分　通用合同条款	《建设工程施工合同（示范文本）》（GF—1999—0201）第二部分　通用条款	对照解读
1.1.2.1　合同当事人：是指发包人和（或）承包人。		《建设工程施工合同（示范文本）》（GF—2013—0201）增加1.1.2.1款“合同当事人”的定义，“合同当事人”强调了仅包括发包人、承包人，监理人不是合同的当事人。本款强调了合同的相对性。这里的“和（或）”需结合上下文进行理解，是指发包人和承包人、发包人或承包人。合同条款其他地方出现的“和（或）”依此类推。 根据我国相关法律规定和法理，合同是平等主体的自然人、法人、其他组织之间设立、变更、终止民事权利义务关系的协议。作为一种民事法律关系，合同关系不同于其他民事法律关系的重要特点就是在于合同关系的相对性，即“合同相对性”。合同相对性是指合同仅于合同当事人之间发生法律效力，合同当事人不得约定涉及第三人利益的事项并在合同中设定第三人的权利义务，否则该约定无效。尽管合同相对性规则极为丰富和复杂，且广泛体现在合同中的各项制度之中，但是根据有关合同相对性的通说加以概括，合同相对性无非包含如下三个方面的内容：（1）合同主体的相对性。是指合同关系只能发生在特定的主体之间，只有合同当事人一方能够向合同的另一方当事人基于合同提出请求或者诉讼；（2）合同内容的相对性。是指除法律、合同另有规定以外，只有合同当事人才能享有某个合同所约定的权利，

《建设工程施工合同（示范文本）》（GF—2013—0201）第二部分 通用合同条款	《建设工程施工合同（示范文本）》（GF—1999—0201）第二部分 通用条款	对照解读
		并承担该合同约定的义务，除合同当事人以外的任何第三人不能主张合同上的权利。在双务合同中，合同内容的相对性还表现在一方的权利就是另一方的义务；（3）违约责任的相对性。是指违约责任只能在特定的当事人之间即合同关系的当事人之间发生，合同关系以外的人不负违约责任，合同当事人也不对其承担违约责任。合同相对性是合同规则和制度赖以建立的基础和前提，也是世界各国合同立法和司法所必须依据的一项重要规则。本合同作为典型的两方当事人的双务合同，当事人应特别注意区分并协调监理人“基于法律规定赋予的权利”和“基于发包人授权赋予的权利”，否则将会导致在监理人和发包人的权限分配中存在突破合同相对性的情形，可能容易引发承发包双方甚至是发包人和监理人之间的争议。
1.1.2.2 发包人：是指与承包人签订合同协议书的当事人及取得该当事人资格的合法继承人。	**1.3 发包人：**指在协议书中约定，具有工程发包主体资格和支付工程价款能力的当事人以及取得该当事人资格的合法继承人。	《建设工程施工合同（示范文本）》（GF—2013—0201）对“发包人”的定义进行了修改，不再强调主体资格与支付工程价款能力的限定条件，而将此类限定条件交由法律法规进行调整，仅将签约行为视作承发包双方的判断依据。在本合同中另设专款要求发包人提供“资金来源证明及支付担保”，以试图解决当前建筑市场要求承包人垫资施工、发包人拖欠工程款的情形。根据我国《招标投标法》的规定，

《建设工程施工合同（示范文本）》（GF—2013—0201）第二部分　通用合同条款	《建设工程施工合同（示范文本）》（GF—1999—0201）第二部分　通用条款	对照解读
		对于实行招标的工程项目，招标人应当有进行招标项目的相应资金或者资金来源已经落实，并应当在招标文件中如实载明。
1.1.2.3　承包人：是指与发包人签订合同协议书的，具有相应工程施工承包资质的当事人及取得该当事人资格的合法继承人。	**1.4　承包人**：指在协议书中约定，被发包人接受的具有工程施工承包主体资格的当事人以及取得该当事人资格的合法继承人。	《建设工程施工合同（示范文本）》（GF—2013—0201）对“承包人”的定义未作修改，依然强调主体资格，要求具有相应工程施工承包资质。我国《建筑法》及《建筑业企业资质管理规定》等相关法律均对承包人的施工资质作出了相应的规定，承包建筑工程的单位应当持有依法取得的资质证书，并在其资质等级许可的业务范围内承揽工程。禁止建筑施工企业超越本企业资质等级许可的业务范围或者以任何形式用其他建筑施工企业的名义承揽工程。禁止建筑施工企业以任何形式允许其他单位或者个人使用本企业的资质证书、营业执照，以本企业的名义承揽工程。
1.1.2.4　监理人：是指在专用合同条款中指明的，受发包人委托按照法律规定进行工程监督管理的法人或其他组织。	**1.7　监理单位**：指发包人委托的负责本工程监理并取得相应工程监理资质等级证书的单位。	《建设工程施工合同（示范文本）》（GF—2013—0201）对“监理人”的定义进行了修改，“监理人”是指受发包人委托的法人或其他组织，不是自然人；不再强调具有工程监理资质，只有国家规定强制监理的项目要求具有相应监理资质的法人；非强制监理的项目可以委托工程管理人或造价咨询人等行使监理人的工作。

《建设工程施工合同（示范文本）》（GF—2013—0201）第二部分　通用合同条款	《建设工程施工合同（示范文本）》（GF—1999—0201）第二部分　通用条款	对照解读
		承发包双方应注意，为规范建设工程监理活动，维护建设工程监理合同当事人的合法权益，住房和城乡建设部、国家工商行政管理总局对《建设工程委托监理合同（示范文本）》（GF—2000—2002）进行了修订，制定了《建设工程监理合同（示范文本）》（GF—2012—0202），于2012年3月27日颁布并执行，原《建设工程委托监理合同（示范文本）》（GF—2000—2002）同时废止。
1.1.2.5　设计人：是指在专用合同条款中指明的，受发包人委托负责工程设计并具备相应工程设计资质的法人或其他组织。	**1.6　设计单位：**指发包人委托的负责本工程设计并取得相应工程设计资质等级证书的单位。	《建设工程施工合同（示范文本）》（GF—2013—0201）对“设计人”的定义未作修改，“设计人”是受发包人委托负责设计工作的法人或其他组织。依然强调主体资格，应具备相应工程设计资质。在选择设计人时，不仅对其应具备工程设计类资格有要求，还应考虑其设计管理能力、内外的协调能力及语言表达能力。设计人应对所承担设计项目的设计质量、技术水平、服务质量及设计进度、成本以及实施执行全面负责。通常设计人应对设计合同条款的全面履行承担以下职责：（1）代表设计部门负责项目的对外联系工作；（2）组织本项目的设计准备工作。组织设计文件校审、设计输出评审、设计文件、质量记录收集与汇总及编制奖励分配方案；（3）根据设计任务通知落实项目实施进度，并协调各方确保设计任务顺利进行；

《建设工程施工合同（示范文本）》（GF—2013—0201）第二部分　通用合同条款	《建设工程施工合同（示范文本）》（GF—1999—0201）第二部分　通用条款	对照解读
		（4）负责组织项目技术策划、可行性研究、初步设计中技术评审的汇报工作；（5）负责编制设计总说明书；（6）协助工程项目经理进行项目的质量信息反馈、质量检查和质量剖析工作；（7）负责收集与汇总本项目的设计成品、基础资料、计算书、质量记录以及其它技术文件资料，及时归档及交付；（8）负责配合施工、竣工验收、工程调试、项目验收回访总结等组织工作；（9）负责组织项目设计交底，并对设计交底中存在的问题及时组织修改；（10）负责对所承担项目的设计人员的工作量考核及评定。
1.1.2.6　分包人：是指按照法律规定和合同约定，分包部分工程或工作，并与承包人签订分包合同的具有相应资质的法人。		《建设工程施工合同（示范文本）》（GF—2013—0201）增加1.1.2.6款“分包人”的定义，“分包人”指的是与承包人签订分包合同的法人，包括专业分包人和劳务分包人。此定义亦强调分包人应具有与分包工程或工作相适应的资质，在其资质等级许可的范围内承接分包工程或工作。分包人是从承包人处分包某一部分工程的当事人，一般指非主体、非关键性工程施工或劳务作业方面承接工程的当事人。
1.1.2.7　发包人代表：是指由发包人任命并派驻施工现场在发包人授权范围内行使发包人权利的人。		《建设工程施工合同（示范文本）》（GF—2013—0201）增加1.1.2.7款“发包人代表”的定义，“发包人代表”是发包人任命并派驻施工现场的委托代理人，代表发包人行使合同中

《建设工程施工合同（示范文本）》（GF—2013—0201）第二部分 通用合同条款	《建设工程施工合同（示范文本）》（GF—1999—0201）第二部分 通用条款	对照解读
		约定的各项权利及义务。发包人应在任命文件中对发包人代表可行使的权利范围作出具体的、明确的约定，防止与总监理工程师的权利产生交叉，保证项目实施的顺利进行。
1.1.2.8 项目经理：是指由承包人任命并派驻施工现场，在承包人授权范围内负责合同履行，且按照法律规定具有相应资格的项目负责人。	**1.5 项目经理：**指承包人在专用条款中指定的负责施工管理和合同履行的代表。	《建设工程施工合同（示范文本）》（GF—2013—0201）对“项目经理”的定义进行了补充，对项目经理派驻施工现场及资格条件作了要求，并在《专用合同条款》中明确要求填写建造师执业资格等级、注册证书号及执业印章号等信息。项目经理是承包人任命的特定人选，有其特定的工程管理经验。在《专用合同条款》中也要求明确项目经理每月在施工现场的天数，以确保项目经理自工程项目开工准备至竣工验收能全面负责施工现场的组织管理。
1.1.2.9 总监理工程师：是指由监理人任命并派驻施工现场进行工程监理的总负责人。	**1.8 工程师：**指本工程监理单位委派的总监理工程师或发包人指定的履行本合同的代表，其具体身份和职权由发包人承包人在专用条款中约定。	《建设工程施工合同（示范文本）》（GF—2013—0201）将《建设工程施工合同（示范文本）》（GF—1999—0201）“工程师”定义中包括的总监理工程师和发包人代表进行了区分，并对总监理工程师和发包人代表分别进行了定义。 总监理工程师是监理人委托的具有工程管理经验的全权负责人，主要承担以下职责：（1）确定项目监理机构人员的分工和岗位职责；（2）主持编写项目监理规划、审批项目监理实施细则，负责管理项目监理机构的日常工作；

《建设工程施工合同（示范文本）》（GF—2013—0201）第二部分　通用合同条款	《建设工程施工合同（示范文本）》（GF—1999—0201）第二部分　通用条款	对照解读
		（3）审查分包人的资质，给发包人提出审查意见；（4）检查和监督监理人员的工作，根据工程项目的进展情况进行人员调配，并在实施监理工作过程中，对不称职的监理人员进行调换；（5）主持监理工作会议（包括监理例会），签发项目监理机构的文件和指令；（6）审查承包人提交的开工报告、施工组织设计、技术方案、进度计划；（7）审查签署承包人的申请、支付证书和竣工结算；（8）审查和处理工程变更；（9）主持或参与工程质量事故的调查；（10）调解发包人与承包人的合同争议、处理索赔、审查工程延期；（11）组织编写并签发监理月报、监理工作阶段报告、专题报告和项目监理工作总结；（12）审查签认分部工程和单位工程的质量检验评定资料，审查承包人的竣工申请，组织监理人员对待验收的工程项目进行质量检查，参与工程项目的竣工验收；（13）主持整理工程项目的监理资料。 根据《建设工程监理规范》中的规定，总监理工程师应当是取得国家监理工程师执业资格证书并经注册，同时还应具有三年以上同类工程监理工作经验。
	1.9　工程造价管理部门：指国务院有关部门、县级以上人民政府建设行政主管部门或其委托的工程造价管理机构。	《建设工程施工合同（示范文本）》（GF—2013—0201）删除了《建设工程施工合同（示范文本）》（GF—1999—0201）中关于“工程造价管理部门”的定义。

《建设工程施工合同（示范文本）》（GF—2013—0201）第二部分 通用合同条款	《建设工程施工合同（示范文本）》（GF—1999—0201）第二部分 通用条款	对照解读
1.1.3 工程和设备		本款已作修改。 《建设工程施工合同（示范文本）》（GF—2013—0201）在1.1.3款“工程和设备”项下增加和修改的内容如下：
1.1.3.1 工程：是指与合同协议书中工程承包范围对应的永久工程和（或）临时工程。	**1.10 工程**：指发包人承包人在协议书中约定的承包范围内的工程。	《建设工程施工合同（示范文本）》（GF—2013—0201）对“工程”的定义进行了补充，即指工程承包范围内对应的永久工程和（或）临时工程，这里的“和（或）”需结合上下文进行理解，是指永久工程和临时工程，永久工程或临时工程。
1.1.3.2 永久工程：是指按合同约定建造并移交给发包人的工程，包括工程设备。		《建设工程施工合同（示范文本）》（GF—2013—0201）增加1.1.3.2款“永久工程”的定义，“永久工程”是指最后承包人根据合同约定承建的包括工程设备在内整套永久设施，在竣工后移交给发包人的工程。
1.1.3.3 临时工程：是指为完成合同约定的永久工程所修建的各类临时性工程，不包括施工设备。		《建设工程施工合同（示范文本）》（GF—2013—0201）增加1.1.3.3款“临时工程”的定义，“临时工程”是指工程项目在建设期限内，为保证正式工程的正常施工而必须兴建的单独编制设计的单项临时工程，如构件预制场，临时供水、供电、道路、通信工程等。“临时工程”是为现场施工所做的各类临时性工程。合同一般约定，在工程竣工后，临时工程必须全部拆除，但有时发包人会要求承包人保留一些临时工程，以便在工程运行时利用。

《建设工程施工合同（示范文本）》（GF—2013—0201）第二部分　通用合同条款	《建设工程施工合同（示范文本）》（GF—1999—0201）第二部分　通用条款	对照解读
		关于“永久工程”、“临时工程”定义的主要目的在于：“永久工程”作为最终交付的成果是合同指向的标的物，而“临时工程”作为完成最终成果的必需步骤仅是计价的依据，如施工供水工程、施工照明工程等。对二者进行区分，有利于工程变更、交付及风险分配等多方面事宜进行明确的界定。
1.1.3.4　单位工程：是指在合同协议书中指明的，具备独立施工条件并能形成独立使用功能的永久工程。		《建设工程施工合同（示范文本）》（GF—2013—0201）增加1.1.3.4款“单位工程”的定义，“单位工程”定义实属必要，因为工程的中间验收、竣工验收及缺陷责任期等各部分均涉及单位工程。
1.1.3.5　工程设备：是指构成永久工程的机电设备、金属结构设备、仪器及其他类似的设备和装置。		《建设工程施工合同（示范文本）》（GF—2013—0201）增加1.1.3.5款“工程设备”的定义，“工程设备”是指用在工程建设过程当中经过采购（有时需要经过安装）具有某种使用价值的设备，是构成工程实体的设备，是建设工程的组成部分之一，如各类生产设备。其设备原值经过建设，可直接进入企业的固定资产。
1.1.3.6　施工设备：是指为完成合同约定的各项工作所需的设备、器具和其他物品，但不包括工程设备、临时工程和材料。		《建设工程施工合同（示范文本）》（GF—2013—0201）增加1.1.3.6款“施工设备”的定义，“施工设备”一般是指施工过程当中使用

《建设工程施工合同（示范文本）》（GF—2013—0201）第二部分 通用合同条款	《建设工程施工合同（示范文本）》（GF—1999—0201）第二部分 通用条款	对照解读
		的，用于施工生产的设备，即“工具性”的设备，如挖掘机、打桩机等。这类设备的价值是经过多次使用，其设备原值通过折旧费或摊销费等形式体现在新产品当中的。一般也叫施工机械。
1.1.3.7 施工现场：是指用于工程施工的场所，以及在专用合同条款中指明作为施工场所组成部分的其他场所，包括永久占地和临时占地。	**1.18 施工场地：**指由发包人提供的用于工程施工的场所以及发包人在图纸中具体指定的供施工使用的任何其他场所。	《建设工程施工合同（示范文本）》（GF—2013—0201）将《建设工程施工合同（示范文本）》（GF—1999—0201）中的“施工场地”修改为“施工现场”，不仅指发包人提供的用于施工的场所及图纸中指定的其他场所，并明确施工现场是用于工程施工的所有场所，包括永久占地和临时占地。为保证承包工程施工正常进行，承发包双方应在《专用合同条款》中详细约定施工现场的具体范围及不同现场在施工中的用途。如涉及到场地租用或征地的手续，应由发包人负责办理。 及时向承包人提供施工现场是工程顺利开工的关键，发包人应在约定的时间内提供施工现场。需要注意的是，施工现场包括永久占地和临时占地，临时占地在不同的项目中对费用的承担和提供的时间上存在差异，承发包双方可在《专用合同条款》中另行约定。
1.1.3.8 临时设施：是指为完成合同约定的各项工作所服务的临时性生产和生活设施。		《建设工程施工合同（示范文本）》（GF—2013—0201）增加1.1.3.8款“临时设施”的定义，“临时设施”是指为完成工程所服务的临时

《建设工程施工合同（示范文本）》（GF—2013—0201）第二部分　通用合同条款	《建设工程施工合同（示范文本）》（GF—1999—0201）第二部分　通用条款	对照解读
1.1.3.9　永久占地：是指专用合同条款中指明为实施工程需永久占用的土地。 **1.1.3.10　临时占地：**是指专用合同条款中指明为实施工程需要临时占用的土地。		性生产和生活设施，合同一般约定在工程竣工后全部拆除或撤离。 《建设工程施工合同（示范文本）》（GF—2013—0201）增加1.1.3.9款“永久占地”的定义，“永久占地”是指为实施工程需永久占用的土地及配套用地，具体范围应在《专用合同条款》中进一步明确约定。 《建设工程施工合同（示范文本）》（GF—2013—0201）增加1.1.3.10款“临时占地”的定义，“临时占地”是指为实施工程需临时占用的土地，具体范围应在《专用合同条款》中进一步明确约定。
1.1.4　日期和期限 **1.1.4.1　开工日期：**包括计划开工日期和实际开工日期。计划开工日期是指合同协议书约定的开工日期；实际开工日期是指监理人按照第7.3.2项〔开工通知〕约定发出的符合法律规定的开工通知中载明的开工日期。	**1.15　开工日期：**指发包人承包人在协议书中约定，承包人开始施工的绝对或相对的日期。	本款已作修改。 《建设工程施工合同（示范文本）》（GF—2013—0201）在1.1.4款“日期和期限”项下增加和修改的内容如下： 《建设工程施工合同（示范文本）》（GF—2013—0201）将《建设工程施工合同（示范文本）》（GF—1999—0201）中“开工日期”的定义区分计划开工日期和实际开工日期，并对其作了定义。为避免开工日期的争议，监理人必须通知承包人开始工作的日期，并且工期从通知的开始工作日期起算，通过此种方式明确了工期计算的起始点，避免承发包双方为此发生争议。

《建设工程施工合同（示范文本）》（GF—2013—0201）第二部分 通用合同条款	《建设工程施工合同（示范文本）》（GF—1999—0201）第二部分 通用条款	对照解读
		根据《建设工程施工合同（示范文本）》（GF—2013—0201）《通用合同条款》第7.3.2款“开工通知”中的约定，监理人在计划开工日期7天前向承包人发出开工通知。本款“开工日期”与“开工通知”有区别但相联系，合同条款分别进行约定更加符合工程施工的实际情况。在司法实践中，建设工程施工合同实际开工日期的确定一般以开工通知载明的开工时间为依据；因发包人原因导致开工通知发出时开工条件尚不具备的，以开工条件具备的时间确定开工日期；因承包人原因导致实际开工时间推迟的，以开工通知载明的时间为开工日期；承包人在开工通知发出前已经实际进场施工的，以实际开工时间为开工日期；既无开工通知也无其他相关证据能证明实际开工日期的，以施工合同约定的开工时间为开工日期。
1.1.4.2 竣工日期：包括计划竣工日期和实际竣工日期。计划竣工日期是指合同协议书约定的竣工日期；实际竣工日期按照第13.2.3项〔竣工日期〕的约定确定。	**1.16 竣工日期：**指发包人承包人在协议书约定，承包人完成承包范围内工程的绝对或相对的日期。	《建设工程施工合同（示范文本）》（GF—2013—0201）将《建设工程施工合同（示范文本）》（GF—1999—0201）中“竣工日期”的定义区分计划竣工日期和实际竣工日期，并对其作了定义。“竣工日期”是验证合同是否如期履行的重要依据，同时也是计算工期顺延和工期提前的依据。 根据最高人民法院《关于审理建设工程施工合同纠纷案件适用法律问题的解释》第十四

《建设工程施工合同（示范文本）》（GF—2013—0201）第二部分　通用合同条款	《建设工程施工合同（示范文本）》（GF—1999—0201）第二部分　通用条款	对照解读
		条、第十五条的规定，当事人对建设工程实际竣工日期有争议的，按照以下情形分别处理：（一）建设工程经竣工验收合格的，以竣工验收合格之日为竣工日期；（二）承包人已经提交竣工验收报告，发包人拖延验收的，以承包人提交验收报告之日为竣工日期；（三）建设工程未经竣工验收，发包人擅自使用的，以转移占有建设工程之日为竣工日期。建设工程竣工前，当事人对工程质量发生争议，工程质量经鉴定合格的，鉴定期间为顺延工期期间。 在司法实践中，发包人、承包人、设计人、监理人四方在工程竣工验收单上盖章或授权代表签字确认的时间（如四方盖章或授权代表签字确认时间不一致，则以最后一方盖章或授权代表签字的时间为准），可以视为竣工验收合格之日即竣工日期，但当事人有相反证据足以推翻的除外。
1.1.4.3　工期：是指在合同协议书约定的承包人完成工程所需的期限，包括按照合同约定所作的期限变更。	**1.14　工期：**指发包人承包人在协议书中约定，按总日历天数（包括法定节假日）计算的承包天数。	《建设工程施工合同（示范文本）》（GF—2013—0201）将《建设工程施工合同（示范文本）》（GF—1999—0201）中“工期”的定义明确协议约定之外的变更和索赔调整的工期包括在内，充分考虑了工程施工实际情况。 在履行合同过程中，由于发包人的下列原因造成工期延误的，承包人有权要求发包人延长工期和（或）增加费用，并支付合理利润：（1）发包人未按合同约定提供图纸或所提供的

《建设工程施工合同（示范文本）》（GF—2013—0201）第二部分　通用合同条款	《建设工程施工合同（示范文本）》（GF—1999—0201）第二部分　通用条款	对照解读
		图纸不符合合同约定的；（2）发包人未能按合同约定提供施工现场、施工条件、基础资料、许可、批准等开工条件的；（3）发包人提供的测量基准点、基准线和水准点及其书面资料存在错误或疏漏的；（4）发包人未能在计划开工日期之日起7天内同意下达开工通知的；（5）发包人未能按合同约定日期支付工程预付款、进度款或竣工结算款的；（6）监理人未按合同约定发出指示、批准等文件的；（7）专用合同条款约定的发包人造成工期延误的其他情形。 合同工期应与建设工程施工合同履行期限相区分，合同履行期限是从合同生效到合同权利义务终止的时间，包括开工前的准备阶段及竣工结算时间和保修期。 承发包双方约定的合同工期是否合理，会影响承包工程质量的好坏，因此不能盲目压缩工期、赶进度，应按进度计划实施，保证工程质量。承包人应按照合同约定和通知的开始工作日期准时开工，按时竣工。 根据有关建筑安装工程质量检验评定标准以及施工及验收规范，城乡建设环境保护部曾于1985年制定了《建筑安装工程工期定额》，建设部于2000年2月16日又在1985年《建筑安装工程工期定额》基础上发布了《全国统一建筑安装工程工期定额》。 工期定额是指在一定的自然经济条件和社会条件以及生产技术条件下在由建设行政主管部

<table>
<tr><th>《建设工程施工合同（示范文本）》
（GF—2013—0201）
第二部分　通用合同条款</th><th>《建设工程施工合同（示范文本）》
（GF—1999—0201）
第二部分　通用条款</th><th>对照解读</th></tr>
<tr><td></td><td></td><td>门制定并发布的工程项目建设消耗时间标准。工期定额的制定需要考虑正常的施工条件、合理的劳动组织、承包人的技术装备和管理的平均水平，从而得出为完成某个单位（或群体）工程平均需用的标准天数。工期定额是确定合理工期、签订工程施工合同、评价工程建设速度、编制施工组织设计、进行施工索赔的基础的重要参考。</td></tr>
<tr><td>1.1.4.4　缺陷责任期：是指承包人按照合同约定承担缺陷修复义务，且发包人预留质量保证金的期限，自工程实际竣工日期起计算。</td><td></td><td>《建设工程施工合同（示范文本）》（GF—2013—0201）增加 1.1.4.4 款“缺陷责任期”的定义，“缺陷”是指建设工程质量不符合工程建设强制性标准、设计文件以及合同的约定。在本款“缺陷责任期”定义中明确了发包人预留承包人质量保证金的期限自工程实际竣工日期起计算。在缺陷责任期内，由承包人原因造成的缺陷，承包人应负责维修，并承担鉴定及维修费用。如承包人不维修也不承担费用，发包人可按合同约定扣除质量保证金，并由承包人承担违约责任。承包人维修并承担相应费用后，不免除对工程的一般损失赔偿责任。由他人原因造成的缺陷，发包人负责组织维修，承包人不承担费用，且发包人不得从质量保证金中扣除费用。
承发包双方可协商确定缺陷责任期的具体期限，法律没有作强制性规定；并且可以约定期</td></tr>
</table>

《建设工程施工合同（示范文本）》（GF—2013—0201）第二部分　通用合同条款	《建设工程施工合同（示范文本）》（GF—1999—0201）第二部分　通用条款	对照解读
		限的延长，但缺陷责任期的期限最长不得超过24个月。《建设工程质量保证金管理暂行办法》第二条规定，缺陷责任期一般为6个月、12个月或24个月，具体可由发、承包双方在合同中约定。
1.1.4.5　保修期：是指承包人按照合同约定对工程承担保修责任的期限，从工程竣工验收合格之日起计算。		《建设工程施工合同（示范文本）》（GF—2013—0201）增加1.1.4.5款“保修期”的定义，“保修期”定义明确保修期限起算时间为工程竣工验收合格之日起计算，保修期限由当事人协商约定，但不得低于法律规定的最低保修期限。例如我国《房屋建筑工程质量保修办法》规定，在正常使用条件下，房屋建筑工程的最低保修期限为：地基基础工程和主体结构工程，为设计文件规定的该工程的合理使用年限；屋面防水工程、有防水要求的卫生间、房间和外墙面的防渗漏，为5年；供热与供冷系统，为2个采暖期、供冷期；电气管线、给排水管道、设备安装为2年；装修工程为2年。其他项目的保修期限由建设单位和施工单位约定。房屋建筑工程保修期从工程竣工验收合格之日起计算。
1.1.4.6　基准日期：招标发包的工程以投标截止日前28天的日期为基准日期，直接发包的工程以合同签订日前28天的日期为基准日期。		《建设工程施工合同（示范文本）》（GF—2013—0201）增加1.1.4.6款“基准日期”的定义，本款对“基准日期”的确认方式，对招标发包的工程和直接发包的工程作了区分。明确

《建设工程施工合同（示范文本）》（GF—2013—0201）第二部分　通用合同条款	《建设工程施工合同（示范文本）》（GF—1999—0201）第二部分　通用条款	对照解读
		一个合同“基准日期”的意义在于，如果在基准日期以后，能够影响承包人履行其合同义务的法律法规发生变更导致费用的增加或竣工时间的延长，则承包人有权要求发包人按照约定对合同作出相应调整。
1.1.4.7　天：除特别指明外，均指日历天。合同中按天计算时间的，开始当天不计入，从次日开始计算，期限最后一天的截止时间为当天24:00时。	**1.23　小时或天**：本合同中规定按小时计算时间的，从事件有效开始时计算（不扣除休息时间）；规定按天计算时间的，开始当天不计入，从次日开始计算。时限的最后一天是休息日或者其他法定节假日的，以节假日次日为时限的最后一天，但竣工日期除外。时限的最后一天的截止时间为当日24时。	《建设工程施工合同（示范文本）》（GF—2013—0201）相对《建设工程施工合同（示范文本）》（GF—1999—0201），取消了“期限届满的最后一天必须是工作日”的限制条件，统一定义为日历天。本合同中按“天”计算时间时，开始当天不计入，从次日开始计算。例如，监理人在收到承包人进度付款申请单以及相应的支持性证明文件后的14天内完成核查。若监理人收到进度付款申请单是在6月25日，则6月25日不计算在期限内，而从6月26日开始计算14天。其中的休息日不扣除，但如果最后一天是休息日或法定节假日，则以恢复工作日后的第一天作为期间届满的日期。 承包人可将双方涉及的期间以列表的形式加以管理，特别是涉及默示认可的期间要特别予以注明。

《建设工程施工合同（示范文本）》（GF—2013—0201）第二部分 通用合同条款	《建设工程施工合同（示范文本）》（GF—1999—0201）第二部分 通用条款	对照解读
1.1.5 合同价格和费用		本款已作修改。 《建设工程施工合同（示范文本）》（GF—2013—0201）在1.1.5款“合同价格和费用”项下增加和修改的内容如下：
1.1.5.1 签约合同价：是指发包人和承包人在合同协议书中确定的总金额，包括安全文明施工费、暂估价及暂列金额等。	**1.11 合同价款**：指发包人承包人在协议书中约定，发包人用以支付承包人按照合同约定完成承包范围内全部工程并承担质量保修责任的款项。	《建设工程施工合同（示范文本）》（GF—2013—0201）相对《建设工程施工合同（示范文本）》（GF—1999—0201），将“合同价款”修改为“签约合同价格”，并在定义中取消了“承包人按照合同约定完成承包范围内全部工程并承担质量保修责任”的限制条件。“签约合同价”仅指《合同协议书》约定的价格，包括安全文明施工费、材料和工程设备暂估价金额、专业工程暂估价金额和暂列金额。
1.1.5.2 合同价格：是指发包人用于支付承包人按照合同约定完成承包范围内全部工作的金额，包括合同履行过程中按合同约定发生的价格变化。	**1.12 追加合同价款**：指在合同履行中发生需要增加合同价款的情况，经发包人确认后按计算合同价款的方法增加的合同价款。	《建设工程施工合同（示范文本）》（GF—2013—0201）相对《建设工程施工合同（示范文本）》（GF—1999—0201），将“追加合同价款”修改为“合同价格”，“合同价格”是指承包人按合同约定完成了全部承包工作且在履行合同过程中按合同约定对签约合同价格进行变更和调整后，发包人应付给承包人款项的金额。包括：签约合同价格＋履行合同过程中的变更及调整引起的价款增减＋发包人应当支付的其他金额，是一个“动态”价格，是工程全部完成后的竣工结算价。

《建设工程施工合同（示范文本）》（GF—2013—0201）第二部分　通用合同条款	《建设工程施工合同（示范文本）》（GF—1999—0201）第二部分　通用条款	对照解读
1.1.5.3　费用：是指为履行合同所发生的或将要发生的所有必需的开支，包括管理费和应分摊的其他费用，但不包括利润。	**1.13　费用：**指不包含在合同价款之内的应当由发包人或承包人承担的经济支出。	《建设工程施工合同（示范文本）》（GF—2013—0201）相对《建设工程施工合同（示范文本）》（GF—1999—0201），对“费用”的定义更加明确、具体，“费用”的定义明确不包括利润在内，对“费用”与“利润”作了较为明确的区分。在合同条款中，有些条款可以索赔费用但不能索赔利润，有些条款则约定两者兼可。承发包双方均应注意将此“费用”定义与相关的费用索赔条款联系适用。
1.1.5.4　暂估价：是指发包人在工程量清单或预算书中提供的用于支付必然发生但暂时不能确定价格的材料、工程设备的单价、专业工程以及服务工作的金额。		《建设工程施工合同（示范文本）》（GF—2013—0201）增加1.1.5.4款“暂估价”的定义，“暂估价”是发包人在工程量清单或预算书中提供的用于支付必然发生但暂时不能确定材料的单价以及专业工程的金额。暂估价的意义在于使得施工招标阶段中一些无法确定价格的材料、设备或专业工程具有了可操作的解决办法，可以平衡承发包双方之间的合法权益。
1.1.5.5　暂列金额：是指发包人在工程量清单或预算书中暂定并包括在合同价格中的一笔款项，用于工程合同签订时尚未确定或者不可预见的所需材料、工程设备、服务的采购，施工中可能发生的工程变更、合同约定调整因		《建设工程施工合同（示范文本）》（GF—2013—0201）增加1.1.5.5款“暂列金额”的定义，“暂列金额”在施工实践中应用很广泛，且均为工程量清单计价所必需。暂列金额主要用于支付在签订合同协议书时尚未确定的工作或

《建设工程施工合同（示范文本）》（GF—2013—0201）第二部分 通用合同条款	《建设工程施工合同（示范文本）》（GF—1999—0201）第二部分 通用条款	对照解读
素出现时的合同价格调整以及发生的索赔、现场签证确认等的费用。		合同执行过程中不可预见的地质或物质条件、工程变更、合同约定调整因素出现时的合同价格调整以及发生的索赔、现场签证确认等造成的合同变更的价款支付。
1.1.5.6 计日工：是指合同履行过程中，承包人完成发包人提出的零星工作或需要采用计日工计价的变更工作时，按合同中约定的单价计价的一种方式。		《建设工程施工合同（示范文本）》（GF—2013—0201）增加1.1.5.6款“计日工”的定义，“计日工”适用的“零星工作”一般是指合同约定之外的或者因变更而产生的、工程量清单中没有相应项目的额外工作，尤其是那些时间不允许事先商定价格的额外工作。计日工为额外工作和变更的计价提供了一个方便快捷的途径。
1.1.5.7 质量保证金：是指按照第15.3款〔质量保证金〕约定承包人用于保证其在缺陷责任期内履行缺陷修补义务的担保。		《建设工程施工合同（示范文本）》（GF—2013—0201）增加1.1.5.7款“质量保证金”的定义，“质量保证金”在实践中也被称作“保证金”、“质保金”、“保留金”、“保修金”等，是指发包人与承包人在建设工程承包合同中约定，从应付的工程款中预留，用以保证承包人在缺陷责任期内对建设工程出现的缺陷进行维修的资金。 发包人应按《专用合同条款》的约定扣留质量保证金，在《专用合同条款》约定的缺陷

《建设工程施工合同（示范文本）》（GF—2013—0201）第二部分　通用合同条款	《建设工程施工合同（示范文本）》（GF—1999—0201）第二部分　通用条款	对照解读
		责任期满时，承包人向发包人申请到期应返还承包人剩余的质量保证金金额，发包人应在约定期限内会同承包人按照合同约定的内容核实承包人是否完成缺陷责任，并将无异议的剩余质量保证金返还承包人。
1.1.5.8　总价项目：是指在现行国家、行业以及地方的计量规则中无工程量计算规则，在已标价工程量清单或预算书中以总价或以费率形式计算的项目。		《建设工程施工合同（示范文本）》（GF—2013—0201）增加1.1.5.8款“总价项目”的定义，“总价项目”是指在相关工程国家计量规范中无工程量计算规则时，在合同订立时已标价工程量清单或预算书中以总价计价或以费率形式计算的项目。
	1.20　违约责任：指合同一方不履行合同义务或履行合同义务不符合约定所应承担的责任。	《建设工程施工合同（示范文本）》（GF—2013—0201）删除了《建设工程施工合同（示范文本）》（GF—1999—0201）中关于“违约责任”的定义。
	1.21　索赔：指在合同履行过程中，对于并非自己的过错，而是应由对方承担责任的情况造成的实际损失，向对方提出经济补偿和（或）工期顺延的要求。	《建设工程施工合同（示范文本）》（GF—2013—0201）删除了《建设工程施工合同（示范文本）》（GF—1999—0201）中关于“索赔”的定义。
	1.22　不可抗力：指不能预见、不能避免并不能克服的客观情况。	《建设工程施工合同（示范文本）》（GF—2013—0201）删除了《建设工程施工合同（示

《建设工程施工合同（示范文本）》（GF—2013—0201）第二部分 通用合同条款	《建设工程施工合同（示范文本）》（GF—1999—0201）第二部分 通用条款	对照解读
		范文本）》（GF—1999—0201）中关于“不可抗力”的定义。
1.1.6 其他 **1.1.6.1 书面形式：**是指合同文件、信函、电报、传真等可以有形地表现所载内容的形式。	**1.19 书面形式：**指合同书、信件和数据电文（包括电报、电传、传真、电子数据交换和电子邮件）等可以有形地表现所载内容的形式。	本款未作修改。 本款约定“书面形式”目的在于保证合同双方在项目实施过程中交流畅通，以避免信息互换中的混乱。本款约定也与我国《合同法》第十一条关于“书面形式”的规定一致，“书面形式是指合同书、信件和数据电文（包括电报、电传、传真、电子数据交换和电子邮件）等可以有形地表现所载内容的形式”。 但《合同法》第三十六条规定：“法律、行政法规规定或者当事人约定采用书面形式订立合同，当事人未采用书面形式但一方已经履行主要义务，对方接受的，该合同成立”。
1.2 语言文字 合同以中国的汉语简体文字编写、解释和说明。合同当事人在专用合同条款中约定使用两种以上语言时，汉语为优先解释和说明合同的语言。	**3. 语言文字和适用法律、标准及规范** **3.1 语言文字** 本合同文件使用汉语语言文字书写、解释和说明。如专用条款约定使用两种以上（含两种）语言文字时，汉语应为解释和说明本合同的标准语言文字。	本款已作修改。 本款是关于合同文件使用语言文字的约定。汉语为我国的通用语言和官方语言。因此，本款明确合同使用的语言文字为汉语，确定了中文优先原则。当事人对合同条款的理解有争议的，应当按照合同所使用的词句、合同的有关条款、合同的目的、交易习惯以及诚实信用原

《建设工程施工合同（示范文本）》（GF—2013—0201）第二部分　通用合同条款	《建设工程施工合同（示范文本）》（GF—1999—0201）第二部分　通用条款	对照解读
	在少数民族地区，双方可以约定使用少数民族语言文字书写和解释、说明本合同。	则，确定该条款的真实意思。 《建设工程施工合同（示范文本）》（GF—2013—0201）删除了《建设工程施工合同（示范文本）》（GF—1999—0201）中关于“在少数民族地区使用语言文字”的约定。
1.3　法律 合同所称法律是指中华人民共和国法律、行政法规、部门规章，以及工程所在地的地方性法规、自治条例、单行条例和地方政府规章等。 合同当事人可以在专用合同条款中约定合同适用的其他规范性文件。	**3.2　适用法律和法规** 本合同文件适用国家的法律和行政法规。需要明示的法律、行政法规，由双方在专用条款中约定。	本款已作修改。 《建设工程施工合同（示范文本）》（GF—2013—0201）相对《建设工程施工合同（示范文本）》（GF—1999—0201），对适用于合同的“法律”范围作了扩大解释，不仅包括中华人民共和国法律、行政法规，还包括中央军事委员会的规范性文件、部门规章，以及工程所在地的地方法规、自治法规（包括民族自治地方的自治条例和单行条例）、单行条例和地方政府规章。本款定义的“法律”不包括地方政府文件，根据我国《立法法》的规定，我国法律层级效力为：法律－行政法规－地方性法规－部门规章－地方政府规章。 在实践过程中，很多部门规章、地方政府规章有特殊规定，可能产生合同条款与之相冲突的情形，承发包双方在订立合同时应当予以注意，以防止导致对合同条款效力的争议。

《建设工程施工合同（示范文本）》（GF—2013—0201）第二部分 通用合同条款	《建设工程施工合同（示范文本）》（GF—1999—0201）第二部分 通用条款	对照解读
1.4 标准和规范	**3.3 适用标准、规范**	本款已作修改。 《建设工程施工合同（示范文本）》（GF—2013—0201）相对《建设工程施工合同（示范文本）》（GF—1999—0201），对适用于合同的“标准和规范”进行了补充和完善。
1.4.1 适用于工程的国家标准、行业标准、工程所在地的地方性标准，以及相应的规范、规程等，合同当事人有特别要求的，应在专用合同条款中约定。	双方在专用条款内约定适用国家标准、规范的名称；没有国家标准、规范但有行业标准、规范的，约定适用行业标准、规范的名称；没有国家和行业标准、规范的，约定适用工程所在地地方标准、规范的名称。发包人应按专用条款约定的时间向承包人提供一式两份约定的标准、规范。	本款是适用于工程的标准和规范范围的约定，包括国家、行业及工程所在地的地方标准，以及相应的规范、规程等。根据我国《标准化法》按级别的分类，中国标准分为国家标准、行业标准、地方标准和企业标准，并将标准分为强制性标准和推荐性标准两类。对于强制性的国家标准和行业标准，承发包双方必须遵守。根据《实施工程建设强制性标准监督规定》，工程建设强制性标准是指直接涉及工程质量、安全、卫生及环境保护等方面的工程建设标准强制性条文。在中华人民共和国境内从事新建、扩建、改建等工程建设活动，必须执行工程建设强制性标准。
1.4.2 发包人要求使用国外标准、规范的，发包人负责提供原文版本和中文译本，并在专用合同条款中约定提供标准规范的名称、份数和时间。	国内没有相应标准、规范的，由发包人按专用条款约定的时间向承包人提出施工技术要求，承包人按约定的时间和要求提出施工工艺，经发包人认可后执行。发包人要求使用国外标准、规范的，应负责提供中文译本。 本款所发生的购买、翻译标准、规范或制定施工工艺的费用，由发包人承担。	本款是关于发包人要求使用国外标准和规范时的约定。如发包人要求使用国外标准和规范时，发包人应负责提供原文版本和中文译本，并承担由此产生的相关费用，且发包人应在合理时间内将文本提供给承包人。在此应注意的是，发包人要求使用的国外标准和规范不得违反我国的强制性标准和规范。

《建设工程施工合同（示范文本）》（GF—2013—0201）第二部分　通用合同条款	《建设工程施工合同（示范文本）》（GF—1999—0201）第二部分　通用条款	对照解读
1.4.3　发包人对工程的技术标准、功能要求高于或严于现行国家、行业或地方标准的，应当在专用合同条款中予以明确。除专用合同条款另有约定外，应视为承包人在签订合同前已充分预见前述技术标准和功能要求的复杂程度，签约合同价中已包含由此产生的费用。		《建设工程施工合同（示范文本）》（GF—2013—0201）增加1.4.3款关于“发包人提高技术标准和功能要求”时的约定。为了提高建设工程的质量和品质，发包人对工程的技术标准、功能要求高于或严于现行国家、行业或地方标准时，承发包双方应在《专用合同条款》中明确使用标准规范的具体名称或技术标准参数。承包人应注意，除非在《专用合同条款》中对发包人提高技术标准和功能要求时另行约定费用的承担，否则视为承包人在签订合同前就已充分预见了此提高的技术标准和功能要求的复杂程度，且签约合同价中已包含了此提高的技术标准和功能要求所产生的费用。
1.5　合同文件的优先顺序 组成合同的各项文件应互相解释，互为说明。除专用合同条款另有约定外，解释合同文件的优先顺序如下： （1）合同协议书； （2）中标通知书（如果有）； （3）投标函及其附录（如果有）； （4）专用合同条款及其附件； （5）通用合同条款； （6）技术标准和要求； （7）图纸； （8）已标价工程量清单或预算书； （9）其他合同文件。	**2. 合同文件及解释顺序** **2.1**　合同文件应能相互解释，互为说明。除专用条款另有约定外，组成本合同的文件及优先解释顺序如下： （1）本合同协议书 （2）中标通知书 （3）投标书及其附件 （4）本合同专用条款 （5）本合同通用条款 （6）标准、规范及有关技术文件 （7）图纸 （8）工程量清单 （9）工程报价单或预算书	本款已作修改。 《建设工程施工合同（示范文本）》（GF—2013—0201）相对《建设工程施工合同（示范文本）》（GF—1999—0201），根据其组成合同各项文件的名称不同对解释顺序作了约定。 由于合同文件形成的时间比较长，参与编制的人数众多，客观上不可避免地会在合同各文件之间出现不一致甚至矛盾的内容。为解决争议，此时应按照本款列明的优先顺序进行解释。如果发生合同文件内容不一致的情形，则需要明确以哪个文件内容为准。合同文件的解释顺序实际上就是解决合同文件的相互效力问题，通常时间在后的优于时间在前的，但有时发

《建设工程施工合同（示范文本）》（GF—2013—0201）第二部分 通用合同条款	《建设工程施工合同（示范文本）》（GF—1999—0201）第二部分 通用条款	对照解读
		生合同文件的地位不同以及无法确定订立时间的情形时，约定合同文件的解释顺序就显得尤为重要。 本款约定了在合同构成文件产生矛盾时的处理方法：即《合同协议书》优先于《中标通知书》；《中标通知书》优先于《投标函》及《投标函附录》；《投标函》及《投标函附录》优先于《专用合同条款》及其附件；《专用合同条款》及其附件优先于《通用合同条款》；《通用合同条款》优先于技术标准和要求；技术标准和要求优先于图纸；图纸优先于已标价工程量清单或预算书；已标价工程量清单或预算书优先于其他合同文件。 本款为合同双方提供了合同文件的优先解释顺序示例，合同双方仍然可根据合同管理需要在《专用合同条款》中对合同文件的优先顺序进行调整，但不得违反有关法律的规定。另外，建议承发包双方在《专用合同条款》中对“其他合同文件”的具体组成作进一步明确。
上述各项合同文件包括合同当事人就该项合同文件所作出的补充和修改，属于同一类内容的文件，应以最新签署的为准。 在合同订立及履行过程中形成的与合同有关的文件均构成合同文件组成部分，并根据其性质确定优先解释顺序。	合同履行中，发包人承包人有关工程的洽商、变更等书面协议或文件视为本合同的组成部分。 **2.2** 当合同文件内容含糊不清或不相一致时，在不影响工程正常进行的情况下，由发包人承包人协商解决。双方也可以提请负责监理	《建设工程施工合同（示范文本）》（GF—2013—0201）增加“根据组成合同的各项文件的性质确定优先解释顺序”的约定，删除了《建设工程施工合同（示范文本）》（GF—1999—0201）“在合同文件内容含糊不清或不相一致不能协商解决时的处理办法”的约定。

《建设工程施工合同（示范文本）》（GF—2013—0201）第二部分　通用合同条款	《建设工程施工合同（示范文本）》（GF—1999—0201）第二部分　通用条款	对照解读
	的工程师作出解释。双方协商不成或不同意负责监理的工程师的解释时，按本通用条款第37条关于争议的约定处理。	发包人与承包人在建设工程施工的整个过程中均应慎重地对待与对方签署的任何洽商等书面文件，谨防因疏忽造成签署的文件出现与早期文件相悖的不利于自身的内容，使得有利于自身的条款前功尽弃。
1.6　图纸和承包人文件 **1.6.1　图纸的提供和交底** 发包人应按照专用合同条款约定的期限、数量和内容向承包人免费提供图纸，并组织承包人、监理人和设计人进行图纸会审和设计交底。发包人至迟不得晚于第7.3.2项〔开工通知〕载明的开工日期前14天向承包人提供图纸。 因发包人未按合同约定提供图纸导致承包人费用增加和（或）工期延误的，按照第7.5.1项〔因发包人原因导致工期延误〕约定办理。	**4. 图纸** **4.1**　发包人应按专用条款约定的日期和套数，向承包人提供图纸。承包人需要增加图纸套数的，发包人应代为复制，复制费用由承包人承担。发包人对工程有保密要求的，应在专用条款中提出保密要求，保密措施费用由发包人承担，承包人在约定保密期限内履行保密义务。	本款已作修改。 《建设工程施工合同（示范文本）》（GF—2013—0201）相对《建设工程施工合同（示范文本）》（GF—1999—0201），对图纸的提供进行了补充和完善，增加了三项内容：（1）发包人有及时组织进行图纸会审和设计交底的义务；（2）对发包人提供图纸的期限作了限制；（3）因发包人未按时提供图纸或所提供的图纸不符合合同约定，造成工期延误和费用增加时，承包人有要求支付合理的利润的权利。在本款删除了关于“保密”的约定，而是在《通用合同条款》第1.12款设专款对保密义务进行明确、详细的约定。 发包人提供的图纸包括各种图纸和相关的资料、记录及附件，是合同的组成部分，又是发包人义务指向的履行标的之一。图纸本身的质量决定着工程的质量，同时还是衡量工程质量是否达标的依据。图纸的提供、修订关系着工程的进度、变更、索赔等多个方面，从这个意义上来说，图纸是工程的灵魂。

《建设工程施工合同（示范文本）》（GF—2013—0201）第二部分 通用合同条款	《建设工程施工合同（示范文本）》（GF—1999—0201）第二部分 通用条款	对照解读
		承发包双方均需注意的是，在《建设工程施工合同（示范文本）》（GF—2013—0201）《通用合同条款》中除本款外，因发包人违约，承包人有权要求发包人支付合理利润的还有十四个条款，分别是：（1）2.1 款“因发包人原因未能及时办理完毕应由其办理的许可、批准或备案”；（2）5.1.2 款“因发包人原因造成工程质量未达到合同约定标准的”；（3）5.3.3 款“经重新检查证明工程质量符合合同要求的”；（4）5.4.2 款“因发包人原因造成工程不合格的”；（5）7.3.2 款“因发包人原因造成监理人未能在计划开工日期之日起 90 天内发出开工通知的”；（6）7.5.1 款“因发包人原因导致工期延误”；（7）7.8.1 款“因发包人原因引起的暂停施工”；（8）7.8.5 款“因发包人原因无法按时复工的”；（9）8.5.3 款“因发包人提供的材料或工程设备不符合合同要求的”；（10）10.7.3 款“因发包人原因导致暂估价合同订立和履行迟延的”；（11）13.4.2 款“发包人要求在工程竣工前交付单位工程的”；（12）15.4.2 款“因其他原因造成工程的缺陷、损坏时委托承包人进行修复的”；（13）16.1.2 款“因发包人违约而承担的责任”；（14）16.1.3 款“因发包人违约而解除合同的”。 承包人还应注意，合同确定了“合理利润”的存在，但至于“合理利润”的具体金额则应留存好相关证明文件。

《建设工程施工合同（示范文本）》（GF—2013—0201）第二部分　通用合同条款	《建设工程施工合同（示范文本）》（GF—1999—0201）第二部分　通用条款	对照解读
1.6.2　图纸的错误 承包人在收到发包人提供的图纸后，发现图纸存在差错、遗漏或缺陷的，应及时通知监理人。监理人接到该通知后，应附具相关意见并立即报送发包人，发包人应在收到监理人报送的通知后的合理时间内作出决定。合理时间是指发包人在收到监理人的报送通知后，尽其努力且不懈怠地完成图纸修改补充所需的时间。		《建设工程施工合同（示范文本）》（GF—2013—0201）增加1.6.2款“关于图纸存在错误时的处理方法”的约定。当承包人收到发包人提供的图纸后，应当认真进行审阅，如发现图纸存在错误、遗漏或有缺陷的，应当及时书面通知监理人。作为一个有经验的承包人，还可根据自身经验结合项目具体特点对图纸提出合理化建议一并报送监理人，由监理人报送发包人，发包人应在合理时间内作出决定，以保证工程的正常实施。本款对“合理时间”作了界定，承发包双方可进一步详细约定。
1.6.3　图纸的修改和补充 图纸需要修改和补充的，应经图纸原设计人及审批部门同意，并由监理人在工程或工程相应部位施工前将修改后的图纸或补充图纸提交给承包人，承包人应按修改或补充后的图纸施工。		《建设工程施工合同（示范文本）》（GF—2013—0201）增加1.6.3款“关于图纸的修改和补充程序”的约定。在工程实施过程中，发现图纸需要进行修改和（或）补充的，应由图纸的原设计人及审批部门审查同意，以确保工程质量。为了不影响施工进度，监理人应在工程或工程相应部位施工前，将修改后的图纸或补充图纸提交承包人。承包人应严格按照修改后的图纸要求施工。
1.6.4　承包人文件 承包人应按照专用合同条款的约定提供应当由其编制的与工程施工有关的文件，并按照专用合同条款约定的期限、数量和形式提交监		《建设工程施工合同（示范文本）》（GF—2013—0201）增加1.6.4款“关于由承包人提供工程施工文件时的程序以及监理人的审查程序”的约定。

《建设工程施工合同（示范文本）》（GF—2013—0201）第二部分 通用合同条款	《建设工程施工合同（示范文本）》（GF—1999—0201）第二部分 通用条款	对照解读
理人，并由监理人报送发包人。		由承包人编制的与工程施工有关的文件主要包括施工组织设计、施工进度计划、施工方案等，承包人应按《专用合同条款》中的约定及时提交监理人。
除专用合同条款另有约定外，监理人应在收到承包人文件后7天内审查完毕，监理人对承包人文件有异议的，承包人应予以修改，并重新报送监理人。监理人的审查并不减轻或免除承包人根据合同约定应当承担的责任。		本款对监理人的审查程序作了明确约定，即监理人应在收到承包人文件后7天内审查完毕，如对承包人文件有异议的，应通知承包人，承包人应在修改后重新报送监理人。承包人对自己编制的文件承担质量责任，监理人的审查并不减轻或免除承包人根据合同约定应当承担的责任。
1.6.5 图纸和承包人文件的保管 除专用合同条款另有约定外，承包人应在施工现场另外保存一套完整的图纸和承包人文件，供发包人、监理人及有关人员进行工程检查时使用。	**4.2** 承包人未经发包人同意，不得将本工程图纸转给第三人。工程质量保修期满后，除承包人存档需要的图纸外，应将全部图纸退还给发包人。 **4.3** 承包人应在施工现场保留一套完整图纸，供工程师及有关人员进行工程检查时使用。	《建设工程施工合同（示范文本）》（GF—2013—0201）将“承包人对图纸和文件保管义务”进行了补充，删除了《建设工程施工合同（示范文本）》（GF—1999—0201）对“工程图纸转让及返还”的约定，而在《通用合同条款》第1.11款设专款对知识产权作了明确的约定。考虑到承包人是工程的具体实施者，由承包人在施工现场保存图纸和文件比较适宜，供发包人、监理人及有关人员进行工程检查时查阅和（或）使用。

《建设工程施工合同（示范文本）》（GF—2013—0201）第二部分　通用合同条款	《建设工程施工合同（示范文本）》（GF—1999—0201）第二部分　通用条款	对照解读
1.7　联络		本款为新增条款。 《建设工程施工合同（示范文本）》（GF—2013—0201）增加1.7款关于联络相关事项的约定，顺畅的联络能保证双方项目实施过程的交流畅通。
1.7.1　与合同有关的通知、批准、证明、证书、指示、指令、要求、请求、同意、意见、确定和决定等，均应采用书面形式，并应在合同约定的期限内送达接收人和送达地点。		由于建设工程涉及标的额大、合同履行周期长、合同内容复杂、合同履行专业化程度高等的特点，1.7.1款明确约定与合同有关的所有通知、批准、意见、决定等均应采用书面形式。我国《合同法》第十一条规定："书面形式是指合同书、信件和数据电文（包括电报、电传、传真、电子数据交换和电子邮件）等可以有形地表现所载内容的形式"。
1.7.2　发包人和承包人应在专用合同条款中约定各自的送达接收人和送达地点。任何一方合同当事人指定的接收人或送达地点发生变动的，应提前3天以书面形式通知对方。		1.7.2款为了避免因一方当事人人员变动或地点变化而导致联络中断，约定了当合同任何一方当事人指定的接收人或送达地点发生变动的，应提前3天以书面形式通知相对方。 在合同履行过程中，双方往往会对工程变更或索赔事项以签证的形式加以确定，而签证往往又是通过往来函件来体现的，因此为了要证明自己已表示了自己权利的主张，不仅要证明自己在合同约定的期限内，以书面形式向对方送出了权利主张，且更重要的、更具有现实意义的是要证明自己在合同约定的期限内向对方主张的权利意思表示，在约定的期限内对方已经收到。

《建设工程施工合同（示范文本）》（GF—2013—0201）第二部分 通用合同条款	《建设工程施工合同（示范文本）》（GF—1999—0201）第二部分 通用条款	对照解读
1.7.3 发包人和承包人应当及时签收另一方送达至送达地点和指定接收人的来往信函。拒不签收的，由此增加的费用和（或）延误的工期由拒绝接收一方承担。		1.7.3款是关于合同当事人拒绝签收的责任承担约定。 关于送达的方式，可参照我国《民事诉讼法》规定的六种方式，即直接送达、留置送达、委托送达、邮寄送达、转交送达、公告送达。在实践中应用的比较多的是直接送达和邮寄送达，但在应用直接送达时，应注意送达人不仅要取得曾经送达的证据，且要取得曾经对方收到过的证据。在应用邮寄送达时，必须写明邮寄的内容，对于特别重要的文件最好采用公证加挂号邮寄的办法进行邮寄送达。
1.8 严禁贿赂 合同当事人不得以贿赂或变相贿赂的方式，谋取非法利益或损害对方权益。因一方合同当事人的贿赂造成对方损失的，应赔偿损失，并承担相应的法律责任。 承包人不得与监理人或发包人聘请的第三方串通损害发包人利益。未经发包人书面同意，承包人不得为监理人提供合同约定以外的通讯设备、交通工具及其他任何形式的利益，不得向监理人支付报酬。		本款为新增条款。 《建设工程施工合同（示范文本）》（GF—2013—0201）增加1.8款关于合同当事人的禁止性约定。 在工程招投标阶段以及合同执行过程中，如果采用行贿、送礼或其他不正当手段企图获取不正当利益，则其应当对上述行为造成的工程损害、合同相对方的经济损失等承担一切责任，并予以赔偿。情节严重的，还有可能承担行政责任和（或）刑事责任。因此承发包双方均应采取合理措施，防止本单位人员采用上述行为获取不正当利益。
1.9 化石、文物 在施工现场发掘的所有文物、古迹以及具有地质研究或考古价值的其他遗迹、化石、钱币	**43. 文物和地下障碍物** **43.1** 在施工中发现古墓、古建筑遗址等文物及化石或其他有考古、地质研究等价值的物	本款已作修改。 《建设工程施工合同（示范文本）》（GF—2013—0201）将在施工现场发现化石、文物时的

《建设工程施工合同（示范文本）》（GF—2013—0201）第二部分　通用合同条款	《建设工程施工合同（示范文本）》（GF—1999—0201）第二部分　通用条款	对照解读
或物品属于国家所有。一旦发现上述文物，承包人应采取合理有效的保护措施，防止任何人员移动或损坏上述物品，并立即报告有关政府行政管理部门，同时通知监理人。 发包人、监理人和承包人应按有关政府行政管理部门要求采取妥善的保护措施，由此增加的费用和（或）延误的工期由发包人承担。	品时，承包人应立即保护好现场并于4小时内以书面形式通知工程师，工程师应于收到书面通知后24小时内报告当地文物管理部门，发包人承包人按文物管理部门的要求采取妥善保护措施。发包人承担由此发生的费用，顺延延误的工期。	处理程序及责任承担作了补充约定。约定“承包人作为信息披露的义务人”在施工过程中发现化石、文物时，将《建设工程施工合同（示范文本）》（GF—1999—0201）报告的“时间”和“报告对象”，由“4小时内书面通知工程师，由工程师在收到书面通知后24小时内报告当地文物管理部门”修改为“立即报告有关政府行政管理部门，报告的同时通知监理工程师”；并将采取妥善保护措施的时间提前至发现化石、文物之时，而不必等到报告文物管理部门以后。发包人承担因发现文物而导致的费用及工期损失。本款实际上属于一种“激励”条款，通过约定承包人有权索赔来鼓励承包人愿意为保护文物而付出积极的努力。
承包人发现文物后不及时报告或隐瞒不报，致使文物丢失或损坏的，应赔偿损失，并承担相应的法律责任。	如发现后隐瞒不报，致使文物遭受破坏，责任者依法承担相应责任。	本款对合同当事人未及时或隐瞒报告时的责任承担作了约定。施工现场内的化石、文物的所有权属于国家所有。我国《文物保护法》规定，出土文物属于国家所有，一切机关、组织和个人都有依法保护文物的义务。故意或者过失损毁国家保护的珍贵文物，构成犯罪的依法追究刑事责任。违反规定造成文物毁损、灭失的，依法承担民事责任。
	43.2　施工中出现影响施工的地下障碍物时，承包人应于8小时内以书面形式通知工程	《建设工程施工合同（示范文本）》（GF—2013—0201）在此删除了《建设工程施工合同

《建设工程施工合同（示范文本）》（GF—2013—0201）第二部分 通用合同条款	《建设工程施工合同（示范文本）》（GF—1999—0201）第二部分 通用条款	对照解读
	师，同时提出处置方案，工程师收到处置方案后24小时内予以认可或提出修正方案。发包人承担由此发生的费用，顺延延误的工期。 所发现的地下障碍物有归属单位时，发包人应报请有关部门协同处置。	（示范文本）》（GF—1999—0201）中关于“地下障碍物处理程序”的约定，而在《建设工程施工合同（示范文本）》（GF—2013—0201）《通用合同条款》第7.6款不利物质条件中作出明确的约定。
1.10 交通运输 **1.10.1 出入现场的权利** 除专用合同条款另有约定外，发包人应根据施工需要，负责取得出入施工现场所需的批准手续和全部权利，以及取得因施工所需修建道路、桥梁以及其他基础设施的权利，并承担相关手续费用和建设费用。承包人应协助发包人办理修建场内外道路、桥梁以及其他基础设施的手续。 承包人应在订立合同前查勘施工现场，并根据工程规模及技术参数合理预见工程施工所需的进出施工现场的方式、手段、路径等。因承包人未合理预见所增加的费用和（或）延误的工期由承包人承担。 **1.10.2 场外交通** 发包人应提供场外交通设施的技术参数和具		本款为新增条款。 《建设工程施工合同（示范文本）》（GF—2013—0201）增加1.10款关于出入施工现场所需权利以及修建相关交通设施责任承担的约定。 1.10.1款是关于由发包人办理出入施工现场所需权利的约定。 在施工过程中，承包人施工设备和人员需要往来于施工现场，若施工现场不靠近公共道路，则需要一些专用或临时的道路通行权。根据工程实施需要，本款约定由发包人统一与当地行政管理部门办理工程建设所需的道路通行权，并承担相应办理费用。需要承包人协助时，承包人应协助发包人办理相关手续。作为一个有经验的承包人，在订立合同前应合理查勘进出施工现场的道路，即根据工程规模及技术参数，对进出施工现场的方式、手段、路径等作出一个合理的费用判断，并在报价中予以体现。本款约定因承包人未合理预见进出施工现场而增加的费用及延误的工期由承包人自行承担。 1.10.2款是承发包双方关于场外交通的义务及责任承担约定。

《建设工程施工合同（示范文本）》（GF—2013—0201）第二部分　通用合同条款	《建设工程施工合同（示范文本）》（GF—1999—0201）第二部分　通用条款	对照解读
体条件，承包人应遵守有关交通法规，严格按照道路和桥梁的限制荷载行驶，执行有关道路限速、限行、禁止超载的规定，并配合交通管理部门的监督和检查。场外交通设施无法满足工程施工需要的，由发包人负责完善并承担相关费用。		本款约定由发包人向承包人提供场外交通设施的技术参数和具体条件，并对其准确性负责。当场外交通设施不能满足承包人施工需要时，发包人应及时完善并承担由此产生的费用，以便于承包人顺利进行工程建设相关的材料、设备等的运输工作。承包人也须遵守场外交通各项规定，主要是限速、限行、禁止超载的规定，并接受交通管理部门的监督和检查。 我国《公路法》第五十条规定，超过公路、公路桥梁、公路隧道或者汽车渡船的限载、限高、限宽、限长标准的车辆，不得在有限定标准的公路、公路桥梁上或者公路隧道内行驶，不得使用汽车渡船。
1.10.3　场内交通 发包人应提供场内交通设施的技术参数和具体条件，并应按照专用合同条款的约定向承包人免费提供满足工程施工所需的场内道路和交通设施。因承包人原因造成上述道路或交通设施损坏的，承包人负责修复并承担由此增加的费用。 除发包人按照合同约定提供的场内道路和交通设施外，承包人负责修建、维修、养护和管理施工所需的其他场内临时道路和交通设施。发包人和监理人可以为实现合同目的使用承包人修建的场内临时道路和交通设施。		1.10.3款是承发包双方关于场内交通的义务及责任承担约定。 本款约定由发包人向承包人提供场内交通设施的技术参数和具体条件，并对其准确性负责。在施工实践中，属于公用的场内施工道路和交通设施通常由发包人提供给相关承包人使用，但需要约定各自的维护和管理责任。因承包人原因造成场内交通设施损坏的，由承包人承担修复义务及修复费用。 本款约定承包人负责施工所需的临时施工道路和交通设施的修建、维护和管理。发包人和监理人有免费使用承包人修建的临时施工道路和交

《建设工程施工合同（示范文本）》（GF—2013—0201）第二部分 通用合同条款	《建设工程施工合同（示范文本）》（GF—1999—0201）第二部分 通用条款	对照解读
场外交通和场内交通的边界由合同当事人在专用合同条款中约定。		通设施的权利，前提是为了实施工程所必需。至于场外交通和场内交通的边界区分，承发包双方应在《专用合同条款》中进一步作出明确约定。
1.10.4 超大件和超重件的运输 由承包人负责运输的超大件或超重件，应由承包人负责向交通管理部门办理申请手续，发包人给予协助。运输超大件或超重件所需的道路和桥梁临时加固改造费用和其他有关费用，由承包人承担，但专用合同条款另有约定除外。		1.10.4 款是关于工程物资超限运输责任承担的约定。 我国《公路法》第五十条规定，超过公路或者公路桥梁限载标准确需行驶的，必须经县级以上地方人民政府交通主管部门批准，并按要求采取有效的防护措施；影响交通安全的，还应当经同级公安机关批准；运载不可解体的超限物品的，应当按照指定的时间、路线、时速行驶，并悬挂明显标志。运输单位不能按照前款规定采取防护措施的，由交通主管部门帮助其采取防护措施，所需费用由运输单位承担。 超限工程物资是指包装后的总重量、总长度、总宽度或总高度超过国家、行业有关规定的物资。承包人对于超限和有特殊要求的工程物资，应制定专项运输方案，并委托专门的运输机构承担。承包人在投标阶段现场考察时，对进出场路线，尤其是运输大型设备的路线是否适宜，应当特别注意。
1.10.5 道路和桥梁的损坏责任 因承包人运输造成施工场地内外公共道路和桥梁损坏的，由承包人承担修复损坏的全部费用和可能引起的赔偿。		1.10.5 款是关于道路和桥梁损坏的责任承担约定。 承包人为避免承担赔偿责任，应注意选择好运输路线和运输工具，采取合理措施，防止道路和桥梁的损坏。

《建设工程施工合同（示范文本）》（GF—2013—0201）第二部分　通用合同条款	《建设工程施工合同（示范文本）》（GF—1999—0201）第二部分　通用条款	对照解读
1.10.6　水路和航空运输 本款前述各项的内容适用于水路运输和航空运输，其中“道路”一词的涵义包括河道、航线、船闸、机场、码头、堤防以及水路或航空运输中其他相似结构物；“车辆”一词的涵义包括船舶和飞机等。		1.10.6款是对本条交通运输适用范围的约定。 本款约定前述交通运输条款的内容适用于水路和航空运输，并对道路及车辆的涵义进行了明确。承包人在此也应注意，根据项目的具体特点和地理位置，在前期查勘时应合理预见工程实施中所要采取的交通运输方式，以便在报价中予以体现。
1.11　知识产权 **1.11.1**　除专用合同条款另有约定外，发包人提供给承包人的图纸、发包人为实施工程自行编制或委托编制的技术规范以及反映发包人要求的或其他类似性质的文件的著作权属于发包人，承包人可以为实现合同目的而复制、使用此类文件，但不能用于与合同无关的其他事项。未经发包人书面同意，承包人不得为了合同以外的目的而复制、使用上述文件或将之提供给任何第三方。	**42.　专利技术及特殊工艺**	本款已作修改。 《建设工程施工合同（示范文本）》（GF—2013—0201）增加1.11.1款关于发包人著作权的约定。施工中常涉及的著作权主要有施工文件、施工技术以及技术秘密、施工中的商业秘密等。发包人或以发包人名义编制的或提供的图纸和文件，其著作权归发包人所有。承发包人之间相互提供的图纸和文件只供对方实施本合同工程，不得为其他目的泄露给第三方或公开发表与引用。 对工程本身有需要保密的图纸和文件或相关其他事项，承发包双方应共同遵守的保密制度和需要保密的内容，应在《专用合同条款》中进行详细的补充约定。 在《建设工程施工合同（示范文本）》（GF—2013—0201）征求意见稿中，本条原文为“发包人提供给承包人的图纸、发包人为实施工程自行编制或委托编制的技术规范以及反映发包人关于本合同的要求或其他类似性质的文件的版权属于发包人，承包人可因实施本合同

《建设工程施工合同（示范文本）》（GF—2013—0201）第二部分 通用合同条款	《建设工程施工合同（示范文本）》（GF—1999—0201）第二部分 通用条款	对照解读
		的目的而复制、使用此类文件，但不能用于与本合同无关的其他事项。在征得发包人书面同意前，承包人不得为了实施其他目的而复制、使用发包人的文件或将之提供给任何第三方。承包人为实施本工程所编制的施工文件的版权属于承包人，发包人可因实施本工程的竣工、运行、调试、维修、改造等目的而复制、使用此类文件，但不能用于其他无关的事项。在征得承包人书面同意前，发包人不得为了实施其他目的而复制、使用承包人的此类文件或将之提供给任何第三方”。考虑到与我国《著作权法》的规定相统一，本条在修订过程中采纳了笔者的建议，将“版权”统一修改为“著作权”。
1.11.2 除专用合同条款另有约定外，承包人为实施工程所编制的文件，除署名权以外的著作权属于发包人，承包人可因实施工程的运行、调试、维修、改造等目的而复制、使用此类文件，但不能用于与合同无关的其他事项。未经发包人书面同意，承包人不得为了合同以外的目的而复制、使用上述文件或将之提供给任何第三方。		《建设工程施工合同（示范文本）》（GF—2013—0201）增加1.11.2款，约定确定了除署名权以外的著作权归属于发包人的原则。本款约定未经发包人书面同意，承包人不得擅自为了合同以外的目的复制、使用属于发包人著作权的文件。但为了实施工程的运行、调试、维修、改造等目的的除外。
	42.1 发包人要求使用专利技术或特殊工艺，就负责办理相应的申报手续，承担申报、试验、使用等费用；承包人提出使用专利技术或特殊工艺，应取得工程师认可，承包人负责办理申报手续并承担有关费用。	《建设工程施工合同（示范文本）》（GF—2013—0201）在此删除了《建设工程施工合同（示范文本）》（GF—1999—0201）中关于“使用专利技术或特殊工艺”的约定。

《建设工程施工合同（示范文本）》（GF—2013—0201）第二部分　通用合同条款	《建设工程施工合同（示范文本）》（GF—1999—0201）第二部分　通用条款	对照解读
1.11.3　合同当事人保证在履行合同过程中不侵犯对方及第三方的知识产权。承包人在使用材料、施工设备、工程设备或采用施工工艺时，因侵犯他人的专利权或其他知识产权所引起的责任，由承包人承担；因发包人提供的材料、施工设备、工程设备或施工工艺导致侵权的，由发包人承担责任。	**42.2**　擅自使用专利技术侵犯他人专利权的，责任者依法承担相应责任。	《建设工程施工合同（示范文本）》（GF—2013—0201）增加1.11.3款，确定了知识产权的侵权责任，明确了侵犯第三方知识产权“责任自负”的原则。 本款明确了侵犯第三方知识产权的责任承担，有利于规范承发包双方的行为。
1.11.4　除专用合同条款另有约定外，承包人在合同签订前和签订时已确定采用的专利、专有技术、技术秘密的使用费已包含在签约合同价中。		《建设工程施工合同（示范文本）》（GF—2013—0201）增加1.11.4款对施工范围内承包人采用的技术、设备所涉及的知识产权使用费的明确，避免了责任承担的纠纷和施工中专利技术使用的纠纷。
1.12　保密 除法律规定或合同另有约定外，未经发包人同意，承包人不得将发包人提供的图纸、文件以及声明需要保密的资料信息等商业秘密泄露给第三方。 除法律规定或合同另有约定外，未经承包人同意，发包人不得将承包人提供的技术秘密及声明需要保密的资料信息等商业秘密泄露给第三方。		本款为新增条款。 《建设工程施工合同（示范文本）》（GF—2013—0201）增加1.12款关于合同当事人对商业秘密和技术秘密保密义务的约定。 承发包双方之间相互提供的图纸和文件只供对方实施本合同工程，不得为其他目的泄露给第三方或公开发表与引用。 发包人提供给承包人的图纸、发包人为实施工程自行编制或委托编制的技术规范以及反映发包人关于本合同的要求或其他类似性质的文件的著作权属于发包人，承包人可因实施本合同的目的而复制、使用此类文件，但不能用于与本合同无关的其他事项。在征得发包人书

《建设工程施工合同（示范文本）》（GF—2013—0201）第二部分 通用合同条款	《建设工程施工合同（示范文本）》（GF—1999—0201）第二部分 通用条款	对照解读
		面同意前，承包人不得为了实施其他目的而复制、使用发包人的文件或将之提供给任何第三方； 承包人为实施本工程所提供的技术秘密的著作权属于承包人，发包人可因实施本工程的竣工、运行、调试、维修、改造等目的而复制、使用此类文件，但不能用于其他无关的事项。在征得承包人书面同意前，发包人不得为了实施其他目的而复制、使用承包人的此类文件或将之提供给任何第三方。 我国《合同法》第四十三条规定，当事人在订立合同过程中知悉的商业秘密，无论合同是否成立，不得泄露或者不正当地使用。泄露或者不正当地使用该商业秘密给对方造成损失的，应当承担损害赔偿责任。
1.13 工程量清单错误的修正 除专用合同条款另有约定外，发包人提供的工程量清单，应被认为是准确的和完整的。出现下列情形之一时，发包人应予以修正，并相应调整合同价格： （1）工程量清单存在缺项、漏项的； （2）工程量清单偏差超出专用合同条款约定的工程量偏差范围的； （3）未按照国家现行计量规范强制性规定计量的。		本款为新增条款。 《建设工程施工合同（示范文本）》（GF—2013—0201）增加1.13款关于发包人提供的工程量清单错误时修正程序的约定。 因发包人提供的工程量清单存在缺项、漏项以及工程量存在偏差时，由发包人予以修正并相应进行合同价格的调整，以平衡承发包双方的权利义务。

《建设工程施工合同（示范文本）》（GF—2013—0201）第二部分　通用合同条款	《建设工程施工合同（示范文本）》（GF—1999—0201）第二部分　通用条款	对照解读
2. 发包人 **2.1　许可或批准** 发包人应遵守法律，并办理法律规定由其办理的许可、批准或备案，包括但不限于建设用地规划许可证、建设工程规划许可证、建设工程施工许可证、施工所需临时用水、临时用电、中断道路交通、临时占用土地等许可和批准。发包人应协助承包人办理法律规定的有关施工证件和批件。	**8. 发包人工作** **8.1**　发包人按专用条款约定的内容和时间完成以下工作： （1）办理土地征用、拆迁补偿、平整施工场地等工作，使施工场地具备施工条件，在开工后继续负责解决以上事项遗留问题； （5）办理施工许可证及其他施工所需证件、批件和临时用地、停水、停电、中断道路交通、爆破作业等的申请批准手续（证明承包人自身资质的证件除外）；	本款已作修改。 《建设工程施工合同（示范文本）》（GF—2013—0201）与《建设工程施工合同（示范文本）》（GF—1999—0201）相比，将发包人办理许可或批准的具体范围进行了详细补充，增加约定对于应由承包人办理的施工证件和批件，发包人有协助的义务。 《建筑法》第七条规定，建筑工程开工前，建设单位应当按照国家有关规定向工程所在地县级以上人民政府建设行政主管部门申请领取施工许可证； 《建筑法》第四十二条规定，有下列情形之一的，建设单位应当按照国家有关规定办理申请批准手续：（一）需要临时占用规划批准范围以外场地的；（二）可能损坏道路、管线、电力、邮电通讯等公共设施的；（三）需要临时停水、停电、中断道路交通的；（四）需要进行爆破作业的；（五）法律、法规规定需要办理报批手续的其他情形。 在司法实践中，发包人就尚未取得建设用地规划许可证、建设工程规划许可证等行政审批手续的工程，与承包人签订的建设工程施工合同往往会被确认无效。但在一审法庭辩论终结前发包人取得相应审批手续或者经主管部门批准建设的，可以认定合同有效。

《建设工程施工合同（示范文本）》（GF—2013—0201）第二部分 通用合同条款	《建设工程施工合同（示范文本）》（GF—1999—0201）第二部分 通用条款	对照解读
因发包人原因未能及时办理完毕前述许可、批准或备案，由发包人承担由此增加的费用和（或）延误的工期，并支付承包人合理的利润。		《建设工程施工合同（示范文本）》（GF—2013—0201）增加约定如因发包人原因未能及时办理相关许可、批准或备案，由此增加的费用和（或）延误的工期责任应由发包人承担，承包人有要求支付合理利润的权利。
2.2 发包人代表 发包人应在专用合同条款中明确其派驻施工现场的发包人代表的姓名、职务、联系方式及授权范围等事项。发包人代表在发包人的授权范围内，负责处理合同履行过程中与发包人有关的具体事宜。发包人代表在授权范围内的行为由发包人承担法律责任。发包人更换发包人代表的，应提前7天书面通知承包人。		本款为新增条款。 《建设工程施工合同（示范文本）》（GF—2013—0201）增加2.2款关于对发包人代表的权限范围、更换和撤换程序的约定。 发包人代表作为发包人在合同履行方面的委托代理人，在合同授权范围内履行职责。发包人代表在授权范围内的行为由发包人承担法律责任，具体的授权范围在《专用合同条款》中进一步明确。为避免发包人代表更换前后容易引发的文件签署效力争议，发包人应注意更换发包人代表时的程序性约定：在发包人更换新代表到任7日前以书面形式通知承包人和监理人，以给承包人和监理人预留必要的准备时间。
发包人代表不能按照合同约定履行其职责及义务，并导致合同无法继续正常履行的，承包人可以要求发包人撤换发包人代表。		因发包人代表不能按照合同约定履行其授权范围内的职责及义务导致合同无法继续正常履行时，承包人有权要求发包人予以撤换，由此产生的费用和（或）延误的工期由发包人承担。
不属于法定必须监理的工程，监理人的职权可以由发包人代表或发包人指定的其他人员行使。		对于建设工程是否实行工程监理，首先要遵守国家法律、法规、部门规章的强制性规定；

《建设工程施工合同（示范文本）》（GF—2013—0201）第二部分　通用合同条款	《建设工程施工合同（示范文本）》（GF—1999—0201）第二部分　通用条款	对照解读
		其次，对于国家没有强制要求实行工程监理的，发包人可根据自己的意愿选择是否聘请监理人，这时发包人可委托如项目管理人等行使监理人的职权。
2.3　发包人人员 发包人应要求在施工现场的发包人人员遵守法律及有关安全、质量、环境保护、文明施工等规定，并保障承包人免于承受因发包人人员未遵守上述要求给承包人造成的损失和责任。 发包人人员包括发包人代表及其他由发包人派驻施工现场的人员。		本款为新增条款。 《建设工程施工合同（示范文本）》（GF—2013—0201）增加2.3款关于对发包人人员要求的约定。 本款约定发包人人员应遵守法律及有关安全、质量、环境保护、文明施工等各项规定，且发包人应保证承包人免于承担因发包人人员违反前述规定而引起的任何损失和责任。如发包人人员有违反前述规定的行为，承包人可要求发包人予以更换，以保证工程的顺利实施。 本款明确发包人人员所包含的范围，包括发包人代表、发包人派驻施工现场的一般工作人员，当然也包括发包人聘请的专家或顾问。
2.4　施工现场、施工条件和基础资料的提供 **2.4.1　提供施工现场** 除专用合同条款另有约定外，发包人应最迟于开工日期7天前向承包人移交施工现场。		本款已作修改。 《建设工程施工合同（示范文本）》（GF—2013—0201）增加2.4.1款关于发包人向承包人提供施工现场的义务约定，使承包人获得进入和占用施工现场的权利。此项进入和占用施工现场的权利并不是承包人独享的权利。 发包人及时向承包人提供施工现场是工程顺利开工的关键，发包人应在《专用合同条款》约定的时间内提供施工现场。

《建设工程施工合同（示范文本）》（GF—2013—0201）第二部分　通用合同条款	《建设工程施工合同（示范文本）》（GF—1999—0201）第二部分　通用条款	对照解读
		发包人提供施工现场的时间通常在《专用合同条款》中约定。有时由于发包人对完成征地的时间没有把握，在合同中没有给出明确的时间约定。此种情况下发包人提供施工现场的时间应在开工日期前。为了保证承包人有充分的开工准备时间，本款对发包人提供施工现场的时间作了限制约定，即最迟应在开工日期7天前移交施工现场。另外，如发包人不能完成施工现场用地的全部征用，可以分次分部分地提供给承包人，在没有约定具体提供时间的情况下，分期提供以不影响承包人的总体进度计划为条件。
2.4.2　提供施工条件 除专用合同条款另有约定外，发包人应负责提供施工所需要的条件，包括：		本款是关于发包人向承包人提供施工条件的义务约定。
（1）将施工用水、电力、通讯线路等施工所必需的条件接至施工现场内；	（2）将施工所需水、电、电讯线路从施工场地外部接至专用条款约定地点，保证施工期间的需要；	发包人做好工程建设的前期准备工作，提供施工现场所需的条件，涉及到承包人是否能按期开工，能否在合同约定的工期内按质按量完成建设工程，因此，发包人的此项义务很重要。
（2）保证向承包人提供正常施工所需要的进入施工现场的交通条件；	（3）开通施工场地与城乡公共道路的通道，以及专用条款约定的施工场地内的主要道路，满足施工运输的需要，保证施工期间的畅通；	本款明确了发包人向承包人提供施工所需的具体条件，承发包双方还可根据工程的具体特点和施工环境，在《专用合同条款》中进一步约定还需要发包人提供的其他施工条件。
（3）协调处理施工现场周围地下管线和邻近建筑物、构筑物、古树名木的保护工作，并承担相关费用；	（8）协调处理施工场地周围地下管线和邻近建筑物、构筑物（包括文物保护建筑）、古树名木的保护工作、承担有关费用；	

《建设工程施工合同（示范文本）》（GF—2013—0201）第二部分　通用合同条款	《建设工程施工合同（示范文本）》（GF—1999—0201）第二部分　通用条款	对照解读
（4）按照专用合同条款约定应提供的其他设施和条件。	（9）发包人应做的其他工作，双方在专用条款内约定。	
	（7）组织承包人和设计单位进行图纸会审和设计交底；	《建设工程施工合同（示范文本）》（GF—2013—0201）删除了《建设工程施工合同（示范文本）》（GF—1999—0201）中关于“发包人进行图纸会审和设计交底”的义务，而在《通用合同条款》第1.6.1款另设专款对此作了详细、明确的约定。
2.4.3　提供基础资料 发包人应当在移交施工现场前向承包人提供施工现场及工程施工所必需的毗邻区域内供水、排水、供电、供气、供热、通信、广播电视等地下管线资料，气象和水文观测资料，地质勘察资料，相邻建筑物、构筑物和地下工程等有关基础资料，并对所提供资料的真实性、准确性和完整性负责。 按照法律规定确需在开工后方能提供的基础资料，发包人应尽其努力及时地在相应工程施工前的合理期限内提供，合理期限应以不影响承包人的正常施工为限。	（4）向承包人提供施工场地的工程地质和地下管线资料，对资料的真实准确性负责； （6）确定水准点与坐标控制点，以书面形式交给承包人，进行现场交验；	《建设工程施工合同（示范文本）》（GF—2013—0201）对发包人向承包人提供施工现场基础资料的义务作了补充和完善，并对发包人提供的基础资料的范围作了明确约定；增加约定发包人提供基础资料的时间：一是在移交施工现场前向承包人提供；二是按照法律规定确需在开工后方能提供的基础资料，发包人应尽其努力在合理期限内向承包人提供。 《建设工程安全生产管理条例》第六条规定：“建设单位应当向施工单位提供施工现场及毗邻区域内供水、排水、供电、供气、供热、通信、广播电视等地下管线资料，气象和水文观测资料，相邻建筑物和构筑物、地下工程的有关资料，并保证资料的真实、准确、完整”。

《建设工程施工合同（示范文本）》（GF—2013—0201）第二部分　通用合同条款	《建设工程施工合同（示范文本）》（GF—1999—0201）第二部分　通用条款	对照解读
	8.2　发包人可以将8.1款部分工作委托承包人办理，双方在专用条款内约定，其费用由发包人承担。	《建设工程施工合同（示范文本）》（GF—2013—0201）删除了《建设工程施工合同（示范文本）》（GF—1999—0201）中关于“发包人委托承包人办理相关工作”的相关约定。
2.4.4　逾期提供的责任 因发包人原因未能按合同约定及时向承包人提供施工现场、施工条件、基础资料的，由发包人承担由此增加的费用和（或）延误的工期。	**8.3**　发包人未能履行8.1款各项义务，导致工期延误或给承包人造成损失的，发包人赔偿承包人有关损失，顺延延误的工期。	本款是关于发包人逾期提供时的责任承担约定。因发包人未按时提供现场、施工条件及基础资料，承包人有按照索赔程序要求发包人承担由此增加的费用和（或）延误的工期。
2.5　资金来源证明及支付担保 除专用合同条款另有约定外，发包人应在收到承包人要求提供资金来源证明的书面通知后28天内，向承包人提供能够按照合同约定支付合同价款的相应资金来源证明。		本款为新增条款。 《建设工程施工合同（示范文本）》（GF—2013—0201）增加2.5款关于对发包人付款能力要求的约定。 本款要求发包人提供“资金来源证明”，并对提供的时间作了明确约定，目的是预防发包人拖欠工程款的情形，提高合同履约水平，也是与国际接轨的要求。本款约定将促使发包人的资金安排有一定的透明度，能够增强承包人履约的信心。但是在工程实践中，由于发包人的付款能力可能发生变动，即使发包人提供了资金来源证明，也不意味着发包人就一定有付款能力，也不意味着最终的工程结算款能够得

《建设工程施工合同（示范文本）》（GF—2013—0201）第二部分　通用合同条款	《建设工程施工合同（示范文本）》（GF—1999—0201）第二部分　通用条款	对照解读
		到顺利支付。 我国《招标投标法》第九条第二款规定，招标人应当有进行招标项目的相应资金或者资金来源已经落实，并应当在招标文件中如实载明。
除专用合同条款另有约定外，发包人要求承包人提供履约担保的，发包人应当向承包人提供支付担保。支付担保可以采用银行保函或担保公司担保等形式，具体由合同当事人在专用合同条款中约定。		支付担保是指发包人提交的保证履行合同中约定的工程款支付义务的担保。支付担保的形式有：银行保函；履约保证金；担保公司担保；抵押或者质押。承发包双方可在《专用合同条款》中进一步明确约定。 支付担保的主要作用是通过对发包人资信状况进行严格审查并落实各项反担保措施，确保工程费用及时支付到位；一旦发包人违约，付款担保人将代为履约。本款对发包人支付担保的约定，对解决我国建筑市场上工程款拖欠具有特殊重要的意义。 《工程建设项目施工招标投标办法》第六十二条第二款规定，招标文件要求中标人提交履约保证金或者其他形式履约担保的，中标人应当提交；拒绝提交的，视为放弃中标项目。招标人要求中标人提供履约保证金或其他形式履约担保的，招标人应当同时向中标人提供工程款支付担保。

《建设工程施工合同（示范文本）》（GF—2013—0201）第二部分 通用合同条款	《建设工程施工合同（示范文本）》（GF—1999—0201）第二部分 通用条款	对照解读
2.6 支付合同价款 发包人应按合同约定向承包人及时支付合同价款。		本款为新增条款。 《建设工程施工合同（示范文本）》（GF—2013—0201）增加2.6款发包人支付承包人合同价款的义务约定。 发包人按时支付承包人合同约定的价款是发包人最主要的合同义务，也是工程顺利完工的重要保障。发包人不但有义务支付整个合同价款（包括项目实施过程中因变更等因素而增加的各类调整款项）还必须按约定的时间与方式支付。通常来说，支付的合同价款包括预付款、进度款和最终结算余款。如果发包人未履行合同约定的支付义务，应承担相应的责任。
2.7 组织竣工验收 发包人应按合同约定及时组织竣工验收。		本款为新增条款。 《建设工程施工合同（示范文本）》（GF—2013—0201）增加2.7款关于发包人及时组织工程竣工验收的义务约定。 《建设工程质量管理条例》第十六条规定，建设单位收到建设工程竣工报告后，应当组织设计、施工、工程监理等有关单位进行竣工验收。

《建设工程施工合同（示范文本）》（GF—2013—0201）第二部分　通用合同条款	《建设工程施工合同（示范文本）》（GF—1999—0201）第二部分　通用条款	对照解读
2.8　现场统一管理协议 发包人应与承包人、由发包人直接发包的专业工程的承包人签订施工现场统一管理协议，明确各方的权利义务。施工现场统一管理协议作为专用合同条款的附件。		本款为新增条款。 《建设工程施工合同（示范文本）》（GF—2013—0201）增加2.8款关于签订施工现场统一管理协议，明确合同当事人各方权利义务的约定。 本款约定了签订施工现场统一管理协议的主体，即发包人、承包人、由发包人直接发包的专业工程的承包人三方，签订的是三方协议。本款亦明确，只有由发包人直接发包的专业工程才需要签订现场统一管理三方协议。通常由发包人直接发包的专业工程包括桩基、土方、管道、园林绿化等工程。本款约定旨在强调各方的质量管理义务，强化施工总承包单位负责制。 根据《关于进一步加强建筑市场监管工作的意见》第十一条的规定，施工总承包单位对工程施工的质量、安全、工期、造价以及执行强制性标准等负总责。施工总承包单位的责任不因工程分包行为而转移。分包单位责任导致的工程质量安全事故，施工总承包单位承担连带责任。专业分包或劳务分包单位应当接受施工总承包单位的施工现场统一管理。建设单位依法直接发包的专业工程，建设单位、专业承包单位要与施工总承包单位签订施工现场统一管理协议，明确各方的责任、权利、义务。

《建设工程施工合同（示范文本）》（GF—2013—0201）第二部分 通用合同条款	《建设工程施工合同（示范文本）》（GF—1999—0201）第二部分 通用条款	对照解读
3. 承包人 **3.1 承包人的一般义务** 承包人在履行合同过程中应遵守法律和工程建设标准规范，并履行以下义务： （1）办理法律规定应由承包人办理的许可和批准，并将办理结果书面报送发包人留存；	**9. 承包人工作** **9.1** 承包人按专用条款约定的内容和时间完成以下工作：	本款已作修改。 《建设工程施工合同（示范文本）》（GF—2013—0201）相对《建设工程施工合同（示范文本）》（GF—1999—0201），对承包人的一般义务进行了补充和完善，修改和增加的内容如下： 遵守法律是承包人的基本义务。承包人在合同履行中应保证发包人免于承担因自己违反法律而引起的任何责任。 《建设工程施工合同（示范文本）》（GF—2013—0201）增加第（1）项关于应由承包人办理相关许可和批准时的义务，承包人应将办理文件书面报送发包人。
（2）按法律规定和合同约定完成工程，并在保修期内承担保修义务；	（6）已竣工工程未交付发包人之前，承包人按专用条款约定负责已完工程的保护工作，保护期间发生损坏，承包人自费予以修复；发包人要求承包人采取特殊措施保护的工程部位和相应的追加合同价款，双方在专用条款内约定；	本项承包人应负责按合同约定提供所需的劳务、材料等工程设备和其他物品，以及临时设施等，保证工程建设顺利进行。承包人应按合同约定及监理人指示完成全部工程及修补工程中的任何缺陷。
（3）按法律规定和合同约定采取施工安全和环境保护措施，办理工伤保险，确保工程及人员、材料、设备和设施的安全；	（5）遵守政府有关主管部门对施工场地交通、施工噪音以及环境保护和安全生产等的管理规定，按规定办理有关手续，并以书面形式通知发包人，发包人承担由此发生的费用，因承包人责任造成的罚款除外；	本项是关于承包人应做好人员安全防护和环境保护的义务，以防止质量安全事故的发生。

《建设工程施工合同（示范文本）》（GF—2013—0201）第二部分 通用合同条款	《建设工程施工合同（示范文本）》（GF—1999—0201）第二部分 通用条款	对照解读
（4）按合同约定的工作内容和施工进度要求，编制施工组织设计和施工措施计划，并对所有施工作业和施工方法的完备性和安全可靠性负责；		《建设工程施工合同（示范文本）》（GF—2013—0201）增加第（4）项关于承包人对施工作业和施工方法的完备性负责的义务。承包人应确保工程能满足合同约定的质量标准和国家安全法规要求，且对所有施工作业和施工方法的完备性和安全可靠性负有全部责任，包括合同没有约定的具体施工作业和施工方法。《建设工程安全生产管理条例》第二十六条规定，施工单位应当在施工组织设计中编制安全技术措施和施工现场临时用电方案，对达到一定规模的危险性较大的分部分项工程编制专项施工方案，并附具安全验算结果，经施工单位技术负责人、总监理工程师签字后实施，由专职安全生产管理人员进行现场监督。
（5）在进行合同约定的各项工作时，不得侵害发包人与他人使用公用道路、水源、市政管网等公共设施的权利，避免对邻近的公共设施产生干扰。承包人占用或使用他人的施工场地，影响他人作业或生活的，应承担相应责任；		《建设工程施工合同（示范文本）》（GF—2013—0201）增加第（5）项关于承包人避免施工对公众及他人的利益造成损害的义务。由于工程施工活动的特殊性，可能对周围环境产生不利影响，如噪声、污染等。特别是在市区等人口稠密地区施工，如土方开挖需要洒水，防止扬尘；我国许多城市规定，高考期间在考场附近必须停止一切有噪声的施工作业。因此本款在合同条款上约束承包人在施工作业时尽可能减少对公众及他人的影响。

《建设工程施工合同（示范文本）》（GF—2013—0201）第二部分 通用合同条款	《建设工程施工合同（示范文本）》（GF—1999—0201）第二部分 通用条款	对照解读
（6）按照第6.3款〔环境保护〕约定负责施工场地及其周边环境与生态的保护工作；	（8）保证施工场地清洁符合环境卫生管理的有关规定，交工前清理现场达到专用条款约定的要求，承担因自身原因违反有关规定造成的损失和罚款；	本项是关于承包人负责施工场地及其周边环境与生态保护的义务。承包人应遵守有关环境与生态保护的法律、法规规定。承包人应采取切实的施工安全措施及环境保护措施，确保工程及其人员、材料、设备和设施的安全。《建设工程安全生产管理条例》第三十条第二款规定，施工单位应当遵守有关环境保护法律、法规的规定，在施工现场采取措施，防止或者减少粉尘、废气、废水、固体废物、噪声、振动和施工照明对人和环境的危害和污染。
（7）按第6.1款〔安全文明施工〕约定采取施工安全措施，确保工程及其人员、材料、设备和设施的安全，防止因工程施工造成的人身伤害和财产损失；	（3）根据工程需要，提供和维修非夜间施工使用的照明、围栏设施，负责安全保卫；	本项是关于承包人采取安全措施保证工程施工和人员安全的义务。对安全文明施工的重视程度在日益提升，承包人应遵守各类安全规章制度，指派专业的安全工程师，消除现场中存在的危险源，在现场提供各类安全设施和服务，如照明、围栏及守卫等，保障项目人员的安全，同时也应保障公众的生命安全与财产安全不受项目实施的影响。
（8）将发包人按合同约定支付的各项价款专用于合同工程，且应及时支付其雇用人员工资，并及时向分包人支付合同价款；		《建设工程施工合同（示范文本）》（GF—2013—0201）增加第（8）项承包人负有及时支付分包人工程款项、及时支付临时聘用人员工资的义务。

《建设工程施工合同（示范文本）》（GF—2013—0201）第二部分　通用合同条款	《建设工程施工合同（示范文本）》（GF—1999—0201）第二部分　通用条款	对照解读
（9）按照法律规定和合同约定编制竣工资料，完成竣工资料立卷及归档，并按专用合同条款约定的竣工资料的套数、内容、时间等要求移交发包人；		《建设工程施工合同（示范文本）》（GF—2013—0201）增加第（9）项承包人有按约定将工程文件和档案及时移交发包人的义务，最终由发包人整理从工程准备阶段至竣工验收阶段所形成的全部工程文件，并进行立卷归档。
（10）应履行的其他义务。	（9）承包人应做的其他工作，双方在专用条款内约定。	本项是关于承包人的其他义务。合同约定的其他义务，包括合同文件中约定承包人应做的其他工作。如承包人对发包人的保障义务；对分包人承担的管理义务；保密义务；保证对分包人、供货商的恰当支付义务等。承包人的义务散见于《通用合同条款》和《专用合同条款》的各条款中，实践中要注意特别约定承包人其他义务的费用承担问题。
	（1）根据发包人委托，在其设计资质等级和业务允许的范围内，完成施工图设计或与工程配套的设计，经工程师确认后使用，发包人承担由此发生的费用；	《建设工程施工合同（示范文本）》（GF—2013—0201）在此删除了本款的约定。
	（2）向工程师提供年、季、月度工程进度计划及相应进度统计报表；	《建设工程施工合同（示范文本）》（GF—2013—0201）在此删除了本款的约定。
	（4）按专用条款约定的数量和要求，向发包人提供施工场地办公和生活的房屋及设施，发包人承担由此发生的费用；	《建设工程施工合同（示范文本）》（GF—2013—0201）在此删除了本款的约定。

《建设工程施工合同（示范文本）》（GF—2013—0201）第二部分 通用合同条款	《建设工程施工合同（示范文本）》（GF—1999—0201）第二部分 通用条款	对照解读
	（7）按专用条款约定做好施工场地地下管线和邻近建筑物、构筑物（包括文物保护建筑）、古树名木的保护工作；	《建设工程施工合同（示范文本）》（GF—2013—0201）在此删除了本款的约定。
	9.2 承包人未能履行9.1款各项义务，造成发包人损失的，承包人赔偿发包人有关损失。	《建设工程施工合同（示范文本）》（GF—2013—0201）在此删除了本款的约定。
3.2 项目经理	**7. 项目经理**	本款已作修改。 《建设工程施工合同（示范文本）》（GF—2013—0201）相对《建设工程施工合同（示范文本）》（GF—1999—0201），对项目经理职责和权利及其工作程序的约定更为详细和明确。
3.2.1 项目经理应为合同当事人所确认的人选，并在专用合同条款中明确项目经理的姓名、职称、注册执业证书编号、联系方式及授权范围等事项，项目经理经承包人授权后代表承包人负责履行合同。项目经理应是承包人正式聘用的员工，承包人应向发包人提交项目经理与承包人之间的劳动合同，以及承包人为项目经理缴纳社会保险的有效证明。承包人不提交上述文件的，项目经理无权履行职责，发包人有权要求更换项目经理，由此增加的费用和（或）延误的工期由承包人承担。	**7.1** 项目经理的姓名、职务在专用条款内写明。	本款是关于承包人项目经理任职资格及工作程序的约定。为了防止出现工程建设过程中挂靠、转包或违法分包行为，《建设工程施工合同（示范文本）》（GF—2013—0201）增加对项目经理的任职资格的严格约定，即应提供注册执业证书编号，应具有建造师执业资格。本款明确项目经理应是承包人的正式聘用员工，与承包人之间应签订正式劳动合同，形成劳动关系，承包人还应为项目经理缴纳社会保险，这是项目经理任职的前提条件，否则发包人有权要求承包人更换项目经理，由此增加的费用和（或）延误的工期由承包人承担。
项目经理应常驻施工现场，且每月在施工现场时间不得少于专用合同条款约定的天数。		《建设工程施工合同（示范文本）》（GF—2013—0201）增加对项目经理暂时离开施工现

《建设工程施工合同（示范文本）》（GF—2013—0201）第二部分　通用合同条款	《建设工程施工合同（示范文本）》（GF—1999—0201）第二部分　通用条款	对照解读
项目经理不得同时担任其他项目的项目经理。项目经理确需离开施工现场时，应事先通知监理人，并取得发包人的书面同意。项目经理的通知中应当载明临时代行其职责的人员的注册执业资格、管理经验等资料，该人员应具备履行相应职责的能力。 承包人违反上述约定的，应按照专用合同条款的约定，承担违约责任。		场的程序约定。项目经理应常驻施工现场，并在《专用合同条款》中对在施工现场的时间进行限定，且不得同时担任其他项目的项目经理，目的是为了保证项目经理有足够的时间对施工项目进行及时地、全面地管理。在建设工程施工过程中，项目经理处于核心的地位，更换项目经理对于承发包双方来讲，都是一项重要的决定，如有不善，会影响到建设工程工期及造价等重要内容。为了保证工程顺利施工，承包人更换项目经理应事先征得发包人同意。项目经理短期离开施工场地应事先通知监理人，取得发包人的书面同意并委派代表代行其职责。承包人应注意防范因授权不明发生表见代理的后果，要高度重视对项目经理的授权范围和项目经理部印章的刻制和管理，必要时应咨询专业律师。
	7.2　承包人依据合同发出的通知，以书面形式由项目经理签字后送交工程师，工程师在回执上签署姓名和收到时间后生效。	《建设工程施工合同（示范文本）》（GF—2013—0201）在此删除了本款的约定。
3.2.2　项目经理按合同约定组织工程实施。在紧急情况下为确保施工安全和人员安全，在无法与发包人代表和总监理工程师及时取得联系时，项目经理有权采取必要的措施保证与工程有关的人身、财产和工程的安全，但应在 48 小时内向发包人代表和总监理工程师提交书面报告。	**7.3**　项目经理按发包人认可的施工组织设计（施工方案）和工程师依据合同发出的指令组织施工。在情况紧急且无法与工程师联系时，项目经理应当采取保证人员生命和工程、财产安全的紧急措施，并在采取措施后 48 小时内向工程师送交报告。责任在发包人或第三人，由	本款是关于承包人项目经理具体职责和紧急处置权的约定。项目经理的具体职责即按合同约定组织实施合同。为了确保施工过程中工程及人身、财产的安全，本款约定了项目经理在紧急情况下的临时处置权，即在情况紧急且无法与发包人代表和总监理工程师取得联系时，

《建设工程施工合同（示范文本）》（GF—2013—0201）第二部分　通用合同条款	《建设工程施工合同（示范文本）》（GF—1999—0201）第二部分　通用条款	对照解读
	发包人承担由此发生的追加合同价款，相应顺延工期；责任在承包人，由承包人承担费用，不顺延工期。	可采取保证工程和人员生命财产安全的紧急措施，并及时向发包人代表和总监理工程师提交书面报告，提交书面报告的时间为48小时内。
3.2.3　承包人需要更换项目经理的，应提前14天书面通知发包人和监理人，并征得发包人书面同意。通知中应当载明继任项目经理的注册执业资格、管理经验等资料，继任项目经理继续履行第3.2.1项约定的职责。未经发包人书面同意，承包人不得擅自更换项目经理。承包人擅自更换项目经理的，应按照专用合同条款的约定承担违约责任。	**7.4**　承包人如需要更换项目经理，应至少提前7天以书面形式通知发包人，并征得发包人同意。后任继续行使合同文件约定的前任的职权，履行前任的义务。	本款是关于承包人更换项目经理的限制条件及程序约定。为了保证施工的连续性，确保工程施工质量和安全，防止承包人在施工过程中擅自更换项目经理，本款均作了限制约定，《建设工程施工合同（示范文本）》（GF—2013—0201）将通知发包人的时间由《建设工程施工合同（示范文本）》（GF—1999—0201）约定的“7天”延长至“14天”，并要求提交继任项目经理的注册执业资格、管理经验等资料，以便发包人有充足的时间考查继任项目经理是否符合要求。 《建设工程施工合同（示范文本）》（GF—2013—0201）增加约定承包人未经发包人书面同意，不得擅自更换项目经理，否则应按照《专用合同条款》的约定承担违约责任。
3.2.4　发包人有权书面通知承包人更换其认为不称职的项目经理，通知中应当载明要求更换的理由。承包人应在接到更换通知后14天内向发包人提出书面的改进报告。发包人收到改进报告后仍要求更换的，承包人应在接到第二次更换通知的28天内进行更换，并将新任命	**7.5**　发包人可以与承包人协商，建议更换其认为不称职的项目经理。	本款是关于发包人要求更换项目经理的条件和程序约定。《建设工程施工合同（示范文本）》（GF—2013—0201）删除了《建设工程施工合同（示范文本）》（GF—1999—0201）中关于“发包人更换其认为不称职的项目经理时需要与承包人协商”的约定，而是修改为：发包人

《建设工程施工合同（示范文本）》（GF—2013—0201）第二部分　通用合同条款	《建设工程施工合同（示范文本）》（GF—1999—0201）第二部分　通用条款	对照解读
的项目经理的注册执业资格、管理经验等资料书面通知发包人。继任项目经理继续履行第3.2.1项约定的职责。承包人无正当理由拒绝更换项目经理的，应按照专用合同条款的约定承担违约责任。		认为项目经理不称职时，有书面通知承包人予以更换的权利，赋予承包人一次改进的机会，即承包人在收到发包人更换项目经理的书面通知后14天内提交书面的改进报告，发包人认为改进符合要求时，承包人可不予更换项目经理；但如果发包人收到改进报告后认为还是不符合要求时，仍要求更换的，承包人应在接到第二次更换通知的28天内进行更换，并向发包人提交新任项目经理的注册执业资格、管理经验等书面资料。但如何理解“不称职”，什么样的行为是不称职的行为，承发包双方应在《专用合同条款》中进行明确的、具体的约定，以防止发生争议。承发包双方也应在《专用合同条款》中对承包人拒绝更换不称职项目经理的违约责任作出明确约定。
3.2.5　项目经理因特殊情况授权其下属人员履行其某项工作职责的，该下属人员应具备履行相应职责的能力，并应提前7天将上述人员的姓名和授权范围书面通知监理人，并征得发包人书面同意。		《建设工程施工合同（示范文本）》（GF—2013—0201）增加项目经理在特殊情况下授权其下属人员履行其某项工作职责时须满足的条件约定。本款对项目经理授权其下属人员履行其某项工作职责时的条件作了限制约定，一是因特殊情况；二是该授权的下属人员应具备其授权职责相应的能力；三是应提前7天将被授权的下属人员姓名及授权范围书面通知监理人；四是须征得发包人书面同意。

《建设工程施工合同（示范文本）》（GF—2013—0201）第二部分 通用合同条款	《建设工程施工合同（示范文本）》（GF—1999—0201）第二部分 通用条款	对照解读
		在适用该条款时，发包人应注意在《专用合同条款》中对“特殊情况”作出明确约定，以防止项目经理随意授权其下属人员履行应由其履行的职责。承包人应注意防范因“授权不明、管理不善产生表见代理”的后果而承担责任。
3.3 承包人人员 **3.3.1** 除专用合同条款另有约定外，承包人应在接到开工通知后7天内，向监理人提交承包人项目管理机构及施工现场人员安排的报告，其内容应包括合同管理、施工、技术、材料、质量、安全、财务等主要施工管理人员名单及其岗位、注册执业资格等，以及各工种技术工人的安排情况，并同时提交主要施工管理人员与承包人之间的劳动关系证明和缴纳社会保险的有效证明。		本款为新增条款。 《建设工程施工合同（示范文本）》（GF—2013—0201）增加3.3款关于承包人人员管理的各项约定。 3.3.1款是关于对承包人人员的要求及更换程序的约定。为保证项目顺利和安全进行，通常合同条款均要求承包人实施良好的项目管理，作为承包人用来保证其履行合同义务的一项措施。本款对施工管理人员及素质提出了要求。 为了了解项目实施情况以及监理人监督管理承包人的工作，本款要求承包人应在收到开工通知后7天内，向监理人提交项目管理机构及人员安排报告。本款对报告的内容作了明确。承包人在提交报告的同时，一并提交施工管理人员与承包人之间的劳动关系证明和缴纳社会保险的证明，目的在于保证施工管理人员队伍的稳定性，确保工程质量和安全。

《建设工程施工合同（示范文本）》（GF—2013—0201）第二部分　通用合同条款	《建设工程施工合同（示范文本）》（GF—1999—0201）第二部分　通用条款	对照解读
3.3.2　承包人派驻到施工现场的主要施工管理人员应相对稳定。施工过程中如有变动，承包人应及时向监理人提交施工现场人员变动情况的报告。承包人更换主要施工管理人员时，应提前7天书面通知监理人，并征得发包人书面同意。通知中应当载明继任人员的注册执业资格、管理经验等资料。 特殊工种作业人员均应持有相应的资格证明，监理人可以随时检查。		3.3.2款是关于对承包人施工管理人员更换程序的约定。承包人应保证施工管理人员和技术人员相对稳定；若需要更换主要管理人员和技术人员时，应提前7天书面通知监理人，并征得发包人同意，且应用同等资格和类似经历的人员替换。对于特殊工种作业人员的资格证明，监理人有随时检查的权利。 《建设工程安全生产管理条例》第二十五条规定："垂直运输机械作业人员、安装拆卸工、爆破作业人员、起重信号工、登高架设作业人员等特种作业人员，必须按照国家有关规定经过专门的安全作业培训，并取得特种作业操作资格证书后，方可上岗作业"。
3.3.3　发包人对于承包人主要施工管理人员的资格或能力有异议的，承包人应提供资料证明被质疑人员有能力完成其岗位工作或不存在发包人所质疑的情形。发包人要求撤换不能按照合同约定履行职责及义务的主要施工管理人员的，承包人应当撤换。承包人无正当理由拒绝撤换的，应按照专用合同条款的约定承担违约责任。		3.3.3款是关于发包人对承包人主要施工管理人员的资格或能力有异议时的处理程序约定。当发包人对承包人主要施工管理人员的资格或能力有异议时，承包人应对此作出解释；如发包人认为主要施工管理人员不能按照合同约定履行其职责及义务时，承包人应按发包人的要求予以撤换。 为保障工程施工的连续性和顺利进行，承包人施工管理人员应保持相对稳定，发包人也应谨慎作出撤换决定。

《建设工程施工合同（示范文本）》（GF—2013—0201）第二部分 通用合同条款	《建设工程施工合同（示范文本）》（GF—1999—0201）第二部分 通用条款	对照解读
3.3.4 除专用合同条款另有约定外，承包人的主要施工管理人员离开施工现场每月累计不超过5天的，应报监理人同意；离开施工现场每月累计超过5天的，应通知监理人，并征得发包人书面同意。主要施工管理人员离开施工现场前应指定一名有经验的人员临时代行其职责，该人员应具备履行相应职责的资格和能力，且应征得监理人或发包人的同意。 **3.3.5** 承包人擅自更换主要施工管理人员，或前述人员未经监理人或发包人同意擅自离开施工现场的，应按照专用合同条款约定承担违约责任。		3.3.4款是关于对承包人主要施工管理人员离开施工现场的时间限制约定。为了保障施工质量，承包人的主要施工管理人员应常驻施工现场，本款对离开施工现场的时间作了明确限制，即离开施工现场每月累计不超过5天的，应报监理人同意；离开施工现场每月累计超过5天的，应通知监理人，并征得发包人书面同意。本款亦对临时代职人员作了限制约定。 3.3.5款是关于承包人违反前述约定时的责任承担约定。承发包双方应在《专用合同条款》中对承包人擅自更换主要施工管理人员及擅自离开施工现场应承担的违约责任作出明确的约定。
3.4 承包人现场查勘 承包人应对基于发包人按照第2.4.3项〔提供基础资料〕提交的基础资料所做出的解释和推断负责，但因基础资料存在错误、遗漏导致承包人解释或推断失实的，由发包人承担责任。		本款为新增条款。 《建设工程施工合同（示范文本）》（GF—2013—0201）增加3.4款关于承包人现场查勘工作及风险承担的约定。 现场查勘，即对施工现场和周围环境进行查看、勘察，这是承包人进行施工前非常重要的工作内容，决定着后续施工能否顺利进行。施工工程所在地的自然、经济和社会条件，这些条件都与将来工程施工密切相关，对施工成本有着重大影响，因此承包人必须对这些条件予以准确把握，并对发包人提供的基础资料所作出的解释、推论和应用所产生的风险负责。

《建设工程施工合同（示范文本）》（GF—2013—0201）第二部分　通用合同条款	《建设工程施工合同（示范文本）》（GF—1999—0201）第二部分　通用条款	对照解读
承包人应对施工现场和施工条件进行查勘，并充分了解工程所在地的气象条件、交通条件、风俗习惯以及其他与完成合同工作有关的其他资料。因承包人未能充分查勘、了解前述情况或未能充分估计前述情况所可能产生后果的，承包人承担由此增加的费用和（或）延误的工期。		发包人应向承包人提供与建设工程有关的地质资料、水文气象资料及原始资料等，并承担因原始资料错误造成的全部责任。 本款是关于承包人现场查勘风险责任承担的约定。承包人应认真研究发包人提供的现场资料的数据，特别是一些可能存在多种解释的数据；应认真对施工现场和周围环境进行查勘，并收集为完成合同工作有关的其他当地资料，并将此风险反映在投标报价中。
3.5　分包 **3.5.1　分包的一般约定** 承包人不得将其承包的全部工程转包给第三人，或将其承包的全部工程肢解后以分包的名义转包给第三人。承包人不得将工程主体结构、关键性工作及专用合同条款中禁止分包的专业工程分包给第三人，主体结构、关键性工作的范围由合同当事人按照法律规定在专用合同条款中予以明确。 承包人不得以劳务分包的名义转包或违法分包工程。	**十一、其他** **38. 工程分包** **38.2**　承包人不得将其承包的全部工程转包给他人，也不得将其承包的全部工程肢解以后以分包的名义分别转包给他人。	本款已作修改。 《建设工程施工合同（示范文本）》（GF—2013—0201）对承包人分包的限制作了更为详细的约定，以禁止承包人非法转包和违法分包建设工程，增加约定：（1）承包人不得将工程主体结构、关键性工作及《专用合同条款》中禁止分包的专业工程分包给第三人；（2）承包人不得以劳务分包的名义转包或违法分包工程。 我国法律禁止承包人非法转包或违法分包工程。《建筑法》第二十八条规定，禁止承包单位将其承包的全部建筑工程转包给他人，禁止承包单位将其承包的全部建筑工程肢解以后以分包的名义分别转包给他人。《建筑法》第二十九条规定，建筑工程总承包单位可以将承包工程中的部分工程发包给具有相应资质条件的分包单位；但是，除总承包合同中约定的分包

《建设工程施工合同（示范文本）》（GF—2013—0201）第二部分 通用合同条款	《建设工程施工合同（示范文本）》（GF—1999—0201）第二部分 通用条款	对照解读
		外，必须经建设单位认可。施工总承包的，建筑工程主体结构的施工必须由总承包单位自行完成。禁止总承包单位将工程分包给不具备相应资质条件的单位。禁止分包单位将其承包的工程再分包。最高人民法院《关于审理建设工程施工合同纠纷案件适用法律问题的解释》第四条规定，承包人非法转包、违法分包建设工程或者没有资质的实际施工人借用有资质的建筑施工企业名义与他人签订建设工程施工合同的行为无效。
3.5.2 分包的确定 承包人应按专用合同条款的约定进行分包，确定分包人。已标价工程量清单或预算书中给定暂估价的专业工程，按照第10.7款〔暂估价〕确定分包人。按照合同约定进行分包的，承包人应确保分包人具有相应的资质和能力。工程分包不减轻或免除承包人的责任和义务，承包人和分包人就分包工程向发包人承担连带责任。除合同另有约定外，承包人应在分包合同签订后7天内向发包人和监理人提交分包合同副本。	**38.1** 承包人按专用条款的约定分包所承包的部分工程，并与分包单位签订分包合同。非经发包人同意，承包人不得将承包工程的任何部分分包。 **38.3** 工程分包不能解除承包人任何责任与义务。承包人应在分包场地派驻相应管理人员，保证本合同的履行。分包单位的任何违约行为或疏忽导致工程损害或给发包人造成其他损失，承包人承担连带责任。	本款是关于对分包人资格条件的限制。 《建设工程施工合同（示范文本）》（GF—2013—0201）相对《建设工程施工合同（示范文本）》（GF—1999—0201），增加约定三项内容：（1）对已标价工程量清单或预算书中给定的暂估价专业工程分包的确定程序；（2）承包人有确保分包人符合相应资质和能力的义务；（3）承包人有提交分包合同副本的义务。本款要求承包人向发包人和监理人提交分包合同副本的目的，是为了统一项目管理，以便于监理人履行监管职责。 对于承发包双方而言，分包人工作能力的好坏也直接影响到整个工程的执行。因此，在选择分包人时除必需具备的条件外，还要注意其综合实力，通常可从以下几个方面综合考虑：

《建设工程施工合同（示范文本）》（GF—2013—0201）第二部分　通用合同条款	《建设工程施工合同（示范文本）》（GF—1999—0201）第二部分　通用条款	对照解读
3.5.3　分包管理 承包人应向监理人提交分包人的主要施工管理人员表，并对分包人的施工人员进行实名制管理，包括但不限于进出场管理、登记造册以及各种证照的办理。		（1）分包人从事类似项目的经验；（2）项目实际完成绩效、信誉是否良好；（3）分包人的施工机具情况；（4）分包人的管理人员素质情况；（5）分包人的财务情况。在权衡以上各项标准时，应根据分包的工作内容来确定。若分包工作的进度要求紧、技术标准高，属于关键性工作，此种情况下选择分包人时主要看其技术实力以及管理经验和水平能否保证整个项目的顺利进行。若分包的工作技术含量相对较低，又非关键性工作，此种情况下主要根据报价来确定分包人。 避免分包合同无效是承包人分包合同管理的重点。分包合同无效往往由以下三种情形导致：承包人非法转包、违法分包、没有资质的实际施工人借用有资质的施工企业名义承包。对于分包合同的商谈、起草和签订，最好由熟悉建筑工程及合同的专业律师参与，增加谈判和风险识别的能力，降低合同风险。 《建设工程施工合同（示范文本）》（GF—2013—0201）增加3.5.3款关于监理人对分包人的监督管理约定。本款赋予监理人对分包人及分包人的施工管理人员的监督管理权利，包括：（1）承包人应向监理人提交分包人的主要施工管理人员表；（2）对分包人的施工人员进行实名制管理；（3）管理手段包括进出场管理、登记造册以及各种证照的办理等。

《建设工程施工合同（示范文本）》（GF—2013—0201）第二部分　通用合同条款	《建设工程施工合同（示范文本）》（GF—1999—0201）第二部分　通用条款	对照解读
3.5.4　分包合同价款 （1）除本项第（2）目约定的情况或专用合同条款另有约定外，分包合同价款由承包人与分包人结算，未经承包人同意，发包人不得向分包人支付分包工程价款；	**38.4**　分包工程价款由承包人与分包单位结算。发包人未经承包人同意不得以任何形式向分包单位支付各种工程款项。	本款是关于分包工程价款支付的约定。 基于合同相对性原则，分包工程价款由承包人与分包人结算。发包人未经承包人同意通常不得直接向分包人支付分包工程款项，以防止分包人脱离承包人的管理，给工程质量和安全带来不利影响。
（2）生效法律文书要求发包人向分包人支付分包合同价款的，发包人有权从应付承包人工程款中扣除该部分款项。		《建设工程施工合同（示范文本）》（GF—2013—0201）增加约定发包人可基本生效法律文书直接支付分包工程价款给分包人，以维护分包人员工及发包人自身利益。
3.5.5　分包合同权益的转让 分包人在分包合同项下的义务持续到缺陷责任期届满以后的，发包人有权在缺陷责任期届满前，要求承包人将其在分包合同项下的权益转让给发包人，承包人应当转让。除转让合同另有约定外，转让合同生效后，由分包人向发包人履行义务。		《建设工程施工合同（示范文本）》（GF—2013—0201）增加3.5.5款关于分包合同权益转让的约定。约定本款的目的在于保护发包人的利益，以解决实务中经常出现的分包人承担责任的期限与承包人承担责任的期限不一致的问题。 作为一种民事法律关系，合同关系不同于其他民事法律关系的重要特点就是在于合同关系的相对性，即“合同相对性”。合同相对性是指合同仅于合同当事人之间发生法律效力，合同当事人不得约定涉及第三人利益的事项并在合同中设定第三人的权利义务，否则该约定无效。本款在适用时应当特别注意以下法律规定，避免出现权益转让无效或者部分无效的后果：

《建设工程施工合同（示范文本）》（GF—2013—0201）第二部分　通用合同条款	《建设工程施工合同（示范文本）》（GF—1999—0201）第二部分　通用条款	对照解读
		我国《民法通则》第九十一条："合同一方将合同的权利、义务全部或者部分转让给第三人的，应当取得合同另一方的同意，并不得牟利。依照法律规定应当由国家批准的合同，需经原批准机关批准。但是，法律另有规定或者原合同另有约定的除外"； 我国《合同法》第七十九条："债权人可以将合同的权利全部或者部分转让给第三人，但有下列情形之一的除外：（一）根据合同性质不得转让；（二）按照当事人约定不得转让；（三）依照法律规定不得转让"； 我国《合同法》第八十条："债权人转让权利的，应当通知债务人。未经通知，该转让对债务人不发生效力。债权人转让权利的通知不得撤销，但经受让人同意的除外"； 我国《合同法》第八十一条："债权人转让权利的，受让人取得与债权有关的从权利，但该从权利专属于债权人自身的除外"； 我国《合同法》第八十二条："债务人接到债权转让通知后，债务人对让与人的抗辩，可以向受让人主张"； 我国《合同法》第八十三条："债务人接到债权转让通知时，债务人对让与人享有债权，并且债务人的债权先于转让的债权到期或者同时到期的，债务人可以向受让人主张抵销"；

《建设工程施工合同（示范文本）》（GF—2013—0201）第二部分 通用合同条款	《建设工程施工合同（示范文本）》（GF—1999—0201）第二部分 通用条款	对照解读
		我国《合同法》第八十四条：“债务人将合同的义务全部或者部分转移给第三人的，应当经债权人同意”； 我国《合同法》第八十五条：“债务人转移义务的，新债务人可以主张原债务人对债权人的抗辩”； 我国《合同法》第八十六条：“债务人转移义务的，新债务人应当承担与主债务有关的从债务，但该从债务专属于原债务人自身的除外”； 我国《合同法》第八十七条：“法律、行政法规规定转让权利或者转移义务应当办理批准、登记等手续的，依照其规定”； 我国《合同法》第八十八条：“当事人一方经对方同意，可以将自己在合同中的权利和义务一并转让给第三人”。 综合考虑以上法律规定，鉴于分包合同权益转让可能涉及权利义务的同时转让，笔者建议发包人行使分包合同权益转让权时，应当会同承包人、分包人就此签订三方协议。
3.6 工程照管与成品、半成品保护 （1）除专用合同条款另有约定外，自发包人向承包人移交施工现场之日起，承包人应负责照管工程及工程相关的材料、工程设备，直到颁发工程接收证书之日止。		本款为新增条款。 《建设工程施工合同（示范文本）》（GF—2013—0201）增加3.6款关于工程的照管和成品、半成品的保护责任约定。 第（1）项约定了承包人对工程及工程相关的材料、工程设备的照管责任，照管期限自发包人向承包人移交施工现场之日至颁发工程接收证书之日止；

《建设工程施工合同（示范文本）》（GF—2013—0201）第二部分　通用合同条款	《建设工程施工合同（示范文本）》（GF—1999—0201）第二部分　通用条款	对照解读
（2）在承包人负责照管期间，因承包人原因造成工程、材料、工程设备损坏的，由承包人负责修复或更换，并承担由此增加的费用和（或）延误的工期。 （3）对合同内分期完成的成品和半成品，在工程接收证书颁发前，由承包人承担保护责任。因承包人原因造成成品或半成品损坏的，由承包人负责修复或更换，并承担由此增加的费用和（或）延误的工期。		第（2）项约定了承包人具体的照管责任，在照管期间因承包人原因造成工程、材料、工程设备损坏的，由承包人负责修复或更换，并承担由此增加的费用和（或）延误的工期。 第（3）项约定了承包人对合同内分期完成的成品和半成品的保护责任，保护期限至工程接收证书颁发前。因承包人原因造成成品或半成品损坏的，由承包人负责修复或更换，并承担由此增加的费用和（或）延误的工期；非因承包人原因造成成品或半成品损坏的，应由发包人承担由此增加的费用和（或）延误的工期。
3.7　履约担保 发包人需要承包人提供履约担保的，由合同当事人在专用合同条款中约定履约担保的方式、金额及期限等。履约担保可以采用银行保函或担保公司担保等形式，具体由合同当事人在专用合同条款中约定。	**41. 担保** **41.1**　发包人承包人为了全面履行合同，应互相提供以下担保： （1）发包人向承包人提供履约担保，按合同约定支付工程价款及履行合同约定的其他义务。 （2）承包人向发包人提供履约担保，按合同约定履行自己的各项义务。 **41.2**　一方违约后，另一方可要求提供担保的第三人承担相应责任。 **41.3**　提供担保的内容、方式和相关责任，发包人承包人除在专用条款中约定外，被担保方与担保方还应签订担保合同，作为本合同附件。	本款已作修改。 《建设工程施工合同（示范文本）》（GF—2013—0201）相对《建设工程施工合同（示范文本）》（GF—1999—0201），对提供履约担保时承发包双方各自义务的约定更为明确。 《建设工程施工合同（示范文本）》（GF—2013—0201）明确发包人需要承包人提供履约担保的，承包人才提供，而不是强制要求承包人提供履约担保。如果发包人要求提供的，承包人应保证其履约担保在发包人颁发工程接收证书前一直有效。 发包人要求承包人提交履约担保，亦是预防承包人在工期延误和施工工程质量达不到约定标准的情况下，能够得到相应的赔偿。有了履约担保，合同履行就有了保证，对于违约行为

《建设工程施工合同（示范文本）》（GF—2013—0201）第二部分 通用合同条款	《建设工程施工合同（示范文本）》（GF—1999—0201）第二部分 通用条款	对照解读
因承包人原因导致工期延长的，继续提供履约担保所增加的费用由承包人承担；非因承包人原因导致工期延长的，继续提供履约担保所增加的费用由发包人承担。		就有了补救措施。履约担保文件通常在合同签订前由承包人提交给发包人，履约担保的格式在合同附件中予以列明；履约担保的方式，可以是银行保函、或是担保公司保证担保以及承发包双方同意的其他担保方式；履约担保的金额用以补偿发包人因承包人违约造成的损失，其担保额度可视项目合同的具体情况约定。 《建设工程施工合同（示范文本）》（GF—2013—0201）增加工期延长需要继续提供履约担保时的责任承担约定。
3.8 联合体 **3.8.1** 联合体各方应共同与发包人签订合同协议书。联合体各方应为履行合同向发包人承担连带责任。		本款为新增条款。 《建设工程施工合同（示范文本）》（GF—2013—0201）增加3.8款关于对联合体各方的要求及责任承担的约定。 本合同条款中约定承包人的责任、权利和义务，亦适用于联合体承包人。 3.8.1款约定联合体各方共同与发包人签订合同协议书，各方对发包人就履行合同的义务负有连带责任。《建筑法》第二十七条规定，大型建筑工程或者结构复杂的建筑工程，可以由两个以上的承包单位联合共同承包。共同承包的各方对承包合同的履行承担连带责任。两个以上不同资质等级的单位实行联合共同承包的，应当按照资质等级低的单位的业务许可范围承揽工程。

《建设工程施工合同（示范文本）》（GF—2013—0201）第二部分　通用合同条款	《建设工程施工合同（示范文本）》（GF—1999—0201）第二部分　通用条款	对照解读
3.8.2　联合体协议经发包人确认后作为合同附件。在履行合同过程中，未经发包人同意，不得修改联合体协议。		3.8.2 款是关于联合体协议书的效力约定。经发包人确认后作为合同附件，具有合同约束力。联合体协议对联合体以及各成员均十分重要，因此联合体协议的修改须经发包人同意，且不得违反法律的规定。联合体协议应当包括以下主要内容：（1）联合体基本信息；（2）连带责任的承诺；（3）联合体成员的分工；（4）牵头人的权利及限制；（5）责任的承担及利益的分配等。
3.8.3　联合体牵头人负责与发包人和监理人联系，并接受指示，负责组织联合体各成员全面履行合同。		3.8.3 款是关于联合体牵头人的职责约定。由于牵头人是联合体的受托人，为了避免发生表见代理的情况，因此对牵头人的权利及限制应是清晰明确的，并应以合理的方式告知与联合体建立合同关系的各相对人。 通常对于一个工程承包人来说，与其他公司组成联合体来投标和完成工程，有利有弊。有利在于各方优势互补，分工合作，能够增强竞争力，容易中标；不利在于联合体之间可能会出现矛盾，增加了工程管理的复杂程度，如处理不好，会使工程不能顺利进行。因此，承包人在选择合作伙伴时，需要综合考虑，尤其是其实力和信誉。

《建设工程施工合同（示范文本）》（GF—2013—0201）第二部分 通用合同条款	《建设工程施工合同（示范文本）》（GF—1999—0201）第二部分 通用条款	对照解读
4. 监理人 **4.1 监理人的一般规定** 工程实行监理的，发包人和承包人应在专用合同条款中明确监理人的监理内容及监理权限等事项。监理人应当根据发包人授权及法律规定，代表发包人对工程施工相关事项进行检查、查验、审核、验收，并签发相关指示，但监理人无权修改合同，且无权减轻或免除合同约定的承包人的任何责任与义务。	**二、双方一般权利和义务** **5. 工程师** **5.1** 实行工程监理的，发包人应在实施监理前将委托的监理单位名称、监理内容及监理权限以书面形式通知承包人。 **5.2** 监理单位委派的总监理工程师在本合同中称工程师，其姓名、职务、职权由发包人承包人在专用条款内写明。工程师按合同约定行使职权，发包人在专用条款内要求工程师在行使某些职权前需要征得发包人批准的，工程师应征得发包人批准。 **5.5** 除合同内有明确约定或经发包人同意外，负责监理的工程师无权解除本合同约定的承包人的任何权利与义务。 **5.6** 不实行工程监理的，本合同中工程师专指发包人派驻施工场地履行合同的代表，其具体职权由发包人在专用条款内写明。	本款已作修改。 《建设工程施工合同（示范文本）》（GF—2013—0201）将《建设工程施工合同（示范文本）》（GF—1999—0201）中的“工程师”修改为“监理人”。 监理人是受发包人委托对合同履行实施管理的法人或其他组织。监理人是代表发包人对承包人的施工质量、施工进度、造价及安全等方面实施监督的合同管理者，监理人的职责包括但不限于就工程质量和进度发出指示、进行检查、现场管理、在权限范围内合理调整量价、进行变更估价、索赔等。 本款明确了监理人的权限来源，即监理人应按合同约定行使发包人委托的权利。监理人实施监理的前提即是接受了发包人的委托，订立了书面的建设工程监理合同，明确了监理的范围、内容、权利义务等，监理人才能在约定的范围内对承包人进行监督管理，开展工程监理业务。一般情况下，需要发包人事先批准的事项主要是计日工支付、工程变更及支付、工程进度款中的限额以上支付和工期变更。在《专用合同条款》中，发包人可对监理人的权限作进一步明确。
除专用合同条款另有约定外，监理人在施工现场的办公场所、生活场所由承包人提供，所发生的费用由发包人承担。		《建设工程施工合同（示范文本）》（GF—2013—0201）增加对监理人在施工现场的办公场所、生活场所的提供及费用承担的约定。

《建设工程施工合同（示范文本）》（GF—2013—0201）第二部分　通用合同条款	《建设工程施工合同（示范文本）》（GF—1999—0201）第二部分　通用条款	对照解读
4.2　监理人员 发包人授予监理人对工程实施监理的权利由监理人派驻施工现场的监理人员行使，监理人员包括总监理工程师及监理工程师。监理人应将授权的总监理工程师和监理工程师的姓名及授权范围以书面形式提前通知承包人。更换总监理工程师的，监理人应提前7天书面通知承包人；更换其他监理人员，监理人应提前48小时书面通知承包人。	**5.3**　发包人派驻施工场地履行合同的代表在本合同中也称工程师，其姓名、职务、职权由发包人在专用条款内写明，但职权不得与监理单位委派的总监理工程师职权相互交叉。双方职权发生交叉或不明确时，由发包人予以明确，并以书面形式通知承包人。 **6.4**　如需更换工程师，发包人应至少提前7天以书面形式通知承包人，后任继续行使合同文件约定的前任的职权，履行前任的义务。	本款已作修改。 《建设工程施工合同（示范文本）》（GF—2013—0201）对总监理工程师及监理工程师进行了区分，并对总监理工程师任命及更换程序作了约定。 我国推行建筑工程监理及总监理工程师制度，因此监理人必须授权由总监理工程师全面负责监理合同的履行。《建设工程监理规范》第1.0.4条规定："建设工程监理应实行总监理工程师负责制"。总监理工程师是监理人派驻施工现场履行监理人职责的全权负责人，主持现场监理机构的日常工作，履行合同约定的职责。总监理工程师由监理人授权，并应以书面形式通知承包人，以便承包人提前做好总监理工程师进驻施工现场开展监理工作的准备。任命总监理工程师的通知应以书面形式发出并保留签收记录。 《建设工程施工合同（示范文本）》（GF—2013—0201）将更换总监理工程师和其他监理人员的时间作了区别约定。优秀的总监理工程师是保证项目成功的一个重要因素。鉴于总监理工程师的管理水平对工程的实施影响很大，从管理角度而言，不应轻易更换，以保持项目执行的连续性。

《建设工程施工合同（示范文本）》（GF—2013—0201）第二部分　通用合同条款	《建设工程施工合同（示范文本）》（GF—1999—0201）第二部分　通用条款	对照解读
4.3　监理人的指示 监理人应按照发包人的授权发出监理指示。监理人的指示应采用书面形式，并经其授权的监理人员签字。紧急情况下，为了保证施工人员的安全或避免工程受损，监理人员可以口头形式发出指示，该指示与书面形式的指示具有同等法律效力，但必须在发出口头指示后24小时内补发书面监理指示，补发的书面监理指示应与口头指示一致。	**6. 工程师的委派和指令** **6.2**　工程师的指令、通知由其本人签字后，以书面形式交给项目经理，项目经理在回执上签署姓名和收到时间后生效。确有必要时，工程师可发出口头指令，并在48小时内给予书面确认，承包人对工程师的指令应予执行。工程师不能及时给予书面确认的，承包人应于工程师发出口头指令后7天内提出书面确认要求。工程师在承包人提出确认要求后48小时内不予答复的，视为口头指令已被确认。	本款已作修改。 《建设工程施工合同（示范文本）》（GF—2013—0201）将《建设工程施工合同（示范文本）》（GF—1999—0201）中约定的补发书面监理指示的时间由“48小时”修改为“24小时”，并删除了监理人不能及时给予书面确认的程序及责任承担的约定。 监理人发出的所有指示是合同管理的重要文件，承包人应注意妥善保存。本款明确监理人发出监理指示的形式要件，即应当采用书面形式。指示应由总监理工程师或其授权的监理人员签字。如果发生紧急情况总监理工程师或其被授权的监理人员认为将造成人员伤亡、或危及实施工程或邻近的财产需立即采取措施，有权在未征得发包人批准的情况下发出紧急情况所必需的口头指示，承包人应予执行。但监理人应在发出口头指示后24小时内向承包人补发书面的监理指示，并应保证书面监理指示与口头指示内容一致。
监理人发出的指示应送达承包人项目经理或经项目经理授权接收的人员。因监理人未能按合同约定发出指示、指示延误或发出了错误指示而导致承包人费用增加和（或）工期延误的，由发包人承担相应责任。除专用合同条款另有约定外，总监理工程师不应将第4.4款〔商		为保证合同履行的沟通顺畅，《建设工程施工合同（示范文本）》（GF—2013—0201）增加约定：（1）监理人的指示应当送达承包人项目经理或项目经理授权接收的人员；（2）因监理人未及时或错误发出指示导致承包人的损失，由发包人承担赔偿责任。发包人先行承担赔偿

《建设工程施工合同（示范文本）》（GF—2013—0201）第二部分　通用合同条款	《建设工程施工合同（示范文本）》（GF—1999—0201）第二部分　通用条款	对照解读
定或确定〕约定应由总监理工程师作出确定的权力授权或委托给其他监理人员。		责任后，可根据监理工程师过错程度向监理人追偿；（3）对总监理工程师授权范围作了限制约定。鉴于赋予总监理工程师商定或确定的权利非常广泛，包括了工期、造价等涉及承发包双方重大利益的事项，除《专用合同条款》另有约定外，不能授权或委托给其他监理人员行使。
承包人对监理人发出的指示有疑问的，应向监理人提出书面异议，监理人应在48小时内对该指示予以确认、更改或撤销，监理人逾期未回复的，承包人有权拒绝执行上述指示。 监理人对承包人的任何工作、工程或其采用的材料和工程设备未在约定的或合理期限内提出意见的，视为批准，但不免除或减轻承包人对该工作、工程、材料、工程设备等应承担的责任和义务。	承包人认为工程师指令不合理，应在收到指令后24小时内向工程师提出修改指令的书面报告，工程师在收到承包人报告后24小时内作出修改指令或继续执行原指令的决定，并以书面形式通知承包人。紧急情况下，工程师要求承包人立即执行的指令或承包人虽有异议，但工程师决定仍继续执行的指令，承包人应予执行。因指令错误发生的追加合同价款和给承包人造成的损失由发包人承担，延误的工期相应顺延。 本款规定同样适用于由工程师代表发出的指令、通知。 **6.3**　工程师应按合同约定，及时向承包人提供所需指令、批准并履行约定的其他义务。由于工程师未能按合同约定履行义务造成工期延误，发包人应承担延误造成的追加合同价款，并赔偿承包人有关损失，顺延延误的工期。	本款约定了承包人的“质疑权”，《建设工程施工合同（示范文本）》（GF—2013—0201）将《建设工程施工合同（示范文本）》（GF—1999—0201）中约定的监理人的答复义务由“24小时”修改为“48小时”。 《建设工程施工合同（示范文本）》（GF—2013—0201）增加约定：（1）承包人有拒绝执行监理人指示的权利。承包人应充分行使自己的合同权利，如认为监理人员指示超越了合同约定的工作范围，应及时提出，并提出有关证据，保护自己合法利益；（2）监理人的“默示条款”。默示条款是指一方当事人在合理或约定的期限内对另一方当事人提出的申请或要求未予回应，则视为对方当事人的申请或要求被接受。但是监理人员仍可在事后检查并拒绝该项工作、工程或其采用的材料或工程设备。 对监理人“视为”（“视为认可”或“视为同意”或“视为批准”）的约定，除本款外，在

《建设工程施工合同（示范文本）》（GF—2013—0201）第二部分 通用合同条款	《建设工程施工合同（示范文本）》（GF—1999—0201）第二部分 通用条款	对照解读
		《建设工程施工合同（示范文本）》（GF—2013—0201）《通用合同条款》中还有六个条款，分别是：5.3.2 款、7.8.4 款、8.7.2 款、12.3.3 款、12.3.4 款和 13.3.1 款。承包人应充分注意这些条款，尤其是“视为”条款的法律后果。 最高人民法院《关于贯彻执行〈中华人民共和国民法通则〉若干问题的意见》第六十六条规定，一方当事人向对方当事人提出民事权利的要求，对方未用语言或者文字明确表示意见，但其行为表明已接受的，可以认定为默示。不作为的默示只有在法律有规定或者当事人双方有约定的情况下，才可以视为意思表示。
	6.1 工程师可委派工程师代表，行使合同约定的自己的职权，并可在认为必要时撤回委派。委派和撤回均应提前 7 天以书面形式通知承包人，负责监理的工程师还应将委派和撤回通知发包人。委派书和撤回通知作为本合同附件。 工程师代表在工程师授权范围内向承包人发出的任何书面形式的函件，与工程师发出的函件具有同等效力。承包人对工程师代表向其发出的任何书面形式的函件有疑问时，可将此函件提交工程师，工程师应进行确认。工程师代表发出指令有失误时，工程师应进行纠正。 除工程师或工程师代表外，发包人派驻工地的其他人员均无权向承包人发出任何指令。	《建设工程施工合同（示范文本）》（GF—2013—0201）在此删除了《建设工程施工合同（示范文本）》（GF—1999—0201）中关于委派代表的约定。

《建设工程施工合同（示范文本）》（GF—2013—0201）第二部分　通用合同条款	《建设工程施工合同（示范文本）》（GF—1999—0201）第二部分　通用条款	对照解读
4.4　商定或确定 合同当事人进行商定或确定时，总监理工程师应当会同合同当事人尽量通过协商达成一致，不能达成一致的，由总监理工程师按照合同约定审慎做出公正的确定。 总监理工程师应将确定以书面形式通知发包人和承包人，并附详细依据。合同当事人对总监理工程师的确定没有异议的，按照总监理工程师的确定执行。任何一方合同当事人有异议，按照第20条〔争议解决〕约定处理。争议解决前，合同当事人暂按总监理工程师的确定执行；争议解决后，争议解决的结果与总监理工程师的确定不一致的，按照争议解决的结果执行，由此造成的损失由责任人承担。	**5.4**　合同履行中，发生影响发包人承包人双方权利或义务的事件时，负责监理的工程师应依据合同在其职权范围内客观公正地进行处理。一方对工程师的处理有异议时，按本通用条款第37条关于争议的约定处理。	本款已作修改。 本款是关于总监理工程师的独立地位条款。总监理工程师应与承发包双方经常通过协商处理好各项合同事宜，及时解决合同争议，提高合同管理效能和水平。 本款约定了当对总监理工程师的确定有异议时的处理方法，构成争议的可按争议解决条款处理。总监理工程师的确定不是强制的，也不是最终的决定，但为提高合同执行效率，在此争议解决前，双方应暂按总监理工程师的确定执行。按合同争议解决条款处理程序约定对总监理工程师作出的确定有修改的，则按修改后的结果执行，由此造成的损失则由责任人承担。 涉及总监理工程师商定或确定的条款，《建设工程施工合同（示范文本）》（GF—2013—0201）《通用合同条款》中共有十二个条款，分别是5.5款、8.7.3款、10.4.1款、10.6款、10.9款、11.1款、11.2款、12.4.6款、16.2.4款、17.1款和17.4款。 根据《建设工程监理规范》6.5.2款规定，在总监理工程师签发合同争议处理意见后，建设单位或承包单位在施工合同规定的期限内未对合同争议处理决定提出异议，在符合施工合同的前提下，此意见应成为最后的决定，双方必须执行。第6.5.3款规定，在合同争议的仲裁或诉讼过程中，项目监理机构接到仲裁机关或法院要求提供有关证据的通知后，应公正地向仲裁机关或法院提供与争议有关的证据。

《建设工程施工合同（示范文本）》（GF—2013—0201）第二部分 通用合同条款	《建设工程施工合同（示范文本）》（GF—1999—0201）第二部分 通用条款	对照解读
5. 工程质量 **5.1 质量要求**	**四、质量与检验** **15. 工程质量**	本款已作修改。 工程质量的法律风险控制贯穿于工程项目建设的全过程，尤其是建造阶段，隐蔽工程和中间验收、竣工验收均是质量控制的关键点。
5.1.1 工程质量标准必须符合现行国家有关工程施工质量验收规范和标准的要求。有关工程质量的特殊标准或要求由合同当事人在专用合同条款中约定。	**15.1** 工程质量应当达到协议书约定的质量标准，质量标准的评定以国家或行业的质量检验评定标准为依据。因承包人原因工程质量达不到约定的质量标准，承包人承担违约责任。	本款是关于对工程质量要求的约定。工程质量的具体验收标准和要求，通常在“技术标准和要求”中进行约定。 承包人的建设工程质量义务内容一般可概括为：（1）按设计图纸及技术标准施工；（2）对建筑材料、配件、设备进行检验；（3）竣工工程符合质量标准；（4）质量保修及缺陷责任期的缺陷修复。 工程质量标准与工程质量检验标准是两个不同概念。前者主要是规定工程质量应达到的状态；而后者主要是规定如何进行评定。前者主要涉及的是实体内容，而后者主要涉及的是程序内容。
5.1.2 因发包人原因造成工程质量未达到合同约定标准的，由发包人承担由此增加的费用和（或）延误的工期，并支付承包人合理的利润。		《建设工程施工合同（示范文本）》（GF—2013—0201）增加5.1.2款关于因发包人原因造成工程质量不符合合同约定的责任承担约定。 发包人的建设工程质量义务内容一般可概括为：（1）提供符合工程质量要求的设计文件；（2）提供的建筑材料、设备应符合质量标准；（3）不得干预依法实施的招投标；（4）依法进行工程竣工验收，未经验收或者验收不合格的工程，不得使用。

《建设工程施工合同（示范文本）》（GF—2013—0201）第二部分　通用合同条款	《建设工程施工合同（示范文本）》（GF—1999—0201）第二部分　通用条款	对照解读
5.1.3　因承包人原因造成工程质量未达到合同约定标准的，发包人有权要求承包人返工直至工程质量达到合同约定的标准为止，并由承包人承担由此增加的费用和（或）延误的工期。		如果发包人违反上述义务导致工程质量未能达到合格标准或约定标准，责任全部由发包人承担。责任包括由此增加的费用和（或）延误的工期，并支付承包人合理的利润。 《建设工程施工合同（示范文本）》（GF—2013—0201）增加5.1.3款关于因承包人原因造成工程质量不符合合同约定的责任承担约定。最高人民法院《关于审理建设工程施工合同纠纷案件适用法律问题的解释》第十一条规定，因承包人的过错造成建设工程质量不符合约定，承包人拒绝修理、返工或者改建，发包人请求减少支付工程价款的，应予支持。我国法律对承包人质量责任的归责原则实行的是过错责任原则。
5.2　质量保证措施 **5.2.1　发包人的质量管理** 发包人应按照法律规定及合同约定完成与工程质量有关的各项工作。 **5.2.2　承包人的质量管理** 承包人按照第7.1款〔施工组织设计〕约定向发包人和监理人提交工程质量保证体系及措施文件，建立完善的质量检查制度，并提交相应的工程质量文件。对于发包人和监理人违反法律规定和合同约定的错误指示，承包人有权拒绝实施。	**16. 检查和返工**	本款已作修改。 《建设工程施工合同（示范文本）》（GF—2013—0201）增加5.2.1款关于发包人工程质量管理义务的约定。发包人应严格按照法律规定及合同约定履行工程质量管理责任，以保障符合工程质量要求。 《建设工程施工合同（示范文本）》（GF—2013—0201）增加5.2.2款关于承包人工程质量管理义务的约定。承包人应建立完善的质量检查制度，建立、健全施工质量的检验制度，严格工序管理，并作好隐蔽工程的质量检查和记录。严格工序管理，不仅指对单一工序加强管理，而是对整个过程网络进行全面管理。用前

《建设工程施工合同（示范文本）》（GF—2013—0201）第二部分　通用合同条款	《建设工程施工合同（示范文本）》（GF—1999—0201）第二部分　通用条款	对照解读
		一道或横向相关的工序保证后续工序的质量，从而使整个工程施工质量达到预期目标。 监理人监督管理承包人的主要依据是合同文件，就质量方面依据的是规范和图纸之类的技术文件。但要使工程质量最终得到保证，还是要通过承包人内部管理来实现。因此，本款要求承包人编制工程质量保证措施文件，提交监理人批准后遵照执行。
承包人应对施工人员进行质量教育和技术培训，定期考核施工人员的劳动技能，严格执行施工规范和操作规程。		本款是关于要求承包人加强对人员培训的管理约定。《建设工程质量管理条例》第三十三条规定，施工单位应当建立、健全教育培训制度，加强对职工的教育培训；未经教育培训或者考核不合格的人员，不得上岗作业。
承包人应按照法律规定和发包人的要求，对材料、工程设备以及工程的所有部位及其施工工艺进行全过程的质量检查和检验，并作详细记录，编制工程质量报表，报送监理人审查。此外，承包人还应按照法律规定和发包人的要求，进行施工现场取样试验、工程复核测量和设备性能检测，提供试验样品、提交试验报告和测量成果以及其他工作。		本款是关于对承包人工程质量检查的约定。承包人应按合同约定负责对工程设计、材料和工程设备以及工程所有部位及其施工工艺进行全过程的质量检查和检验，尤其应做好隐蔽工程和隐蔽部位的质量检查和检验工作。承包人还应做好对上述工程质量检查和检验的记录及报表编制，以便于监理人审查检验和在将来发生质量争议时，作为解决合同争议的证据材料。
5.2.3　监理人的质量检查和检验 监理人按照法律规定和发包人授权对工程的所有部位及其施工工艺、材料和工程设备进行检查和检验。承包人应为监理人的检查和检	**16.1**　承包人应认真按照标准、规范和设计图纸要求以及工程师依据合同发出的指令施工，随时接受工程师的检查检验，为检查检验提供便利条件。	本款是关于监理人对工程质量检查和检验的权利约定。监理人及其委派的检查和检验人员，应能进入施工现场，以及材料（或）工程设备的制造、加工或制配的车间或场所进行检查或检验。

《建设工程施工合同（示范文本）》（GF—2013—0201）第二部分　通用合同条款	《建设工程施工合同（示范文本）》（GF—1999—0201）第二部分　通用条款	对照解读
验提供方便，包括监理人到施工现场，或制造、加工地点，或合同约定的其他地方进行察看和查阅施工原始记录。监理人为此进行的检查和检验，不免除或减轻承包人按照合同约定应当承担的责任。	**16.2**　工程质量达不到约定标准的部分，工程师的要求拆除和重新施工，直到符合约定标准。因承包人原因达不到约定标准，由承包人承担拆除和重新施工的费用，工期不予顺延。	
监理人的检查和检验不应影响施工正常进行。监理人的检查和检验影响施工正常进行的，且经检查检验不合格的，影响正常施工的费用由承包人承担，工期不予顺延；经检查检验合格的，由此增加的费用和（或）延误的工期由发包人承担。	**16.3**　工程师的检查检验不应影响施工正常进行。如影响施工正常进行，检查检验不合格时，影响正常施工的费用由承包人承担。除此之外影响正常施工的追加合同价款由发包人承担，相应顺延工期。 **16.4**　因工程师指令失误或其他非承包人原因发生的追加合同价款，由发包人承担。	监理人的检查和检验应尽量避免影响施工正常进行。监理人检查和检验的工作方式是按照工程监理规范的要求，采取旁站、巡视、平行检验等形式，对建设工程实施监理。因监理人在检查和检验中出现的错误或不当指示产生的法律责任将由发包人承担。 承包人应随时接受监理人的检查和检验并为检查和检验提供便利条件。工程质量达不到约定标准的部分，监理人可要求承包人拆除及/或返工，承包人应遵照履行，并因此承担由于自身原因导致增加的费用和（或）工期延误损失。 《建设工程质量管理条例》第三十六条规定，工程监理单位应当依照法律、法规以及有关技术标准、设计文件和建设工程承包合同，代表建设单位对施工质量实施监理，并对施工质量承担监理责任。
5.3　隐蔽工程检查	**17. 隐蔽工程和中间验收**	本款已作修改。 《建设工程施工合同（示范文本）》（GF—2013—0201）对工程隐蔽部位进行覆盖和检查的约定进行了细化。

《建设工程施工合同（示范文本）》（GF—2013—0201）第二部分 通用合同条款	《建设工程施工合同（示范文本）》（GF—1999—0201）第二部分 通用条款	对照解读
		隐蔽工程完成隐蔽后，将难以再对其进行质量检查或者说这种检查成本相对较大，因此必须在隐蔽前进行检查验收。隐蔽部位质量缺陷是导致工程重大安全、质量事故的根本原因，隐蔽部位覆盖前的质量检查应成为确保工程质量的关键。承包人应重视隐蔽部位检查签证管理的重要性，强化对隐蔽工程覆盖检查的确认，尤其是要强化监理人未参加隐蔽工程覆盖检查的签证管理，预防因签证资料不全产生的法律风险。
5.3.1 承包人自检 承包人应当对工程隐蔽部位进行自检，并经自检确认是否具备覆盖条件。		《建设工程施工合同（示范文本）》（GF—2013—0201）增加5.3.1款关于承包人自检程序的约定。承包人是工程的具体实施者，确认工程具备覆盖条件，先行自检合格后通知监理人检验。
5.3.2 检查程序 除专用合同条款另有约定外，工程隐蔽部位经承包人自检确认具备覆盖条件的，承包人应在共同检查前48小时书面通知监理人检查，通知中应载明隐蔽检查的内容、时间和地点，并应附有自检记录和必要的检查资料。 监理人应按时到场并对隐蔽工程及其施工工艺、材料和工程设备进行检查。经监理人检查确认质量符合隐蔽要求，并在验收记录上签	**17.1** 工程具备隐蔽条件或达到专用条款约定的中间验收部位，承包人进行自检，并在隐蔽或中间验收前48小时以书面形式通知工程师验收。通知包括隐蔽和中间验收的内容、验收时间和地点。承包人准备验收记录，验收合格，工程师在验收记录上签字后，承包人可进行隐蔽和继续施工。验收不合格，承包人在工程师限定的时间内修改后重新验收。	本款是关于承包人通知监理人检查的程序约定。承包人应先做好自检，在确认工程隐蔽部位具备覆盖条件后及时书面通知监理人，通知应明确隐蔽的内容、验收时间和地点。监理人也应及时到场检查，经监理人检验合格并签字后，承包人才能进行下一道工序。《建设工程质量管理条例》第三十条规定，施工单位必须建立、健全施工质量的检验制度，严格工序管理，作好隐蔽工程的质量检查和记录。隐蔽工程

《建设工程施工合同（示范文本）》（GF—2013—0201）第二部分　通用合同条款	《建设工程施工合同（示范文本）》（GF—1999—0201）第二部分　通用条款	对照解读
字后，承包人才能进行覆盖。经监理人检查质量不合格的，承包人应在监理人指示的时间内完成修复，并由监理人重新检查，由此增加的费用和（或）延误的工期由承包人承担。		在隐蔽前，施工单位应当通知建设单位和建设工程质量监督机构。 经监理人检查确认质量不合格的，承包人应及时进行修复，并在修复后通知监理人重新进行检查，由此增加的费用和（或）延误的工期由承包人自行承担。
除专用合同条款另有约定外，监理人不能按时进行检查的，应在检查前24小时向承包人提交书面延期要求，但延期不能超过48小时，由此导致工期延误的，工期应予以顺延。监理人未按时进行检查，也未提出延期要求的，视为隐蔽工程检查合格，承包人可自行完成覆盖工作，并作相应记录报送监理人，监理人应签字确认。监理人事后对检查记录有疑问的，可按第5.3.3项〔重新检查〕的约定重新检查。	**17.2**　工程师不能按时进行验收，应在验收前24小时以书面形式向承包人提出延期要求，延期不能超过48小时。工程师未能按以上时间提出延期要求，不进行验收，承包人可自行组织验收，工程师应承认验收记录。 **17.3**　经工程师验收，工程质量符合标准、规范和设计图纸等要求，验收24小时后，工程师不在验收记录上签字，视为工程师已经认可验收记录，承包人可进行隐蔽或继续施工。	本款是关于监理人未按时到场检查时的责任承担约定。监理人未按约定时间到场检验也未提出延期要求，承包人有自行覆盖的权利，以确保工程能按计划顺利实施。承包人经过验收的检查后，将检查、隐蔽记录送交监理人。此检验视为监理人在场情况下进行的验收，监理人应承认验收记录的正确性。本款约定是为了防止监理人故意拖延验收进程而给承包人带来额外损失，保护承包人利益，促使监理人尽快对隐蔽工程的验收，以确保工程能按计划顺利实施。
5.3.3　重新检查 承包人覆盖工程隐蔽部位后，发包人或监理人对质量有疑问的，可要求承包人对已覆盖的部位进行钻孔探测或揭开重新检查，承包人应遵照执行，并在检查后重新覆盖恢复原状。经检查证明工程质量符合合同要求的，由发包人承担由此增加的费用和（或）延误的工期，并支付承包人合理的利润；经检查证明工程质	**18. 重新检验** 无论工程师是否进行验收，当其要求对已经隐蔽的工程重新检验时，承包人应按要求进行剥离或开孔，并在检验后重新覆盖或修复。检验合格，发包人承担由此发生的全部追加合同价款，赔偿承包人损失，并相应顺延工期。检验不合格，承包人承担发生的全部费用，工期不予顺延。	本款是关于监理人在“质量存疑”时重新检查的程序及责任承担约定。无论监理人是否参加了验收，当其对某部分的工程质量有怀疑，均可要求承包人对已经隐蔽的工程进行重新检验。承包人接到通知后，应按要求进行剥离或开孔，并在检验后重新覆盖或修复。本款赋予监理人在“质量存疑”情况下拥有绝对的重新检验权利，约定监理人此项权利的目的是为提

《建设工程施工合同（示范文本）》（GF—2013—0201）第二部分　通用合同条款	《建设工程施工合同（示范文本）》（GF—1999—0201）第二部分　通用条款	对照解读
量不符合合同要求的，由此增加的费用和（或）延误的工期由承包人承担。		高工程整体建设质量，以及加强承包人的责任心。按照公平原则，本款对重新检验结果和责任作了合理划分：（1）如重新检验质量不合格，则由承包人承担由此造成的费用和（或）工期延误损失；（2）如重新检验质量合格，由发包人承担由此增加的费用和（或）工期延误损失，并支付承包人合理利润。
5.3.4　承包人私自覆盖 承包人未通知监理人到场检查，私自将工程隐蔽部位覆盖的，监理人有权指示承包人钻孔探测或揭开检查，无论工程隐蔽部位质量是否合格，由此增加的费用和（或）延误的工期均由承包人承担。		《建设工程施工合同（示范文本）》（GF—2013—0201）增加5.3.4款关于承包人私自覆盖时的责任承担约定。因承包人未通知监理人在场私自将工程隐蔽部位覆盖后，监理人要求重新检验而增加的费用和工期延误责任则由承包人自行承担。
5.4　不合格工程的处理		本款为新增条款。 《建设工程施工合同（示范文本）》（GF—2013—0201）增加5.4款关于不合格工程的责任承担约定。 我国《合同法》第一百零七条规定，当事人一方不履行合同义务或者履行合同义务不符合约定的，应当承担继续履行、采取补救措施或者赔偿损失等违约责任。
5.4.1　因承包人原因造成工程不合格的，发包人有权随时要求承包人采取补救措施，直至达到合同要求的质量标准，由此增加的费用		5.4.1款是关于因承包人原因造成工程不合格的责任承担约定。承包人不按合同约定，使用了不合格的材料和工程设备，或采用了不适

《建设工程施工合同（示范文本）》（GF—2013—0201）第二部分　通用合同条款	《建设工程施工合同（示范文本）》（GF—1999—0201）第二部分　通用条款	对照解读
和（或）延误的工期由承包人承担。无法补救的，按照第13.2.4项〔拒绝接收全部或部分工程〕约定执行。		宜的施工工艺造成工程缺陷，监理人可发出指示要求承包人采取合理的补救措施，包括进行替换、补救或拆除重建，直至达到合格标准。承包人承担由此导致的费用和（或）工期延误损失。本款赋予了发包人拒绝接收全部或部分工程的权利。
5.4.2　因发包人原因造成工程不合格的，由此增加的费用和（或）延误的工期由发包人承担，并支付承包人合理的利润。		5.4.2款是关于因发包人原因造成工程不合格的责任承担约定。发包人不按合同约定，提供了不合格的材料或工程设备造成工程缺陷，需要承包人采取补救措施的，发包人承担由此导致的费用和（或）工期延误损失，并支付承包人合理利润。
5.5　质量争议检测 合同当事人对工程质量有争议的，由双方协商确定的工程质量检测机构鉴定，由此产生的费用及因此造成的损失，由责任方承担。 合同当事人均有责任的，由双方根据其责任分别承担。合同当事人无法达成一致的，按照第4.4款〔商定或确定〕执行。	**15.2**　双方对工程质量有争议，由双方同意的工程质量检测机构鉴定，所需费用及因此造成的损失，由责任方承担。双方均有责任，由双方根据其责任分别承担。	本款已作修改。 本款关于对工程质量有争议时的处理程序约定。合同当事人对工程质量产生争议时，委托中立的第三方质量检测机构进行鉴定，分清各方责任相对比较客观。本款根据公平原则，对质量检测费用及由此造成的损失的责任承担作了明确约定。 《建设工程施工合同（示范文本）》（GF—2013—0201）增加了对合同当事人无法达成一致意见时的处理程序约定。

《建设工程施工合同（示范文本）》（GF—2013—0201）第二部分 通用合同条款	《建设工程施工合同（示范文本）》（GF—1999—0201）第二部分 通用条款	对照解读
6. 安全文明施工与环境保护 **6.1 安全文明施工**	**五、安全施工** **20. 安全施工与检查**	本款已作修改。 安全文明施工应当受到包括发包人、承包人、监理人在内的建设项目各相关方的重视。为了规范建筑安全施工，国家出台了一系列建设施工安全标准和规范。这些安全标准及规范都对建筑施工过程中的具体操作进行了规制，是必须遵循的操作规范性文件。
6.1.1 安全生产要求 合同履行期间，合同当事人均应当遵守国家和工程所在地有关安全生产的要求，合同当事人有特别要求的，应在专用合同条款中明确施工项目安全生产标准化达标目标及相应事项。承包人有权拒绝发包人及监理人强令承包人违章作业、冒险施工的任何指示。 在施工过程中，如遇到突发的地质变动、事先未知的地下施工障碍等影响施工安全的紧急情况，承包人应及时报告监理人和发包人，发包人应当及时下令停工并报政府有关行政管理部门采取应急措施。 因安全生产需要暂停施工的，按照第 7.8 款〔暂停施工〕的约定执行。	**20.1** 承包人应遵守工程建设安全生产有关管理规定，严格按安全标准组织施工，并随时接受行业安全检查人员依法实施的监督检查，采取必要的安全防护措施，消除事故隐患。由于承包人安全措施不力造成事故的责任和因此发生的费用，由承包人承担。 **20.2** 发包人应对其在施工场地的工作人员进行安全教育，并对他们的安全负责。发包人不得要求承包人违反安全管理的规定进行施工。因发包人原因导致的安全事故，由发包人承担相应责任及发生的费用。	本款是关于对合同当事人安全生产要求的义务约定。在合同履行期间，合同当事人均应严格遵守安全生产法律法规的规定，保障工程施工安全。 《建设工程施工合同（示范文本）》（GF—2013—0201）增加约定：(1) 赋予合同当事人可在《专用合同条款》中约定更严格的施工项目安全生产标准化达标目标及相应事项；(2) 如发包人和（或）监理人强令承包人违章作业、冒险施工时，承包人有权拒绝执行；(3) 对影响施工安全紧急情况下的停工和应急措施作了明确约定，即突发的地质变动、事先未知的地下施工障碍影响施工安全时，承包人应及时报告监理人和发包人，发包人也应及时作出停工指示，并报政府有关行政管理部门采取应急措施；(4) 因安全生产需要暂停施工时的处理程序约定。 《建设工程安全生产管理条例》第四十八条规定，施工单位应当制定本单位生产安全事故应急救援预案，建立应急救援组织或者配备应

《建设工程施工合同（示范文本）》（GF—2013—0201）第二部分　通用合同条款	《建设工程施工合同（示范文本）》（GF—1999—0201）第二部分　通用条款	对照解读
		急救援人员，配备必要的应急救援器材、设备，并定期组织演练。 《建设工程安全生产管理条例》第四十九条规定，施工单位应当根据建设工程施工的特点、范围，对施工现场易发生重大事故的部位、环节进行监控，制定施工现场生产安全事故应急救援预案。实行施工总承包的，由总承包单位统一组织编制建设工程生产安全事故应急救援预案，工程总承包单位和分包单位按照应急救援预案，各自建立应急救援组织或者配备应急救援人员，配备救援器材、设备，并定期组织演练。
6.1.2　安全生产保证措施 承包人应当按照有关规定编制安全技术措施或者专项施工方案，建立安全生产责任制度、治安保卫制度及安全生产教育培训制度，并按安全生产法律规定及合同约定履行安全职责，如实编制工程安全生产的有关记录，接受发包人、监理人及政府安全监督部门的检查与监督。		《建设工程施工合同（示范文本）》（GF—2013—0201）增加6.1.2款关于承包人安全生产保证措施的义务约定。 为保证全体承包人人员的生命财产安全，保障施工过程全部施工作业的安全，承包人应当按照安全生产法律法规的规定编制安全生产保证措施，包括但不限于施工安全保障体系，安全生产责任制度，安全生产管理规章制度，安全防护施工方案，施工现场临时用电方案，施工安全评估，安全预控及保证措施方案，紧急应变措施，安全标识、警示和围护方案等。对影响安全的重要工序和危险性较大的工程应编制专项施工方案。

《建设工程施工合同（示范文本）》（GF—2013—0201）第二部分 通用合同条款	《建设工程施工合同（示范文本）》（GF—1999—0201）第二部分 通用条款	对照解读
		本款约定了承包人有接受发包人、监理人和政府安全监督部门对其安全生产保证措施是否符合要求的义务。经检查不符合要求时，承包人应按要求进行整改，由此增加的费用和（或）延误的工期由承包人自行承担。 《建设工程安全生产管理条例》第二十一条第一款规定，施工单位主要负责人依法对本单位的安全生产工作全面负责。施工单位应当建立健全安全生产责任制度和安全生产教育培训制度，制定安全生产规章制度和操作规程，保证本单位安全生产条件所需资金的投入，对所承担的建设工程进行定期和专项安全检查，并做好安全检查记录。
6.1.3 特别安全生产事项 承包人应按照法律规定进行施工，开工前做好安全技术交底工作，施工过程中做好各项安全防护措施。承包人为实施合同而雇用的特殊工种的人员应受过专门的培训并已取得政府有关管理机构颁发的上岗证书。	**21. 安全防护**	《建设工程施工合同（示范文本）》（GF—2013—0201）增加 6.1.3 款对承包人的特别安全生产措施的义务约定。 为了防范施工作业中安全生产事故的发生，本款对施工过程中特殊项目需要采取的安全防护措施作了明确约定，并对特殊工种的人员资格作出限制要求。对于特殊工种的人员，《建筑施工特种作业人员管理规定》第二条规定，建筑施工特种作业人员是指在房屋建筑和市政工程施工活动中，从事可能对本人、他人及周围设备设施的安全造成重大危害作业的人员。《建筑施工特种作业人员管理规定》第三条规定，建

《建设工程施工合同（示范文本）》（GF—2013—0201）第二部分　通用合同条款	《建设工程施工合同（示范文本）》（GF—1999—0201）第二部分　通用条款	对照解读
		筑施工特种作业包括：（一）建筑电工；（二）建筑架子工；（三）建筑起重信号司索工；（四）建筑起重机械司机；（五）建筑起重机械安装拆卸工；（六）高处作业吊篮安装拆卸工；（七）经省级以上人民政府建设主管部门认定的其他特种作业。《建筑施工特种作业人员管理规定》第四条规定，建筑施工特种作业人员必须经建设主管部门考核合格，取得建筑施工特种作业人员操作资格证书，方可上岗从事相应作业。
承包人在动力设备、输电线路、地下管道、密封防震车间、易燃易爆地段以及临街交通要道附近施工时，施工开始前应向发包人和监理人提出安全防护措施，经发包人认可后实施。	**21.1**　承包人在动力设备、输电线路、地下管道、密封防震车间、易燃易爆地段以及临街交通要道附近施工时，施工开始前应向工程师提出安全防护措施，经工程师认可后实施，防护措施费用由发包人承担。	本款对承包人在有较大安全生产危险的地点施工时，将安全防护措施作了前置约定，即要求承包人在施工开始之前就应当将安全防护措施报监理人和发包人，经发包人认可后承包人方可实施。本款对有较大安全生产危险的地点作了列举，包括：动力设备、输电线路、地下管道、密封防震车间、易燃易爆地段以及临街交通要道。
实施爆破作业，在放射、毒害性环境中施工（含储存、运输、使用）及使用毒害性、腐蚀性物品施工时，承包人应在施工前7天以书面通知发包人和监理人，并报送相应的安全防护措施，经发包人认可后实施。	**21.2**　实施爆破作业，在放射、毒害性环境中施工（含储存、运输、使用）及使用毒害性、腐蚀性物品施工时，承包人应在施工前14天以书面通知工程师，并提出相应的安全防护措施，经工程师认可后实施，由发包人承担安全防护措施费用。	《建设工程施工合同（示范文本）》（GF—2013—0201）将《建设工程施工合同（示范文本）》（GF—1999—0201）中承包人实施特别安全生产作业通知时限由“14天”修改为“7天”，即在实施爆破作业，在放射、毒害性环境中施工（含储存、运输、使用）及使用毒害性、

《建设工程施工合同（示范文本）》（GF—2013—0201）第二部分 通用合同条款	《建设工程施工合同（示范文本）》（GF—1999—0201）第二部分 通用条款	对照解读
		腐蚀性物品施工时，应提前 7 天以书面形式通知监理人和发包人，并报送实施前述特别安全生产作业的安全防护措施，经发包人认可后方可实施。
需单独编制危险性较大分部分项专项工程施工方案的，及要求进行专家论证的超过一定规模的危险性较大的分部分项工程，承包人应及时编制和组织论证。		《建设工程施工合同（示范文本）》（GF—2013—0201）增加对承包人实施危险性较大的分部分项专项工程的约定。 《建设工程安全生产管理条例》第二十六条规定，施工单位应当在施工组织设计中编制安全技术措施和施工现场临时用电方案，对下列达到一定规模的危险性较大的分部分项工程编制专项施工方案，并附具安全验算结果，经施工单位技术负责人、总监理工程师签字后实施，由专职安全生产管理人员进行现场监督：（一）基坑支护与降水工程；（二）土方开挖工程；（三）模板工程；（四）起重吊装工程；（五）脚手架工程；（六）拆除、爆破工程；（七）国务院建设行政主管部门或者其他有关部门规定的其他危险性较大的工程。对前款所列工程中涉及深基坑、地下暗挖工程、高大模板工程的专项施工方案，施工单位还应当组织专家进行论证、审查。 另外，《建筑法》、《危险性较大的分部分项工程安全管理办法》等均对危险性较大的分部分项工程作了规定，承包人应予以遵守。

《建设工程施工合同（示范文本）》（GF—2013—0201）第二部分　通用合同条款	《建设工程施工合同（示范文本）》（GF—1999—0201）第二部分　通用条款	对照解读
6.1.4　治安保卫 除专用合同条款另有约定外，发包人应与当地公安部门协商，在现场建立治安管理机构或联防组织，统一管理施工场地的治安保卫事项，履行合同工程的治安保卫职责。		《建设工程施工合同（示范文本）》（GF—2013—0201）增加6.1.4款关于承发包双方施工治安保卫责任的约定。 为维持施工场地及其附近区域的社会治安，保障工程施工的顺利进行，发包人应与当地公安部门协商，在现场建立治安管理机构或与公安部门共同建立联防组织，维护施工场地及其附近区域的社会治安，保障人民生命及财产安全。
发包人和承包人除应协助现场治安管理机构或联防组织维护施工场地的社会治安外，还应做好包括生活区在内的各自管辖区的治安保卫工作。		本款是关于承发包双方共同的治安保卫义务约定。发包人和承包人也可建立专设的治安保卫部门，协助做好现场治安管理机构或联防组织的治安保卫工作，且更要做好各自管辖区域内的治安保卫工作。
除专用合同条款另有约定外，发包人和承包人应在工程开工后7天内共同编制施工场地治安管理计划，并制定应对突发治安事件的紧急预案。在工程施工过程中，发生暴乱、爆炸等恐怖事件，以及群殴、械斗等群体性突发治安事件的，发包人和承包人应立即向当地政府报告。发包人和承包人应积极协助当地有关部门采取措施平息事态，防止事态扩大，尽量避免人员伤亡和财产损失。		本款是关于承发包双方在发生治安事件时各自的义务约定。为防止和解决发生的治安事件，本款约定由发包人和承包人共同编制施工场地治安管理计划和应对突发治安事件时的紧急预案。为了督促承发包双方及时编制，本款作了时间限制，即在工程开工后7天内制定。当发生治安事件时，承发包双方均应立却报告当地政府部门，并积极配合当地有关部门平息事态，防止事态扩大，尽量避免人员伤亡，减少财产损失。

《建设工程施工合同（示范文本）》（GF—2013—0201）第二部分 通用合同条款	《建设工程施工合同（示范文本）》（GF—1999—0201）第二部分 通用条款	对照解读
6.1.5 文明施工 承包人在工程施工期间，应当采取措施保持施工现场平整，物料堆放整齐。工程所在地有关政府行政管理部门有特殊要求的，按照其要求执行。合同当事人对文明施工有其他要求的，可以在专用合同条款中明确。		《建设工程施工合同（示范文本）》（GF—2013—0201）增加6.1.5款关于承包人文明施工的义务约定。 承包人文明施工的主要内容包括：（1）规范场容、场貌，保持作业环境整洁卫生；（2）创造文明有序安全生产的条件和氛围；（3）减少施工对居民和环境的不利影响；（4）落实项目文化建设。 文明施工的基本要求：（1）工程施工现场应当做到围挡、大门、标牌标准化、材料码放整齐化、安全设施规范化、生活设施整洁化、职工行为文明化、工作生活秩序化；（2）工程施工要做到工完场清、施工不扰民、现场不扬尘、运输无遗散、垃圾不乱弃，努力营造良好的施工作业环境。
在工程移交之前，承包人应当从施工现场清除承包人的全部工程设备、多余材料、垃圾和各种临时工程，并保持施工现场清洁整齐。经发包人书面同意，承包人可在发包人指定的地点保留承包人履行保修期内的各项义务所需要的材料、施工设备和临时工程。		本款重点强调，需经发包人书面同意，承包人才能在发包人指定的地点保留履行保修义务所需要的材料、施工设备和临时工程。为了避免为此发生争议，承发包双方应在《专用合同条款》中进一步约定承包人保留在施工现场的材料、设备数量、规格等具体内容。
6.1.6 安全文明施工费 安全文明施工费由发包人承担，发包人不得以任何形式扣减该部分费用。因基准日期后合		《建设工程施工合同（示范文本）》（GF—2013—0201）增加6.1.6款关于安全文明施工费的承担及支付方式等的约定。

《建设工程施工合同（示范文本）》（GF—2013—0201）第二部分　通用合同条款	《建设工程施工合同（示范文本）》（GF—1999—0201）第二部分　通用条款	对照解读
同所适用的法律或政府有关规定发生变化，增加的安全文明施工费由发包人承担。		本款约定安全文明施工费及因基准日期后合同所适用的法律或政府有关规定发生变化而增加的安全文明施工费均由发包人承担，且明确发包人不得以任何形式扣减，为承包人的安全文明施工提供了资金保障，也为工程质量和安全提供了保障。
承包人经发包人同意采取合同约定以外的安全措施所产生的费用，由发包人承担。未经发包人同意的，如果该措施避免了发包人的损失，则发包人在避免损失的额度内承担该措施费。如果该措施避免了承包人的损失，由承包人承担该措施费。		本款对承包人采取了合同约定以外的安全措施所发生的费用，分两种情况处理：（1）得到发包人同意，才能采取此项安全措施，费用由发包人承担；（2）未得到发包人同意，承包人采取了该安全措施，避免了发包人损失则发包人在避免的损失额度内承担该费用；避免了承包人的损失则自行承担该费用。
除专用合同条款另有约定外，发包人应在开工后 28 天内预付安全文明施工费总额的 50%，其余部分与进度款同期支付。发包人逾期支付安全文明施工费超过 7 天的，承包人有权向发包人发出要求预付的催告通知，发包人收到通知后 7 天内仍未支付的，承包人有权暂停施工，并按第 16.1.1 项〔发包人违约的情形〕执行。		本款是发包人支付安全文明施工费的方式及逾期支付的责任承担约定。本款对安全文明施工费的支付方式和支付比例作了明确约定，承发包双方也可在《专用合同条款》中作更详细的约定。 发包人逾期支付安全文明施工费的责任承担，承包人可先向发包人发出催告通知；发包人收到催告通知后 7 天内仍未支付的，承包人有权暂停施工，并有权追究发包人的违约责任。

《建设工程施工合同（示范文本）》（GF—2013—0201）第二部分 通用合同条款	《建设工程施工合同（示范文本）》（GF—1999—0201）第二部分 通用条款	对照解读
承包人对安全文明施工费应专款专用，承包人应在财务账目中单独列项备查，不得挪作他用，否则发包人有权责令其限期改正；逾期未改正的，可以责令其暂停施工，由此增加的费用和（或）延误的工期由承包人承担。		本款是关于安全文明施工费专款专用的约定。承包人必须遵守约定，不得挪作他用。《建设工程安全生产管理条例》第二十二条规定，施工单位对列入建设工程概算的安全作业环境及安全施工措施所需费用，应当用于施工安全防护用具及设施的采购和更新、安全施工措施的落实、安全生产条件的改善，不得挪作他用。
6.1.7 紧急情况处理 在工程实施期间或缺陷责任期内发生危及工程安全的事件，监理人通知承包人进行抢救，承包人声明无能力或不愿立即执行的，发包人有权雇佣其他人员进行抢救。此类抢救按合同约定属于承包人义务的，由此增加的费用和（或）延误的工期由承包人承担。		《建设工程施工合同（示范文本）》（GF—2013—0201）增加6.1.7款关于对紧急情况的处理约定。 本款对发生紧急情况时的实施抢救主体作了明确，由监理人通知承包人进行抢救，如承包人拒绝或没有能力实施抢救，发包人应及时委托第三方专业抢救机构实施，避免给工程带来进一步损失。如属于承包人的责任则由此增加的费用和（或）延误的工期由承包人自行承担。
6.1.8 事故处理 工程施工过程中发生事故的，承包人应立即通知监理人，监理人应立即通知发包人。发包人和承包人应立即组织人员和设备进行紧急抢救和抢修，减少人员伤亡和财产损失，防止事故扩大，并保护事故现场。需要移动现场物品时，应作出标记和书面记录，妥善保管有关证	**22. 事故处理** **22.1** 发生重大伤亡及其他安全事故，承包人应按有关规定立即上报有关部门并通知工程师，同时按政府有关部门要求处理，由事故责任方承担发生的费用。 **22.2** 发包人承包人对事故责任有争议时，应按政府有关部门的认定处理。	本款是关于承发包双方事故处理责任的约定。《建设工程施工合同（示范文本）》（GF—2013—0201）增加约定当施工过程中发生事故时，发包人和承包人应立即启动应急预案，并共同采取措施进行抢救，尽量减少人员伤亡和财产损失，妥善处理好事故。最终事故责任由相关行政部门认定，若双方对结论不服，可以通

《建设工程施工合同（示范文本）》（GF—2013—0201）第二部分　通用合同条款	《建设工程施工合同（示范文本）》（GF—1999—0201）第二部分　通用条款	对照解读
据。发包人和承包人应按国家有关规定，及时如实地向有关部门报告事故发生的情况，以及正在采取的紧急措施等。		过相关法律、法规规定的行政或司法救济途径解决。 《建设工程安全生产管理条例》第五十一条规定，发生生产安全事故后，施工单位应当采取措施防止事故扩大，保护事故现场。需要移动现场物品时，应当做出标记和书面记录，妥善保管有关证物。
6.1.9　安全生产责任		《建设工程施工合同（示范文本）》（GF—2013—0201）增加6.1.9款关于承发包双方安全生产责任的约定。
6.1.9.1　发包人的安全责任 发包人应负责赔偿以下各种情况造成的损失： （1）工程或工程的任何部分对土地的占用所造成的第三者财产损失； （2）由于发包人原因在施工场地及其毗邻地带造成的第三者人身伤亡和财产损失； （3）由于发包人原因对承包人、监理人造成的人员人身伤亡和财产损失； （4）由于发包人原因造成的发包人自身人员的人身伤害以及财产损失。		6.1.9.1款是关于发包人的安全责任约定。 发包人授权监理人对安全工作实施监督管理，以保证工程安全符合法律安全管理的要求。《建设工程安全生产管理条例》第四条规定，建设单位必须遵守安全生产法律、法规的规定，保证建设工程安全生产，依法承担建设工程安全生产责任。 发包人承担责任的范围包括：一是因工程本身占地对第三者造成的财产损失；二是因发包人自身原因造成的第三者人身伤亡和财产损失。
6.1.9.2　承包人的安全责任 由于承包人原因在施工场地内及其毗邻地带		6.1.9.2款是关于承包人的施工安全责任约定。

《建设工程施工合同（示范文本）》（GF—2013—0201）第二部分 通用合同条款	《建设工程施工合同（示范文本）》（GF—1999—0201）第二部分 通用条款	对照解读
造成的发包人、监理人以及第三者人员伤亡和财产损失，由承包人负责赔偿。		在施工过程中，承包人当然的负有安全施工的主要义务，要严格遵守工程建设安全生产的有关管理规定，严格按安全标准组织施工，在施工现场采取维护安全、防范危险、预防火灾等安全防护措施，消除事故隐患，确保施工现场内人身和财产安全。承包人还应遵守“技术标准和要求”中约定的施工安全规定。 不论是发包人、承包人，都应坚持“安全第一，预防为主”的安全生产管理方针，必须加强对安全责任的认识，安全生产的责任是至关重要的，因为如发生安全事故须承担相应的责任及费用，这里的责任包括民事责任、行政责任以及刑事责任。而且对企业承包的资质评级、建设项目的奖项评选等均会产生不利影响，亦对发包人、承包人的企业整体形象带来负面效应。
6.2 职业健康 **6.2.1 劳动保护** 承包人应按照法律规定安排现场施工人员的劳动和休息时间，保障劳动者的休息时间，并支付合理的报酬和费用。承包人应依法为其履行合同所雇用的人员办理必要的证件、许可、保险和注册等，承包人应督促其分包人为分包人		本款为新增条款。 《建设工程施工合同（示范文本）》（GF—2013—0201）增加6.2款关于保护劳动者职业健康的约定。 6.2.1款是关于承包人对员工劳动保护义务的约定。 为了切实保护施工人员的劳动权益，本款对劳动者的休息时间、劳动报酬、各种证件办理、社会保险等对承包人作了明确要求，一并对分包人也作了要求。

《建设工程施工合同（示范文本）》（GF—2013—0201）第二部分　通用合同条款	《建设工程施工合同（示范文本）》（GF—1999—0201）第二部分　通用条款	对照解读
所雇用的人员办理必要的证件、许可、保险和注册等。		
承包人应按照法律规定保障现场施工人员的劳动安全，并提供劳动保护，并应按国家有关劳动保护的规定，采取有效的防止粉尘、降低噪声、控制有害气体和保障高温、高寒、高空作业安全等劳动保护措施。承包人雇佣人员在施工中受到伤害的，承包人应立即采取有效措施进行抢救和治疗。		承包人应当遵守相关法律法规的规定，在施工现场采取措施，防止或者减少粉尘、废气、废水、固体废物、噪声、振动和施工照明对人和环境的危害和污染。在城市市区内的建设工程，还应当对施工现场实行封闭围挡，确保施工人员的健康和安全。
承包人应按法律规定安排工作时间，保证其雇佣人员享有休息和休假的权利。因工程施工的特殊需要占用休假日或延长工作时间的，应不超过法律规定的限度，并按法律规定给予补休或付酬。		承包人应按照相关法律法规的规定，保障雇佣人员享有休息休假的权利。我国《劳动法》对用人单位延长劳动时间以及延长劳动时间应支付的工资报酬有明确约定，承包人必须遵守。
6.2.2　生活条件 承包人应为其履行合同所雇用的人员提供必要的膳宿条件和生活环境；承包人应采取有效措施预防传染病，保证施工人员的健康，并定期对施工现场、施工人员生活基地和工程进行防疫和卫生的专业检查和处理，在远离城镇的施工场地，还应配备必要的伤病防治和急救的医务人员与医疗设施。		6.2.2款是关于承包人对员工提供生活条件的义务约定。 《建设工程安全生产管理条例》第二十九条规定，施工单位应当将施工现场的办公、生活区与作业区分开设置，并保持安全距离；办公、生活区的选址应当符合安全性要求。职工的膳食、饮水、休息场所等应当符合卫生标准。施工单位不得在尚未竣工的建筑物内设置员工集

《建设工程施工合同（示范文本）》（GF—2013—0201）第二部分 通用合同条款	《建设工程施工合同（示范文本）》（GF—1999—0201）第二部分 通用条款	对照解读
		体宿舍。施工现场临时搭建的建筑物应当符合安全使用要求。施工现场使用的装配式活动房屋应当具有产品合格证。
6.3 环境保护 承包人应在施工组织设计中列明环境保护的具体措施。在合同履行期间，承包人应采取合理措施保护施工现场环境。对施工作业过程中可能引起的大气、水、噪音以及固体废物污染采取具体可行的防范措施。 承包人应当承担因其原因引起的环境污染侵权损害赔偿责任，因上述环境污染引起纠纷而导致暂停施工的，由此增加的费用和（或）延误的工期由承包人承担。		本款为新增条款。 《建设工程施工合同（示范文本）》（GF—2013—0201）增加6.3款关于承包人环境保护管理及责任承担的约定。 承包人在进行工程建设时，应将遵守国家有关环境保护的法律、法规作为工程设计、施工，以及投标和履行合同的指导原则。承包人须对环境污染问题引起足够重视，不仅要承担因施工作业导致的环境污染侵权责任损害赔偿，而且要承担因环境污染导致的停工损失。承包人在投标时应对保护环境可能面临的所有风险考虑周全，并反映在投标报价中。 承包人在实践中还应当注意，因安全防护工作管理不善造成的侵权，如高度危险作业、环境污染等，按照《侵权责任法》的规定实行举证责任倒置，由侵权人承担无过错的证明责任。 《建筑法》第四十一条规定：“建筑施工企业应当遵守有关环境保护和安全生产的法律、法规的规定，采取控制和处理施工现场的各种粉尘、废气、废水、固体废物以及噪声、振动对环境的污染和危害的措施”。

《建设工程施工合同（示范文本）》（GF—2013—0201）第二部分 通用合同条款	《建设工程施工合同（示范文本）》（GF—1999—0201）第二部分 通用条款	对照解读
7. 工期和进度 **7.1 施工组织设计**		本款为新增条款。 《建设工程施工合同（示范文本）》（GF—2013—0201）增加7.1款关于承包人编制施工组织设计的内容、提交和批准以及责任承担的相关约定。 编制施工组织设计的目的在于确保承发包双方对工程项目的施工过程进行有效的监控，并随时根据计划与实际施工状况的差异和变化进行调整、修改计划。 在实践施工中，经常会出现“边设计、边施工”，甚至于“边勘察、边设计、边施工”情形，因此承包人应根据不同阶段，制定不同的施工组织设计。在投标阶段，根据投标图纸编制投标施工组织设计；在开工前编制的初步施工组织设计；在开工后编制详细的施工组织设计，一定要明确清楚，以防止履约过程中产生争议。
7.1.1 施工组织设计的内容 施工组织设计应包含以下内容： （1）施工方案； （2）施工现场平面布置图； （3）施工进度计划和保证措施； （4）劳动力及材料供应计划； （5）施工机械设备的选用； （6）质量保证体系及措施；		7.1.1款是关于施工组织设计内容的约定。 本款对施工组织设计所包含的内容进行了明确。根据《建筑施工组织设计规范》（GB 50502—2009）第3.0.2条的规定，编制施工组织设计应遵循下列原则：（1）符合施工合同或招标文件中有关工程进度、质量、安全、环境保护、造价等方面的要求；（2）积极开发、使用新技术和新工艺，推广应用新材料和新设备；

《建设工程施工合同（示范文本）》（GF—2013—0201）第二部分 通用合同条款	《建设工程施工合同（示范文本）》（GF—1999—0201）第二部分 通用条款	对照解读
（7）安全生产、文明施工措施； （8）环境保护、成本控制措施； （9）合同当事人约定的其他内容。		（3）坚持科学的施工程序和合理的施工顺序，采用流水施工和网络计划等方法，科学配置资源，合理布置现场，采取季节性施工措施，实现均衡施工，达到合理的经济技术指标；（4）采取技术和管理措施，推广建筑节能和绿色施工；（5）与质量、环境和职业健康安全三个管理体系有效结合。
7.1.2 施工组织设计的提交和修改 除专用合同条款另有约定外，承包人应在合同签订后14天内，但至迟不得晚于第7.3.2项〔开工通知〕载明的开工日期前7天，向监理人提交详细的施工组织设计，并由监理人报送发包人。除专用合同条款另有约定外，发包人和监理人应在监理人收到施工组织设计后7天内确认或提出修改意见。对发包人和监理人提出的合理意见和要求，承包人应自费修改完善。根据工程实际情况需要修改施工组织设计的，承包人应向发包人和监理人提交修改后的施工组织设计。 施工进度计划的编制和修改按照第7.2款〔施工进度计划〕执行。		7.1.2款是关于施工组织设计提交和修改的程序约定。 本款对承包人提交施工组织设计的时间作了明确，即承包人应在合同签订后14天内向监理人提交详细的施工组织设计，但至迟不得晚于监理人发出的开工通知中载明的开工日期前7天。对承包人提交施工组织设计进行时间限定，目的是为了保证监理人和发包人有足够的时间进行审核。 本款亦对监理人和发包人的确认或提出修改意见作了时间限定，即应在监理人收到承包人报送的施工组织设计后7天内作出答复。 对于监理人和发包人提出的合理修改意见，承包人应根据工程实际情况需要修改施工组织设计，并将修改后的施工组织设计重新提交监理人和发包人。

《建设工程施工合同（示范文本）》（GF—2013—0201）第二部分　通用合同条款	《建设工程施工合同（示范文本）》（GF—1999—0201）第二部分　通用条款	对照解读
7.2　施工进度计划 **7.2.1　施工进度计划的编制** 承包人应按照第7.1款〔施工组织设计〕约定提交详细的施工进度计划，施工进度计划的编制应当符合国家法律规定和一般工程实践惯例，施工进度计划经发包人批准后实施。施工进度计划是控制工程进度的依据，发包人和监理人有权按照施工进度计划检查工程进度情况。	**三、施工组织设计和工期** **10. 进度计划** **10.1**　承包人应按专用条款约定的日期，将施工组织设计和工程进度计划提交修改意见，逾期不确认也不提出书面意见的，视为同意。 **10.2**　群体工程中单位工程分期进行施工的，承包人应按照发包人提供图纸及有关资料的时间，按单位工程编制进度计划，其具体内容双方在专用条款中约定。	本款已作修改。 《建设工程施工合同（示范文本）》（GF—2013—0201）相对《建设工程施工合同（示范文本）》（GF—1999—0201），对承包人施工进度计划的编制进行了细化，增加了施工进度计划的编制要求和作用。 编制进度计划目的在于确定各个建筑产品及其主要工种、分部分项工程的准备工作和工程的施工期限、开工、竣工日期和各个期限之间的相互关系，以及施工场地布置、临时设施、机械设备、临时用水用电、交通运输安排和投入使用情况。承包人在编制进度计划时，需要综合考虑自身的人工、机械、材料投入情况，综合各类工作界面的划分和施工作业的搭接时间，综合其他各种影响因素（如设计人、分包人工作进展情况），力求科学合理的编制进度计划，作为有效控制项目建设进度的依据。 本款对承包人向监理人报送施工进度计划，监理人对施工进度计划向承包人作了批复或提出修改的时限作了明确约定，以确保工程实施的进度。为便于工程进度管理，承包人在施工进度计划的基础上还可编制分阶段和分项的进度计划，特别是关键线路上的单位工程或分部工程，报监理人批准后实施。

《建设工程施工合同（示范文本）》（GF—2013—0201）第二部分 通用合同条款	《建设工程施工合同（示范文本）》（GF—1999—0201）第二部分 通用条款	对照解读
7.2.2 施工进度计划的修订 施工进度计划不符合合同要求或与工程的实际进度不一致的，承包人应向监理人提交修订的施工进度计划，并附具有关措施和相关资料，由监理人报送发包人。除专用合同条款另有约定外，发包人和监理人应在收到修订的施工进度计划后7天内完成审核和批准或提出修改意见。发包人和监理人对承包人提交的施工进度计划的确认，不能减轻或免除承包人根据法律规定和合同约定应承担的任何责任或义务。	**10.3** 承包人必须按工程师确认的进度计划组织施工，接受工程师对进度的检查、监督。工程实际进度与经确认的进度计划不符时，承包人应按工程师的要求提出改进措施，经工程师确认后执行。因承包人的原因导致实际进度与进度计划不符，承包人无权就改进措施提出追加合同价款。	本款是关于承包人进度计划修订和确认的程序约定。如承包人实际进度落后于经批准的进度计划时，应在约定期限内提交修订进度计划的申请，通过监理人报发包人审核。《建设工程施工合同（示范文本）》（GF—2013—0201）对审核和批准时限作了限制，即监理人和发包人审核和批准施工进度计划的时限为收到后的7天内。 项目建设的进度是工程项目管理始终围绕的核心因素之一，进度计划显然是衡量施工进度是否符合预期目标的重要参考文件，通过修订施工进度计划则可有效控制项目在建设过程中的施工进度，也有助于控制发包人和承包人在工期上的法律风险，有利于保障承发包双方的合法权益。
7.3 开工 **7.3.1 开工准备** 除专用合同条款另有约定外，承包人应按照第7.1款〔施工组织设计〕约定的期限，向监理人提交工程开工报审表，经监理人报发包人批准后执行。开工报审表应详细说明按施工进度计划正常施工所需的施工道路、临时设施、材料、工程设备、施工设备、施工人员等落实情况以及工程的进度安排。 除专用合同条款另有约定外，合同当事人应按约定完成开工准备工作。	**11. 开工及延期开工**	本款已作修改。 《建设工程施工合同（示范文本）》（GF—2013—0201）增加7.3.1款关于开工准备的要求。 承包人一般在中标之后就会全力投入各项施工准备工作，只有在各个方面做好了施工准备，才能保证在监理人通知的开工日期内按时开工，保证工期进度，切实履行合同义务。 承包人应注意本款的约定，应按照施工组织设计中约定的期限内向监理人提交工程开工报审表，通过监理人报发包人批准后执行。本款

《建设工程施工合同（示范文本）》（GF—2013—0201）第二部分　通用合同条款	《建设工程施工合同（示范文本）》（GF—1999—0201）第二部分　通用条款	对照解读
		对开工报审表应包括的内容进行了明细，承包人应提前做好开工报审表的编制工作，如因承包人自身原因未做好开工准备工作延误了开工时间，则由此增加的费用和延误的的工期只能自己承担。 根据本款的约定，工程开工的程序为：承包人开工准备报审→监理人审核→发包人同意→监理人发出开工通知。 在工程实践中，承包人无法按期开工大多数是由发包人原因导致，故发包人应为避免延误开工的风险：（1）可在招投标阶段，组织投标人进行必要的现场勘察等；（2）在签署施工合同阶段，提前告之承包人工程相关现状；（3）在承包人进场前，提前做好工程建设的前期准备工作。 承包人也应注意避免延误开工的风险：（1）应在合同中约定将发包人提供的开工条件作为确定开工日期的前提条件；（2）在不具备开工条件而发包人要求开工的情形下，承包人应严格按照合同约定的程序向发包人提出异议，办理延期开工签证手续；与此同时，保留好与此有关的证据资料，以及尽可能减少延期开工可能造成的损失。
7.3.2　开工通知 发包人应按照法律规定获得工程施工所需的许可。经发包人同意后，监理人发出的开工	**11.1**　承包人应当按照协议书约定的开工日期开工。承包人不能按时开工，应当不迟于	《建设工程施工合同（示范文本）》（GF—2013—0201）在本款增加约定：（1）关于开工日

《建设工程施工合同（示范文本）》（GF—2013—0201）第二部分 通用合同条款	《建设工程施工合同（示范文本）》（GF—1999—0201）第二部分 通用条款	对照解读
通知应符合法律规定。监理人应在计划开工日期7天前向承包人发出开工通知，工期自开工通知中载明的开工日期起算。	协议书约定的开工日期前7天，以书面形式向工程师提出延期开工的理由和要求。工程师应当在接到延期开工申请后的48小时内以书面形式答复承包人。工程师在接到延期开工申请后48小时内不答复，视为同意承包人要求，工期相应顺延。工程师不同意延期要求或承包人未在规定时间内提出延期开工要求，工期不予顺延。	期的确定。“开工日期”的确定关系到合同工期的起算点，只有确定了开工日期和竣工日期，才能最终确定承包人是否存在工期违约及是否承担误期违约金，此条款的约定是承发包双方重点关注的内容；（2）明确了发包人的法定义务，即应当按照法律规定获得工程施工所需的许可。 承包人须特别注意本款关于开工日期的确定：须监理人在计划开工日期7天前向承包人发出开工通知。工期的起算日期是以开工通知载明的为准。开工日期是发包人批准的日期，而不一定是合同约定的日期。监理人应及时向承包人发出开工通知，因为承包人在中标之后，就会全力投入施工准备，如监理人迟迟不签发开工通知，承包人就无法做出合理的开工安排，可能导致施工设备和人员的闲置，增加费用。
除专用合同条款另有约定外，因发包人原因造成监理人未能在计划开工日期之日起90天内发出开工通知的，承包人有权提出价格调整要求，或者解除合同。发包人应当承担由此增加的费用和（或）延误的工期，并向承包人支付合理利润。	**11.2** 因发包人原因不能按照协议书约定的开工日期开工，工程师应以书面形式通知承包人，推迟开工日期。发包人赔偿承包人因延期开工造成的损失，并相应顺延工期。	《建设工程施工合同（示范文本）》（GF—2013—0201）在本款增加约定：因发包人原因造成监理人未能在计划开工日期之日起90天内发出开工通知的，本款赋予承包人两项权利：一是有权提出价格调整要求；二是如果发包人不同意价格调整要求时，承包人有权主张解除合同。 如前款所述，由于承包人在中标后通常会投入施工的前期准备工作，如果迟延开工的日期达到90天，承包人当时能够合理预见的如人工、材料价格可能已发生涨价，这时允许承包人提出价格调整或主张解除合同是合理的要求。

《建设工程施工合同（示范文本）》（GF—2013—0201）第二部分 通用合同条款	《建设工程施工合同（示范文本）》（GF—1999—0201）第二部分 通用条款	对照解读
		《建筑工程施工许可管理办法》第八条规定，建设单位应当自领取施工许可证之日起三个月内开工。因故不能按期开工的，应当在期满前向发证机关申请延期，并说明理由；延期以两次为限，每次不超过三个月。既不开工又不申请延期或者超过延期次数、时限的，施工许可证自行废止。
7.4 测量放线 **7.4.1** 除专用合同条款另有约定外，发包人应在至迟不得晚于第7.3.2项〔开工通知〕载明的开工日期前7天通过监理人向承包人提供测量基准点、基准线和水准点及其书面资料。发包人应对其提供的测量基准点、基准线和水准点及其书面资料的真实性、准确性和完整性负责。		本款为新增条款。 《建设工程施工合同（示范文本）》（GF—2013—0201）增加7.4款关于承发包双方在测量放线过程中的权利义务约定。 承包人现场开始工作的第一步即是由测量工程师在现场进行测量放线，以确定整个工程的位置。 7.4.1款是关于发包人对其提供基准资料以及出现错误所应承担的责任约定。 本款对发包人提供基准资料的时限作了明确约定，即至迟不得晚于开工通知中载明的开工日期前7天通过监理人向承包人提供。 《建设工程质量管理条例》第九条规定："建设单位必须向有关的勘察、设计、施工、工程监理等单位提供与建设工程有关的原始资料。原始资料必须真实、准确、齐全。" 根据我国《合同法》第一百一十三条的规定，发包人提供的基准资料错误导致承包人测量

《建设工程施工合同（示范文本）》（GF—2013—0201）第二部分 通用合同条款	《建设工程施工合同（示范文本）》（GF—1999—0201）第二部分 通用条款	对照解读
		放线工作的返工或造成工程损失的，承包人有要求发包人延长工期或增加费用并支付合理利润的权利。
承包人发现发包人提供的测量基准点、基准线和水准点及其书面资料存在错误或疏漏的，应及时通知监理人。监理人应及时报告发包人，并会同发包人和承包人予以核实。发包人应就如何处理和是否继续施工作出决定，并通知监理人和承包人。		承包人发现发包人提供的基准资料有明显错误的有及时通知监理人的义务。但本款并没有约定承包人需承担信息不反馈带来的损失赔偿责任。如果承包人在事后据此提出索赔时，首先应证明损失是由于基准资料的错误或疏忽造成的，并导致了额外费用和（或）延误工期；然后证明其是无法合理发现的错误或疏忽；最后按约定期限和程序及时发出索赔通知。 对于承包人来讲，从项目一开始就应建立一套内部的文件管理及审核系统，对提交给监理人或发包人的文件，以及从监理人或发包人那里接收的文件按程序进行审核，并作好相应记录和保存，这样出现问题时，可以从程序方面表明自己履行了核实义务，查清是否在使用之前就有发现数据中存在的问题等。
7.4.2 承包人负责施工过程中的全部施工测量放线工作，并配置具有相应资质的人员、合格的仪器、设备和其他物品。承包人应矫正工程的位置、标高、尺寸或准线中出现的任何差错，并对工程各部分的定位负责。		7.4.2款是关于承包人在施工测量方面的义务约定。 施工测量的质量好坏，直接影响工程产品的综合质量，并且制约着施工过程中有关工序的质量。例如测量控制基准点或标高有误，会导

《建设工程施工合同（示范文本）》（GF—2013—0201）第二部分　通用合同条款	《建设工程施工合同（示范文本）》（GF—1999—0201）第二部分　通用条款	对照解读
施工过程中对施工现场内水准点等测量标志物的保护工作由承包人负责。		致建筑物或结构的位置或高程出现误差，从而影响工程整体质量。因此施工测量控制是施工中事前质量控制的基础性工作，亦是保证工程质量的重要内容。 承包人负责施工过程中的全部施工测量放线工作，实践中通常包括地形测量、放样测量、断面测量和验收测量等工作。 监理人应按合同约定对承包人的测量数据进行检查，必要时可指示承包人进行抽样复测。如需要进行修正或补测时，由承包人承担相应的复测费用。
7.5　工期延误	**13. 工期延误**	本款已作修改。 工期延误涉及到工程的竣工、工期违约等重大权利义务的行使和分担，也是引发承发包双方争议的重大事项，因此双方应给予足够的重视。工期延误亦是工程建设过程中最常见的现象，承发包双方可合理利用合同条款赋予双方的权利和义务，做好工期方面纠纷的防范、控制和解决。
7.5.1　因发包人原因导致工期延误 在合同履行过程中，因下列情况导致工期延误和（或）费用增加的，由发包人承担由此延误的工期和（或）增加的费用，且发包人应支付承包人合理的利润： （1）发包人未能按合同约定提供图纸或所提供图纸不符合合同约定的；	**13.1**　因以下原因造成工期延误，经工程师确认，工期相应顺延： （1）发包人未能按专用条款的约定提供图纸及开工条件；	本款是关于因发包人原因导致工期延误的约定。 我国《合同法》第二百八十三条规定，发包人未按照约定的时间和要求提供原材料、设备、场地、资金、技术资料的，承包人可以顺延工程日期，并有权要求赔偿停工、窝工等损失。

《建设工程施工合同（示范文本）》（GF—2013—0201）第二部分 通用合同条款	《建设工程施工合同（示范文本）》（GF—1999—0201）第二部分 通用条款	对照解读
（2）发包人未能按合同约定提供施工现场、施工条件、基础资料、许可、批准等开工条件的； （3）发包人提供的测量基准点、基准线和水准点及其书面资料存在错误或疏漏的； （4）发包人未能在计划开工日期之日起7天内同意下达开工通知的； （5）发包人未能按合同约定日期支付工程预付款、进度款或竣工结算款的； （6）监理人未按合同约定发出指示、批准等文件的； （7）专用合同条款中约定的其他情形。	（2）发包人未能按约定日期支付工程预付款、进度款，致使施工不能正常进行； （3）工程师未按合同约定提供所需指令、批准等，致使施工不能正常进行； （7）专用条款中约定或工程师同意工期顺延的其他情况。 （4）设计变更和工程量增加； （5）一周内非承包人原因停水、停电、停气造成停工累计超过8小时； （6）不可抗力。	《建设工程施工合同（示范文本）》（GF—2013—0201）增加两项约定：一是发包人工期延误的责任，承包人有要求支付合理利润的权利；二是因发包人原因导致工期延误的三种情形，即第（2）项未按约定提供开工条件的；第（3）项发包人提供的基础资料存在错误或疏漏的；第（4）项发包人未按约定下达开工通知的。 《建设工程施工合同（示范文本）》（GF—2013—0201）在本款删除了《建设工程施工合同（示范文本）》（GF—1999—0201）中约定的第（4）项、第（5）项和第（6）项，而是将此三种情形分别在相应条款中进行了约定。 本款列举了发包人造成工期延误的7项原因，第（7）项其他原因承发包双方可在《专用合同条款》中作进一步补充和明确。
因发包人原因未按计划开工日期开工的，发包人应按实际开工日期顺延竣工日期，确保实际工期不低于合同约定的工期总日历天数。因发包人原因导致工期延误需要修订施工进度计划的，按照第7.2.2项〔施工进度计划的修订〕执行。	**13.2** 承包人在13.1款情况发生后14天内，就延误的工期以书面形式向工程师提出报告。工程师在收到报告后14天内予以确认，逾期不予确认也不提出修改意见，视为同意顺延工期。	《建设工程施工合同（示范文本）》（GF—2013—0201）增加约定因发包人原因未按约定开工时的处理办法；删除了《建设工程施工合同（示范文本）》（GF—1999—0201）中约定的因发包人原因导致工期延误时承包人的报告程序及监理工程师的确认程序。
7.5.2 因承包人原因导致工期延误 因承包人原因造成工期延误的，可以在专		《建设工程施工合同（示范文本）》（GF—2013—0201）增加约定关于因承包人原因导致工

《建设工程施工合同（示范文本）》（GF—2013—0201）第二部分　通用合同条款	《建设工程施工合同（示范文本）》（GF—1999—0201）第二部分　通用条款	对照解读
用合同条款中约定逾期竣工违约金的计算方法和逾期竣工违约金的上限。承包人支付逾期竣工违约金后，不免除承包人继续完成工程及修补缺陷的义务。		期延误的情况及其责任承担约定。 因承包人自身原因导致工期延误，应采取有效措施赶上施工进度，赶工费用由承包人自行承担。但采取赶工措施仍不能按合同约定完工时，应按《专用合同条款》的约定支付逾期竣工违约金。承包人因工期延误承担违约责任的主要形式是继续履行、违约金、损害赔偿。 避免和减少工期延误以及由此造成的损失，承包人可以从下列两方面加以控制：（1）通过科学编制进度计划，并根据工程的实际进度适时进行调整；（2）在《专用合同条款》中进一步明确工期延误的具体情形。 如果合同中约定工期延误违约金的数额过高或者过低，当事人可否请求法院予以调整？我国《合同法》第一百一十四条规定：“当事人可以约定一方违约时应当根据违约情况向对方支付一定数额的违约金，也可以约定因违约产生的损失赔偿额的计算方法。约定的违约金低于造成的损失的，当事人可以请求人民法院或者仲裁机构予以增加；约定的违约金过分高于造成的损失的，当事人可以请求人民法院或者仲裁机构予以适当减少。当事人就迟延履行约定违约金的，违约方支付违约金后，还应当履行债务。” 违约方也应注意最高人民法院关于适用《中华人民共和国合同法》若干问题的解释（二）（法释〔2009〕5号）第二十九条的规定，

《建设工程施工合同（示范文本）》（GF—2013—0201）第二部分 通用合同条款	《建设工程施工合同（示范文本）》（GF—1999—0201）第二部分 通用条款	对照解读
		当事人主张约定的违约金过高请求予以适当减少的，人民法院应当以实际损失为基础，兼顾合同的履行情况、当事人的过错程度以及预期利益等综合因素，根据公平原则和诚实信用原则予以衡量，并作出裁决。当事人约定的违约金超过造成损失的百分之三十的，一般可以认定为合同法第一百一十四条第二款规定的“过分高于造成的损失”。 在工程实践中，对于是否逾期竣工，以及造成逾期竣工的责任方，是最容易引发承发包双方之间争议的事项，因此双方都有必要对关于本款在《专用合同条款》中的约定给予足够的重视。
7.6 不利物质条件 不利物质条件是指有经验的承包人在施工现场遇到的不可预见的自然物质条件、非自然的物质障碍和污染物，包括地表以下物质条件和水文条件以及专用合同条款约定的其他情形，但不包括气候条件。 承包人遇到不利物质条件时，应采取克服不利物质条件的合理措施继续施工，并及时通知发包人和监理人。通知应载明不利物质条件的内容以及承包人认为不可预见的理由。监理人经发包人同意后应当及时发出指示，指示构		本款为新增条款。 《建设工程施工合同（示范文本）》（GF—2013—0201）增加7.6款关于不利物质条件的界定及责任承担的约定。 对不利物质条件的界定，明确不包括气候条件，亦不包括不可抗力。承发包双方须注意，“不利物质条件”可以由双方在《专用合同条款》中自行约定。 本款约定了在遇到不利物质条件时承包人的义务。此时，承包人应采取适应不利物质条件的合理措施继续施工，并及时通知发包人和监理人。监理人也应及时经发包人同意后发出指示，指示构成变更的按变更约定执行。监理人

《建设工程施工合同（示范文本）》（GF—2013—0201）第二部分　通用合同条款	《建设工程施工合同（示范文本）》（GF—1999—0201）第二部分　通用条款	对照解读
成变更的，按第10条〔变更〕约定执行。承包人因采取合理措施而增加的费用和（或）延误的工期由发包人承担。		没有发出指示的或监理人发出的指示不构成变更的，承包人因采取合理措施而增加的费用和（或）工期延误，均由发包人承担。
7.7　异常恶劣的气候条件 异常恶劣的气候条件是指在施工过程中遇到的，有经验的承包人在签订合同时不可预见的，对合同履行造成实质性影响的，但尚未构成不可抗力事件的恶劣气候条件。合同当事人可以在专用合同条款中约定异常恶劣的气候条件的具体情形。 承包人应采取克服异常恶劣的气候条件的合理措施继续施工，并及时通知发包人和监理人。监理人经发包人同意后应当及时发出指示，指示构成变更的，按第10条〔变更〕约定办理。承包人因采取合理措施而增加的费用和（或）延误的工期由发包人承担。		本款为新增条款。 《建设工程施工合同（示范文本）》（GF—2013—0201）增加7.7款关于因异常恶劣的气候条件导致工期延误时的责任承担约定。 异常恶劣的气候条件如工程所在地发生几十年一遇的罕见气候现象，包括温度、降水、降雪、大风等。异常恶劣的气候条件的具体范围，应由承发包双方在《专用合同条款》中作进一步明确。 当工程所在地发生危及施工安全的异常恶劣气候时，承包人和发包人均应采取合理措施，如及时采取暂停施工或部分暂停施工措施，避免因异常恶劣的气候条件造成损失。承包人有权要求发包人延长工期和（或）增加费用。
7.8　暂停施工	**12. 暂停施工**	本款已作修改。 由于工程项目的建设周期相对比较长，受外部条件，如地质、气候，以及付款、施工质量、安全等各种因素影响，都可能导致工程项目暂停施工。暂停施工可能是暂时的，也有可能是长期的，因此事先对暂停施工涉及的相关事项以及各方应承担的责任进行约定是非常有必要的。

《建设工程施工合同（示范文本）》（GF—2013—0201）第二部分 通用合同条款	《建设工程施工合同（示范文本）》（GF—1999—0201）第二部分 通用条款	对照解读
		暂停施工条款亦是工程合同的重要条款之一，在工程实施过程中如出现不能持续实施工程的情况发生，应按照本款项下的约定处理。
7.8.1 发包人原因引起的暂停施工 因发包人原因引起暂停施工的，监理人经发包人同意后，应及时下达暂停施工指示。情况紧急且监理人未及时下达暂停施工指示的，按照第7.8.4项〔紧急情况下的暂停施工〕执行。 因发包人原因引起的暂停施工，发包人应承担由此增加的费用和（或）延误的工期，并支付承包人合理的利润。	因发包人原因造成停工的，由发包人承担所发生的追加合同价款，赔偿承包人由此造成的损失，相应顺延工期；	本款是关于因发包人原因暂停施工的责任承担约定。对于因发包人原因暂停施工的责任承担，除增加的费用和延误的工期损失外，《建设工程施工合同（示范文本）》（GF—2013—0201）增加承包人有要求发包人支付合理利润的权利。 我国《合同法》第二百八十四条对发包人原因造成工程中途停建、缓建时承包人的索赔权利即发包人的赔偿范围提供了法律依据。
7.8.2 承包人原因引起的暂停施工 因承包人原因引起的暂停施工，承包人应承担由此增加的费用和（或）延误的工期，且承包人在收到监理人复工指示后84天内仍未复工的，视为第16.2.1项〔承包人违约的情形〕第（7）目约定的承包人无法继续履行合同的情形。	因承包人原因造成停工的，由承包人承担发生的费用，工期不予顺延。	本款是关于因承包人原因暂停施工的责任承担约定。《建设工程施工合同（示范文本）》（GF—2013—0201）增加了一项视为承包人违约的情形，即在收到监理人复工指示后84天内仍未复工的情形。 承包人也应注意，因自身原因导致的停工，在监理人发出暂停工作的指示后，应认真采取有效的复工措施，否则因此造成工期延误的，应承担相应的违约责任。 承发包双方在暂停施工期间应注意以下几方面：（1）不论是因何原因导致暂停施工，在此期间，依照《合同法》“减损规则”的规定，双方都应当采取有效措施积极消除停工因素的影响，减少因停工可能造成的损失，否则，任何一

《建设工程施工合同（示范文本）》（GF—2013—0201）第二部分　通用合同条款	《建设工程施工合同（示范文本）》（GF—1999—0201）第二部分　通用条款	对照解读
		方都无权利就扩大损失部分要求违约方赔偿；（2）在施工暂停前后，需要收集相关的资料，往来函件，整理会议纪要等，为将来有可能发生工期索赔时留下证据材料；（3）对于复工项目还应依照法律法规的规定申报施工许可延期等手续；（4）在施工暂停结束后，应严格按照合同中关于索赔的约定及时提出赔偿请求。
7.8.3　指示暂停施工 监理人认为有必要时，并经发包人批准后，可向承包人作出暂停施工的指示，承包人应按监理人指示暂停施工。	工程师认为确有必要暂停施工时，应当以书面形式要求承包人暂停施工，并在提出要求后48小时内提出书面处理意见。承包人应当按工程师要求停止施工，并妥善保护已完工程。	本款是关于监理人指示暂停施工的程序约定。《建设工程施工合同（示范文本）》（GF—2013—0201）增加约定监理人认为暂停施工确有必要时，应先经发包人批准后，才可向承包人作出书面暂停施工指示。 承包人应按监理人要求停止施工，并有义务妥善保护好已完工程，并提供安全保障。如在暂停施工状态下，因承包人未尽到妥善保护义务出现质量、安全等事故，承包人需承担相应的责任。 在工程实践中，通常监理人指示暂停工作的原因包括：（1）外部条件变化。如后续法规政策的变化导致工程缓建、停建或是工程当地行政管理机构依据法律规定要求在某一时段内不允许施工等；（2）发包人导致。如发包人未能按时完成后续施工的现场或通道的移交工作或发包人提供的设备不能按时到货等；（3）协调管理需要。如同时在现场的承包人及/或分包人之间出现施工交叉影响，需要暂停工作进行必要的协调。 在工程建设过程中，监理人的指示是承包人工作的依据之一，如因监理人的指示有误造成

《建设工程施工合同（示范文本）》（GF—2013—0201）第二部分 通用合同条款	《建设工程施工合同（示范文本）》（GF—1999—0201）第二部分 通用条款	对照解读
		承包人返工、窝工或有其他损失时，承包人只能按合同约定程序向发包人提出索赔。
7.8.4 紧急情况下的暂停施工 因紧急情况需暂停施工，且监理人未及时下达暂停施工指示的，承包人可先暂停施工，并及时通知监理人。监理人应在接到通知后24小时内发出指示，逾期未发出指示，视为同意承包人暂停施工。监理人不同意承包人暂停施工的，应说明理由，承包人对监理人的答复有异议，按照第20条〔争议解决〕约定处理。		《建设工程施工合同（示范文本）》（GF—2013—0201）增加7.8.4款关于因紧急情况暂停施工的程序约定。 紧急情况通常是指出现不利物质条件、异常恶劣的气候条件、不可抗力等情况，这些情况有可能危及到工程质量和安全，因此本款赋予承包人有先行暂停施工的权利，但须及时通知监理人。监理人也应在收到通知后24小时内发出指示，逾期未发出指示则视为同意承包人暂停施工，因暂停施工导致的费用增加和延误的工期由发包人承担；监理人如不同意承包人暂停施工的，应具体说明理由，承包人有异议的，可按照争议解决条款的约定处理。
7.8.5 暂停施工后的复工 暂停施工后，发包人和承包人应采取有效措施积极消除暂停施工的影响。在工程复工前，监理人会同发包人和承包人确定因暂停施工造成的损失，并确定工程复工条件。当工程具备复工条件时，监理人应经发包人批准后向承包人发出复工通知，承包人应按照复工通知要求复工。	承包人实施工程师作出的处理意见后，可以书面形式提出复工要求，工程师作出的处理意见后，可以书面形式提出复工要求，工程师应当在48小时内给予答复。工程师未能在规定时间内提出处理意见，或收到承包人复工要求后48小时内未予答复，承包人可自行复工。	本款是关于暂停施工后的复工程序及责任承担约定。暂停施工后，监理人应充分发挥协调作用，会同发包人、承包人对暂停施工后受影响的工程、工程设备及材料等进行检查，共同确认因暂停施工造成的损失，并确定工程复工的具体条件。当工程具备复工条件时，监理人应在发包人批准后立即向承包人发出复工通知，承包人也应在监理人指定的期限内尽快组织复工。
承包人无故拖延和拒绝复工的，承包人承担由此增加的费用和（或）延误的工期；因发包		《建设工程施工合同（示范文本）》（GF—2013—0201）增加确定了“谁的原因造成无法复

《建设工程施工合同（示范文本）》（GF—2013—0201）第二部分　通用合同条款	《建设工程施工合同（示范文本）》（GF—1999—0201）第二部分　通用条款	对照解读
人原因无法按时复工的，按照第 7.5.1 项〔因发包人原因导致工期延误〕约定办理。		工由谁承担责任”的原则。若无法复工的原因在承包人，则增加的费用和延误的工期由承包人承担；若无法复工的原因在发包人，则承包人有权延长工期，要求发包人支付增加的费用及合理的利润。
7.8.6　暂停施工持续 56 天以上 监理人发出暂停施工指示后 56 天内未向承包人发出复工通知，除该项停工属于第 7.8.2 项〔承包人原因引起的暂停施工〕及第 17 条〔不可抗力〕约定的情形外，承包人可向发包人提交书面通知，要求发包人在收到书面通知后 28 天内准许已暂停施工的部分或全部工程继续施工。发包人逾期不予批准的，则承包人可以通知发包人，将工程受影响的部分视为按第 10.1 款〔变更的范围〕第（2）项的可取消工作。 暂停施工持续 84 天以上不复工的，且不属于第 7.8.2 项〔承包人原因引起的暂停施工〕及第 17 条〔不可抗力〕约定的情形，并影响到整个工程以及合同目的实现的，承包人有权提出价格调整要求，或者解除合同。解除合同的，按照第 16.1.3 项〔因发包人违约解除合同〕执行。		《建设工程施工合同（示范文本）》（GF—2013—0201）增加 7.8.6 款关于暂停施工持续达到 56 天以上时承包人享有的权利及责任承担约定。 暂停施工持续时间过长将严重影响工程完工日期并造成重大经济损失，因此本款约定暂停施工持续达到 56 天以上，承包人可以要求发包人准许其继续施工。若发包人在收到复工通知后 28 天内未给予复工指示的，承包人可以按照变更条款将暂停工作作为消项工作处理，但需要通知发包人。若暂停工作涉及整个工程，导致合同目的无法实现，承包人可向发包人发出解除合同通知。 本款约定限制了发包人的暂停施工行为，亦是对承包人的保护条款。如果暂停时间过长，虽然可以索赔，但会打乱承包人整体的施工安排，这时应允许承包人作出对自己有利的选择。
7.8.7　暂停施工期间的工程照管 暂停施工期间，承包人应负责妥善照管工程并提供安全保障，由此增加的费用由责任方承担。		《建设工程施工合同（示范文本）》（GF—2013—0201）增加 7.8.7 款关于暂停施工期间承包人工程照管义务的约定。为了避免因暂停施工对工程质量和安全造成影响，承包人作为项

《建设工程施工合同（示范文本）》（GF—2013—0201）第二部分 通用合同条款	《建设工程施工合同（示范文本）》（GF—1999—0201）第二部分 通用条款	对照解读
7.8.8 暂停施工的措施 暂停施工期间，发包人和承包人均应采取必要的措施确保工程质量及安全，防止因暂停施工扩大损失。		目实施者，本款约定由承包人承担妥善照管工程并提供安全保障的义务，由此增加的费用则由造成暂停施工的责任方承担。 《建设工程施工合同（示范文本）》（GF—2013—0201）增加7.8.8款关于承发包双方采取暂停施工措施的义务约定。为了防止暂停施工期间工程损失的扩大，承发包双方均有义务采取必要的措施确保工程的质量和安全。
7.9 提前竣工	**14. 工程竣工**	本款已作修改。 《建设工程施工合同（示范文本）》（GF—2013—0201）对工程提前竣工的程序及承发包双方的权利义务作了更为详细的约定。在工程实践中，发包人不得随意要求承包人提前竣工，承包人也不得随意提出提前竣工的建议。如遇特殊情况，确需将工期提前的，承发包双方均必须采取有效措施，确保工程质量。
7.9.1 发包人要求承包人提前竣工的，发包人应通过监理人向承包人下达提前竣工指示，承包人应向发包人和监理人提交提前竣工建议书，提前竣工建议书应包括实施的方案、缩短的时间、增加的合同价格等内容。发包人接受该提前竣工建议书的，监理人应与发包人和承包人协商采取加快工程进度的措施，并修订施工进度计划，由此增加的费用由发包人承担。承包人认为提前竣工指示无法执行的，应向监理人和发包人提出书面异议，发包人和监理人应	**14.1** 承包人必须按照协议书约定的竣工日期或工程师同意顺延的工期竣工。 **14.2** 因承包人原因不能按照协议书约定的竣工日期或工程师同意顺延的工期竣工的，承包人承担违约责任。 **14.3** 施工中发包人如需提前竣工，双方协商一致后应签订提前竣工协议，作为合同文件组成部分。提前竣工协议应包括承包人为保证工程质量和安全采取的措施、发包人为提前竣工提供的条件以及提前竣工所需的追加合同价	本款是发包人要求承包人提前竣工的程序约定。发包人要求承包人提前竣工的，应通过监理人向承包人下达提前竣工指示，承包人根据工程实施情况合理确定提前竣工的可行性。如承包人同意提前竣工的，应向发包人和监理人提交提前竣工建议书。 本款明确提前竣工建议书应包括的内容：（1）提前的时间和修订的进度计划；（2）承包人的赶工措施；（3）发包人为赶工提供的条件；（4）赶工费用（增加的合同价格）。

《建设工程施工合同（示范文本）》（GF—2013—0201）第二部分　通用合同条款	《建设工程施工合同（示范文本）》（GF—1999—0201）第二部分　通用条款	对照解读
在收到异议后 7 天内予以答复。任何情况下，发包人不得压缩合理工期。	款等内容。	不论是发包人要求承包人提前竣工，或是承包人提出提前竣工的建议，均会对工程原来的整体进度安排产生重大的变化，故需要承发包双方共同协商采取赶工措施和修订合同进度计划。 通常在施工实践中发包人要求提前竣工，双方协商一致后应在专业律师的指导下签订提前竣工协议，明确双方的责权利关系，并作为合同文件的组成部分。
7.9.2　发包人要求承包人提前竣工，或承包人提出提前竣工的建议能够给发包人带来效益的，合同当事人可以在专用合同条款中约定提前竣工的奖励。		《建设工程施工合同（示范文本）》（GF—2013—0201）增加 7.9.2 款关于提前竣工奖励的约定。 承包人通过合理、科学的施工组织提前完成工程，提出提前竣工建议并经发包人同意的，发包人应支付提前竣工奖励，以增强承包人施工积极性。承发包双方应在《专用合同条款》中进一步详细约定提前竣工奖励的数额或方式。建设项目的高效率、高质量的完成，有助于发包人投资回报尽快实现，对于承发包双方来讲，将是一个双赢的结果。 另外，不论是发包人要求的提前竣工，或是承包人建议的提前竣工，在进行协商的过程中，承包人需要收集、保存好提前竣工所作的努力和工作的相关往来函件，留有各方签章的验收记录等，可以将此作为解决日后有关已发生的赶工费用以及竣工日期等争议的证据材料。

《建设工程施工合同（示范文本）》（GF—2013—0201）第二部分 通用合同条款	《建设工程施工合同（示范文本）》（GF—1999—0201）第二部分 通用条款	对照解读
8. 材料与设备 **8.1 发包人供应材料与工程设备**	**七、材料设备供应** **27. 发包人供应材料设备**	本款已作修改。 本款是关于发包人供应材料与工程设备的义务约定。“质量是工程的生命”。采购材料与工程设备是工程项目实施期间一个核心环节，是实现工程设计的意图、顺利实施工程项目的基本保障。材料与工程设备既是整个工程进度的支撑，也是工程质量的重要保障。为了保证工程项目达到投资建设的预期目的，对工程质量进行严格控制，应从使用的材料与工程设备质量控制开始。
发包人自行供应材料、工程设备的，应在签订合同时在专用合同条款的附件《发包人供应材料设备一览表》中明确材料、工程设备的品种、规格、型号、数量、单价、质量等级和送达地点。	**27.1** 实行发包人供应材料设备的，双方应当约定发包人供应材料设备的一览表，作为本合同附件（附件2）。一览表包括发包人供应材料设备的品种、规格、型号、数量、单价、质量等级、提供时间和地点。 **27.6** 发包人供应材料设备的结算方法，双方在专用条款内约定。	发包人自行供应材料与工程设备的，应由发包人对供货的货源质量承担全部责任（包括侵权责任）。在履行合同过程中因供货厂家责任不能按时交货，延误承包人施工进度时，亦应由发包人承担相应费用及工期责任。承发包双方应在附件《发包人供应材料设备一览表》中进一步明确发包人供应的部分材料和设备的相关信息及交货地点。 《建设工程质量管理条例》第十四条规定，按照合同约定，由建设单位采购建筑材料、建筑构配件和设备的，建设单位应当保证建筑材料、建筑构配件和设备符合设计文件和合同要求。建设单位不得明示或者暗示施工单位使用不合格的建筑材料、建筑构配件和设备。
承包人应提前30天通过监理人以书面形式通知发包人供应材料与工程设备进场。承包人按		《建设工程施工合同（示范文本）》（GF—2013—0201）增加约定承包人的义务，即应提前

《建设工程施工合同（示范文本）》（GF—2013—0201）第二部分　通用合同条款	《建设工程施工合同（示范文本）》（GF—1999—0201）第二部分　通用条款	对照解读
照第 7.2.2 项〔施工进度计划的修订〕约定修订施工进度计划时，需同时提交经修订后的发包人供应材料与工程设备的进场计划。		30 天通过监理人以书面形式通知发包人供应的材料与工程设备进场。如施工进度计划有修订时，承包人还应根据修订的施工进度计划通过监理人向发包人提交供应材料与工程设备的进场计划，以保证发包人供应的材料与工程设备与工程施工进度保持一致，保障施工顺利进行。
8.2　承包人采购材料与工程设备 承包人负责采购材料、工程设备的，应按照设计和有关标准要求采购，并提供产品合格证明及出厂证明，对材料、工程设备质量负责。合同约定由承包人采购的材料、工程设备，发包人不得指定生产厂家或供应商，发包人违反本款约定指定生产厂家或供应商的，承包人有权拒绝，并由发包人承担相应责任。	**28. 承包人采购材料设备** **28.1**　承包人负责采购材料设备的，应按照专用条款约定及设计和有关标准要求采购，并提供产品合格证明，对材料设备质量负责。 **28.6**　白承包人采购的材料设备，发包人不得指定生产厂或供应商。	本款已作修改。 本款是关于承包人采购材料与工程设备的义务约定。由承包人采购材料与工程设备的，承发包双方的责任界限比较清晰，因货源质量、供应数量、运输安全、仓储保管等环节问题所引起的工程质量事故或施工进度延误，应由承包人承担责任。承包人采购材料与工程设备应严格遵循合同约定，并应满足设计以及相关标准的要求。另外，除应保证材料与工程设备的质量外，还应遵守有关采购程序的规定，依法必须招标的重要材料与工程设备必须通过招标确定供应商。 本款约定发包人的义务，即发包人不得指定生产厂或供应商，不对承包人采购材料与工程设备的独立性进行不正当的干涉。《建筑法》第二十五条规定，按照合同约定，建筑材料、建筑构配件和设备由工程承包单位采购的，发包单位不得指定承包单位购入用于工程的建筑材料、建筑构配件和设备或者指定生产厂、供应商。

《建设工程施工合同（示范文本）》（GF—2013—0201）第二部分 通用合同条款	《建设工程施工合同（示范文本）》（GF—1999—0201）第二部分 通用条款	对照解读
8.3 材料与工程设备的接收与拒收 **8.3.1** 发包人应按《发包人供应材料设备一览表》约定的内容提供材料和工程设备，并向承包人提供产品合格证明及出厂证明，对其质量负责。发包人应提前24小时以书面形式通知承包人、监理人材料和工程设备到货时间，承包人负责材料和工程设备的清点、检验和接收。	**27.2** 发包人按一览表约定的内容提供材料设备，并向承包人提供产品合格证明，对其质量负责。发包人在所供材料设备到货前24小时，以书面形式通知承包人，由承包人派人与发包人共同清点。 承包人在材料设备到货前24小时通知工程师清点。	本款已作修改。 《建设工程施工合同（示范文本）》（GF—2013—0201）对发包人供应材料与工程设备的程序和具体内容进行了更详细的约定。发包人对供应的材料与工程设备的质量承担责任，并且承担因材料与工程设备不符合合同要求而发生的损失赔偿。发包人供应的材料与工程设备到货前，应提前24小时通知承包人、监理人共同对材料与工程设备进行清点、检验，以防止材料与工程设备数量不相符时产生纠纷。
发包人提供的材料和工程设备的规格、数量或质量不符合合同约定的，或因发包人原因导致交货日期延误或交货地点变更等情况的，按照第16.1款〔发包人违约〕约定办理。	**27.4** 发包人供应的材料设备与一览表不符时，发包人承担有关责任。发包人应承担责任的具体内容，双方根据下列情况在专用条款内约定： （1）材料设备单价与一览表不符，由发包人承担所有价差； （2）材料设备的品种、规格、型号、质量等级与一览表不符，承包人可拒绝接收保管，由发包人运出施工场地并重新采购； （3）发包人供应的材料规格、型号与一览表不符，经发包人同意，承包人可代为调剂串换，由发包人承担相应费用； （4）到货地点与一览表不符，由发包人负责运至一览表指定地点； （5）供应数量少于一览表约定的数量时，	本款对发包人供应的材料与工程设备不符合合同约定时的责任承担作了明确约定。《建设工程施工合同（示范文本）》（GF—2013—0201）将《建设工程施工合同（示范文本）》（GF—1999—0201）中“根据发包人提供的材料和工程设备不符合的不同情形应承担的不同责任”统一修改为“如因发包人提供的材料和工程设备的规格、数量、质量以及供货行为不符合合同约定，由此增加的费用和延误的工期由发包人承担，且承包人有要求支付合理利润的权利”。

《建设工程施工合同（示范文本）》（GF—2013—0201）第二部分　通用合同条款	《建设工程施工合同（示范文本）》（GF—1999—0201）第二部分　通用条款	对照解读
	由发包人补齐，多于一览表约定数量时，发包人负责将多出部分运出施工场地； （6）到货时间早于一览表约定时间，由发包人承担因此发生的保管费用；到货时间迟于一览表约定的供应时间，发包人赔偿由此造成的承包人损失，造成工期延误的，相应顺延工期；	
8.3.2　承包人采购的材料和工程设备，应保证产品质量合格，承包人应在材料和工程设备到货前24小时通知监理人检验。承包人进行永久设备、材料的制造和生产的，应符合相关质量标准，并向监理人提交材料的样本以及有关资料，并应在使用该材料或工程设备之前获得监理人同意。		承包人对采购的材料与工程设备的质量承担责任，并且承担因材料与工程设备不符合合同要求而发生的损失赔偿。承包人采购的材料与工程设备到货前，应提前24小时通知监理人共同对材料与工程设备进行清点、检验，以防止材料设备数量不相符时产生纠纷。 《建设工程施工合同（示范文本）》（GF—2013—0201）增加约定了由承包人进行工程永久设备、材料的制造和生产时，有向监理人提交该材料的样本以及相关资料的义务，并在使用于工程前获得监理人同意。
承包人采购的材料和工程设备不符合设计或有关标准要求时，承包人应在监理人要求的合理期限内将不符合设计或有关标准要求的材料、工程设备运出施工现场，并重新采购符合要求的材料、工程设备，由此增加的费用和（或）延误的工期，由承包人承担。	**28.2**　承包人采购的材料设备与设计标准要求不符时，承包人应按工程师要求的时间运出施工场地，重新采购符合要求的产品，承担由此发生的费用，由此延误的工期不予顺延。	本款亦对承包人采购的材料与工程设备不符合合同约定时的责任承担作了明确约定。如因承包人采购的材料与工程设备不符合合同约定的设计和有关标准要求，承包人应先将其运出施工现场，同时重新供应符合要求的材料与工程设备进场，由此增加的费用和延误的工期由承包人自行承担。

《建设工程施工合同（示范文本）》（GF—2013—0201）第二部分 通用合同条款	《建设工程施工合同（示范文本）》（GF—1999—0201）第二部分 通用条款	对照解读
8.4 材料与工程设备的保管与使用 **8.4.1 发包人供应材料与工程设备的保管与使用** 发包人供应的材料和工程设备，承包人清点后由承包人妥善保管，保管费用由发包人承担，但已标价工程量清单或预算书已经列支或专用合同条款另有约定除外。因承包人原因发生丢失毁损的，由承包人负责赔偿；监理人未通知承包人清点的，承包人不负责材料和工程设备的保管，由此导致丢失毁损的由发包人负责。	**27.3** 发包人供应的材料设备，承包人派人参加清点后由承包人妥善保管，发包人支付相应保管费用。因承包人原因发生丢失损坏，由承包人负责赔偿。 发包人未通知承包人清点，承包人不负责材料设备的保管，丢失损坏由发包人负责。	本款已作修改。 本款是发包人供应的材料与工程设备保管、使用的程序及责任承担约定。 本款约定发包人供应的材料与工程设备由承包人承担妥善保管责任，因此产生的保管费用由发包人承担。承包人应充分注意，尽到合理的保管义务，避免因材料与工程设备损失而导致承担赔偿责任。 承包人应注意在发包人提供材料与工程设备情况下保管风险的控制。尽管约定由承包人承担妥善保管责任，但并非由承包人承担对材料与工程设备的全部毁损、灭失的风险。若因不可抗力或发包人未通知承包人清点材料与工程设备等非承包人原因，风险由发包人承担。只有材料与工程设备因承包人原因发生丢失损坏的，才由承包人负责赔偿。
发包人供应的材料和工程设备使用前，由承包人负责检验，检验费用由发包人承担，不合格的不得使用。	**27.5** 发包人供应的材料设备使用前，由承包人负责检验或试验，不合格的不得使用，检验或试验费用由发包人承担。	不论是发包人供应的材料与工程设备还是承包人自行采购的材料与工程设备，都需由承包人进行检验或试验，合格后方可使用于工程。
8.4.2 承包人采购材料与工程设备的保管与使用 承包人采购的材料和工程设备由承包人妥善保管，保管费用由承包人承担。法律规定材料和工程设备使用前必须进行检验或试验的，承	**28.3** 承包人采购的材料设备在使用前，承包人应按工程师的要求进行检验或试验，不合格的不得使用，检验或试验费用由承包人承担。	本款是承包人采购的材料与工程设备保管、使用的程序及责任承担约定。 承包人自行采购的材料与工程设备由承包人承担保管责任，因此产生的保管费用由承包人自行承担。承包人采购的材料与工程设备，按

《建设工程施工合同（示范文本）》（GF—2013—0201）第二部分　通用合同条款	《建设工程施工合同（示范文本）》（GF—1999—0201）第二部分　通用条款	对照解读
包人应按监理人的要求进行检验或试验，检验或试验费用由承包人承担，不合格的不得使用。		照法律规定在使用前必须进行检验或试验的，应按监理人的要求进行检验或试验，经检验或试验不合格的不得使用于工程，检验或试验费用由承包人承担。
发包人或监理人发现承包人使用不符合设计或有关标准要求的材料和工程设备时，有权要求承包人进行修复、拆除或重新采购，由此增加的费用和（或）延误的工期，由承包人承担。	**28.4**　工程师发现承包人采购并使用不符合设计和标准要求的材料设备时，应要求承包人负责修复、拆除或重新采购，由承包人承担发生的费用，由此延误的工期不予顺延。	当发包人或监理人发现承包人使用了不符合工程设计要求或施工技术标准或合同约定时，有权要求承包人进行纠正，纠正行为包括：修复、拆除或重新采购，由此增加的费用和（或）延误的工期，均由承包人自行承担。
8.5　**禁止使用不合格的材料和工程设备**		本款为新增条款。 《建设工程施工合同（示范文本）》（GF—2013—0201）增加8.5款关于使用不合格的材料和工程设备的责任承担约定。
8.5.1　监理人有权拒绝承包人提供的不合格材料或工程设备，并要求承包人立即进行更换。监理人应在更换后再次进行检查和检验，由此增加的费用和（或）延误的工期由承包人承担。		8.5.1款是关于承包人提供了不合格的材料或工程设备时的更换程序及责任承担约定。本款赋予监理人有权拒绝接收承包人提供的不合格材料或工程设备的权利，有权要求承包人进行更换，承包人应更换并承担因此增加的费用和（或）工期延误损失。
8.5.2　监理人发现承包人使用了不合格的材料和工程设备，承包人应按照监理人的指示立即改正，并禁止在工程中继续使用不合格的材料和工程设备。		8.5.2款是关于承包人使用了不合格的材料或工程设备时的责任承担约定。《建设工程质量管理条例》第二十九条规定，施工单位必须按照工程设计要求、施工技术标准和合同约定，

《建设工程施工合同（示范文本）》（GF—2013—0201）第二部分 通用合同条款	《建设工程施工合同（示范文本）》（GF—1999—0201）第二部分 通用条款	对照解读
		对建筑材料、建筑构配件、设备和商品混凝土进行检验，检验应当有书面记录和专人签字；未经检验或者检验不合格的，不得使用。
8.5.3 发包人提供的材料或工程设备不符合合同要求的，承包人有权拒绝，并可要求发包人更换，由此增加的费用和（或）延误的工期由发包人承担，并支付承包人合理的利润。		8.5.3 款是关于发包人提供了不合格的材料或工程设备时的更换程序及责任承担约定。承包人有权拒绝接收发包人提供的不合格材料或工程设备的权利；有权要求发包人更换，发包人应更换并承担因此增加的费用和（或）工期延误损失；有权要求发包人支付合理利润。
8.6 样品 **8.6.1 样品的报送与封存** 需要承包人报送样品的材料或工程设备，样品的种类、名称、规格、数量等要求均应在专用合同条款中约定。样品的报送程序如下： （1）承包人应在计划采购前28天向监理人报送样品。承包人报送的样品均应来自供应材料的实际生产地，且提供的样品的规格、数量足以表明材料或工程设备的质量、型号、颜色、		本款为新增条款。 《建设工程施工合同（示范文本）》（GF—2013—0201）增加8.6款关于材料与工程设备的样品报送与保管的程序约定。 8.6.1 款是关于样品报送与封存的程序约定。 承发包双方如果约定需要承包人报送样品的，则应在《专用合同条款》中进一步对报送样品的材料或工程设备的种类、名称、规格、数量等进行明确约定，并按照以下程序报送样品： 第（1）项约定承包人向监理人报送样品的时间，应在计划采购前28天； 本项亦对承包人报送的样品作了明确要求，样品应来自原产地且应符合其特征。

《建设工程施工合同（示范文本）》（GF—2013—0201）第二部分　通用合同条款	《建设工程施工合同（示范文本）》（GF—1999—0201）第二部分　通用条款	对照解读
表面处理、质地、误差和其他要求的特征。		
（2）承包人每次报送样品时应随附申报单，申报单应载明报送样品的相关数据和资料，并标明每件样品对应的图纸号，预留监理人批复意见栏。监理人应在收到承包人报送的样品后7天向承包人回复经发包人签认的样品审批意见。		第（2）项约定承包人向监理人报送样品时，应随附样品申报单，由监理人报发包人审批签认后，并在收到承包人报送的样品7天内回复承包人。
（3）经发包人和监理人审批确认的样品应按约定的方法封样，封存的样品作为检验工程相关部分的标准之一。承包人在施工过程中不得使用与样品不符的材料或工程设备。		第（3）项约定经发包人和监理人审批确认后封存的样品作为检验工程相关部分的标准之一，承包人不得使用与封存样品不符的材料或工程设备，否则导致的责任由承包人承担。 封存样品的具体方法和程序承发包双方应在《专用合同条款》中作出进一步的明确。
（4）发包人和监理人对样品的审批确认仅为确认相关材料或工程设备的特征或用途，不得被理解为对合同的修改或改变，也并不减轻或免除承包人任何的责任和义务。如果封存的样品修改或改变了合同约定，合同当事人应当以书面协议予以确认。		第（4）项约定发包人和监理人审批确认后封存的样品仅作为确认相关材料或工程设备的特征或用途，不构成对合同的变更，也不减轻或免除应由承包人承担的任何责任和义务。如果封存的样品构成对合同的变更，则承发包双方应当以书面协议予以最终确认。
8.6.2　样品的保管 经批准的样品应由监理人负责封存于现场，		8.6.2款是关于样品的封存与保管的程序约定。

《建设工程施工合同（示范文本）》（GF—2013—0201）第二部分 通用合同条款	《建设工程施工合同（示范文本）》（GF—1999—0201）第二部分 通用条款	对照解读
承包人应在现场为保存样品提供适当和固定的场所并保持适当和良好的存储环境条件。		经发包人和监理人批准的样品，本款约定由监理人承担封存义务，由承包人承担保管义务，并对承包人提出了保管条件的要求，即应在现场为保存样品提供适当和固定的场所，并保持适当和良好的存储环境条件，以防止样品的品质受到影响。
8.7 材料与工程设备的替代 **8.7.1** 出现下列情况需要使用替代材料和工程设备的，承包人应按照第8.7.2项约定的程序执行： （1）基准日期后生效的法律规定禁止使用的； （2）发包人要求使用替代品的； （3）因其他原因必须使用替代品的。 **8.7.2** 承包人应在使用替代材料和工程设备28天前书面通知监理人，并附下列文件： （1）被替代的材料和工程设备的名称、数量、规格、型号、品牌、性能、价格及其他相关资料； （2）替代品的名称、数量、规格、型号、品牌、性能、价格及其他相关资料； （3）替代品与被替代产品之间的差异以及使用替代品可能对工程产生的影响；		本款已作修改。 《建设工程施工合同（示范文本）》（GF—2013—0201）增加8.7.1款关于材料与工程设备替代品的使用条件约定。 本款对承包人使用替代材料与工程设备的情形作了明确，即本款约定的三种情形。承包人不得擅自使用替代材料与工程设备。 《建设工程施工合同（示范文本）》（GF—2013—0201）增加8.7.2款关于材料与工程设备替代品的使用程序约定。 出现需要使用替代材料与工程设备的情形时，承包人应在使用替代材料与工程设备前28天前以书面形式通知监理人，并随附被替代品和替代品的相关文件。 替代材料与工程设备也应标明其规格、型号、性能等技术指标，并保证其质量符合国家规

《建设工程施工合同（示范文本）》（GF—2013—0201）第二部分　通用合同条款	《建设工程施工合同（示范文本）》（GF—1999—0201）第二部分　通用条款	对照解读
（4）替代品与被替代产品的价格差异； （5）使用替代品的理由和原因说明； （6）监理人要求的其他文件。		定的标准和要求。
监理人应在收到通知后 14 天内向承包人发出经发包人签认的书面指示；监理人逾期发出书面指示的，视为发包人和监理人同意使用替代品。		本款对监理人和发包人作出书面指示的时间作了限制，逾期则视为同意承包人使用替代品。
8.7.3　发包人认可使用替代材料和工程设备的，替代材料和工程设备的价格，按照已标价工程量清单或预算书相同项目的价格认定；无相同项目的，参考相似项目价格认定；既无相同项目也无相似项目的，按照合理的成本与利润构成的原则，由合同当事人按照第 4.4 款〔商定或确定〕确定价格。	**28.5**　承包人需要使用代用材料时，应经工程师认可后才能使用，由此增减的合同价款双方以书面形式议定。	本款是关于材料与工程设备替代品估价原则的约定。 对于发包人认可使用替代材料和工程设备的，替代材料和工程设备的价格，《建设工程施工合同（示范文本）》（GF—2013—0201）区分三种情形作了明确：（1）按照已标价工程量清单或预算书相同项目的价格认定；（2）无相同项目的，参考相似项目价格认定；（3）既无相同项目也无相似项目的，按照合理的成本与利润构成的原则，由合同当事人按照商定或确定机制确定价格。
8.8　施工设备和临时设施		本款为新增条款。 《建设工程施工合同（示范文本）》（GF—2013—0201）增加 8.8 款关于承发包双方提供施工设备和临时设施的义务及责任承担约定。

《建设工程施工合同（示范文本）》（GF—2013—0201）第二部分 通用合同条款	《建设工程施工合同（示范文本）》（GF—1999—0201）第二部分 通用条款	对照解读
8.8.1 承包人提供的施工设备和临时设施 承包人应按合同进度计划的要求，及时配置施工设备和修建临时设施。进入施工场地的承包人设备需经监理人核查后才能投入使用。承包人更换合同约定的承包人设备的，应报监理人批准。		8.8.1款是关于承包人提供施工设备和修建临时设施的义务约定。 通常承包人在投标时会提交拟投入投标工程的主要施工设备明细以及修建临时设施项目的内容，并在《专用合同条款》中约定施工设备进场及修建临时设施的具体时间，待发包人认可后，在签订《合同协议书》时作为合同附件列明。为保证进场施工设备的可靠性，在进场前需经监理人核查合格方能使用于工程。若需变更时也应经监理人批准。
除专用合同条款另有约定外，承包人应自行承担修建临时设施的费用，需要临时占地的，应由发包人办理申请手续并承担相应费用。		本款是关于修建临时设施费用的承担约定。根据合同工程的施工需要，通常由承包人自行承担修建临时设施的相关费用。涉及需办理临时占地手续的，由发包人办理并承担相应费用。
8.8.2 发包人提供的施工设备和临时设施 发包人提供的施工设备或临时设施在专用合同条款中约定。		8.8.2款是关于由发包人提供施工设备和临时设施的义务约定。 约定由发包人提供施工设备和临时设施时，承发包双方应在《专用合同条款》中作出明确约定。一般情况下，发包人不宜提供施工设备和临时设施，以免承担施工责任。发包人如将自有设备和临时设施租赁给承包人使用时，不应以赢利为主要目的，也不能强行约定承包人租用其施工设备和临时设施。

《建设工程施工合同（示范文本）》（GF—2013—0201）第二部分　通用合同条款	《建设工程施工合同（示范文本）》（GF—1999—0201）第二部分　通用条款	对照解读
8.8.3　要求承包人增加或更换施工设备 承包人使用的施工设备不能满足合同进度计划和（或）质量要求时，监理人有权要求承包人增加或更换施工设备，承包人应及时增加或更换，由此增加的费用和（或）延误的工期由承包人承担。		8.8.3款是关于增加或更换施工设备的责任承担约定。 约定由承包人提供的施工设备，应按时到达施工现场，不得拖延、短缺或任意更换。尽管承包人已按约定提供了设备，但承包人使用的施工设备不能满足合同进度计划和（或）质量要求时，监理人有权要求承包人及时增加或更换施工设备，以保证施工进度及施工质量，承包人应及时增加或更换，由此增加的费用和（或）工期延误损失由承包人自行承担。
8.9　材料与设备专用要求 承包人运入施工现场的材料、工程设备、施工设备以及在施工场地建设的临时设施，包括备品备件、安装工具与资料，必须专用于工程。未经发包人批准，承包人不得运出施工现场或挪作他用；经发包人批准，承包人可以根据施工进度计划撤走闲置的施工设备和其他物品。		本款为新增条款。 《建设工程施工合同（示范文本）》（GF—2013—0201）增加8.9款关于材料与工程设备、施工设备和临时设施等专用于工程的约定。 本款为保证工程的顺利实施，约定运入施工场地的材料与工程设备、施工设备和临时设施等，未经发包人同意，不得将其运出施工场地或挪作他用。 根据合同进度计划，经发包人同意，承包人可以撤走在工程完工前不再使用的闲置的施工设备和其他物品。

《建设工程施工合同（示范文本）》（GF—2013—0201）第二部分　通用合同条款	《建设工程施工合同（示范文本）》（GF—1999—0201）第二部分　通用条款	对照解读
9. 试验与检验 **9.1　试验设备与试验人员**		本款为新增条款。 《建设工程施工合同（示范文本）》（GF—2013—0201）增加9.1款关于承包人提供工程试验设备与试验人员的义务约定。 承包人始终须坚持“质量第一”的施工原则。试验属于更深层次的检查，需要专门的装置和设备。试验是控制工程质量的手段之一。 《建设工程质量管理条例》第二十九条规定，施工单位必须按照工程设计要求、施工技术标准和合同约定，对建筑材料、建筑构配件、设备和商品混凝土进行检验，检验应当有书面记录和专人签字；未经检验或者检验不合格的，不得使用。 承包人在试验设备与试验人员方面的义务通常包括：（1）具有满足质量检测试验所需要的“试验设备”和“设立试验室”；（2）提供进场设备的计划表；（3）试验的设备须经具有检测资质的单位检测；（4）试验设备在使用前须经承包人和监理人共同校定；（5）试验人员必须具备试验资格，并对试验程序的正确性负责。
9.1.1　承包人根据合同约定或监理人指示进行的现场材料试验，应由承包人提供试验场所、试验人员、试验设备以及其他必要的试验条件。监理人在必要时可以使用承包人提供的试验场所、试验设备以及其他试验条件，进行以		9.1.1款是关于承包人提供工程试验场所与试验设备的义务约定。 本款约定监理人为了进行以工程质量检查为目的的材料复核试验时，可以使用承包人提供的试验场所、试验设备以及其他试验条件，承

《建设工程施工合同（示范文本）》（GF—2013—0201）第二部分　通用合同条款	《建设工程施工合同（示范文本）》（GF—1999—0201）第二部分　通用条款	对照解读
工程质量检查为目的的材料复核试验，承包人应予以协助。		包人有协助的义务。
9.1.2　承包人应按专用合同条款的约定提供试验设备、取样装置、试验场所和试验条件，并向监理人提交相应进场计划表。 承包人配置的试验设备要符合相应试验规程的要求并经过具有资质的检测单位检测，且在正式使用该试验设备前，需要经过监理人与承包人共同校定。		9.1.2 款是关于承包人编制试验计划表与配置试验设备的义务约定。 承包人应当按《专用合同条款》的约定向监理人提交编制的与进场检验和试验相应的计划表。 本款对承包人配置的试验设备约定了三个限制条件：一是须符合相应的试验规程的要求；二是须经过具备专业资质的检测单位检测；三是在正式使用该试验设备前，须经过监理人与承包人共同校定。
9.1.3　承包人应向监理人提交试验人员的名单及其岗位、资格等证明资料，试验人员必须能够熟练进行相应的检测试验，承包人对试验人员的试验程序和试验结果的正确性负责。		9.1.3 款是关于承包人试验人员的义务约定。 本款约定了承包人有义务向监理人提供能够熟练进行试验的人员名单及其岗位、资格等证明材料。同时，承包人对试验程序和试验结果的正确性负有责任。
9.2　取样 试验属于自检性质的，承包人可以单独取样。试验属于监理人抽检性质的，可由监理人取样，也可由承包人的试验人员在监理人的监督下取样。		本款为新增条款。 《建设工程施工合同（示范文本）》（GF—2013—0201）增加 9.2 款关于试验取样的约定。 当试验属承包人自检性质时，可单独取样；当试验属监理人抽检性质时，可单独取样也可共同取样。

《建设工程施工合同（示范文本）》（GF—2013—0201）第二部分 通用合同条款	《建设工程施工合同（示范文本）》（GF—1999—0201）第二部分 通用条款	对照解读
		《建设工程质量管理条例》第三十一条规定，施工人员对涉及结构安全的试块、试件以及有关材料，应当在建设单位或者工程监理单位监督下现场取样，并送具有相应资质等级的质量检测单位进行检测。
9.3 材料、工程设备和工程的试验和检验		本款为新增条款。 《建设工程施工合同（示范文本）》（GF—2013—0201）增加9.3款关于对材料、工程设备和工程的试验和检验的程序和具体要求的约定。
9.3.1 承包人应按合同约定进行材料、工程设备和工程的试验和检验，并为监理人对上述材料、工程设备和工程的质量检查提供必要的试验资料和原始记录。按合同约定应由监理人与承包人共同进行试验和检验的，由承包人负责提供必要的试验资料和原始记录。		9.3.1款是关于对材料、工程设备和工程的试验和检验一般要求的约定。 承包人有按合同约定进行材料、工程设备和工程的试验和检验的义务；承包人有向监理人提供必要的试验和检验资料和原始记录的义务；监理人有对承包人进行的材料、工程设备和工程试验和检验进行质量检查的权利。
9.3.2 试验属于自检性质的，承包人可以单独进行试验。试验属于监理人抽检性质的，监理人可以单独进行试验，也可由承包人与监理人共同进行。承包人对由监理人单独进行的试验结果有异议的，可以申请重新共同进行试验。约定共同进行试验的，监理人未按照约定参加试验的，承包人可自行试验，并将试验结果报送监理人，监理人应承认该试验结果。		9.3.2款对试验和检验区分不同情形作了明确约定。 承包人对监理人单独试验的结果有异议时可申请重新共同试验。监理人未参加约定的共同试验时，承包人自行试验的结果视为被监理人认可。 承包人进行的上述试验，均应做好记录，编写试验报告，依据技术标准、图纸或合同约定

《建设工程施工合同（示范文本）》（GF—2013—0201）第二部分 通用合同条款	《建设工程施工合同（示范文本）》（GF—1999—0201）第二部分 通用条款	对照解读
		适用的国家标准或规范规定报送监理人，监理人和承包人均应注意保存试验报告和记录，特别是保存好当时的原始记录。
9.3.3 监理人对承包人的试验和检验结果有异议的，或为查清承包人试验和检验成果的可靠性要求承包人重新试验和检验的，可由监理人与承包人共同进行。重新试验和检验的结果证明该项材料、工程设备或工程的质量不符合合同要求的，由此增加的费用和（或）延误的工期由承包人承担；重新试验和检验结果证明该项材料、工程设备和工程符合合同要求的，由此增加的费用和（或）延误的工期由发包人承担。		9.3.3 款是关于监理人对试验和检验结果存疑时的处理约定。 按照公平原则，本款对重新试验和检验结果责任作了合理划分：（1）如重新试验和检验质量不符合要求，则由承包人承担由此造成的费用和（或）工期延误损失；（2）如重新试验和检验质量符合要求，由发包人承担由此增加的费用和（或）工期延误损失。
9.4 现场工艺试验 承包人应按合同约定或监理人指示进行现场工艺试验。对大型的现场工艺试验，监理人认为必要时，承包人应根据监理人提出的工艺试验要求，编制工艺试验措施计划，报送监理人审查。		本款为新增条款。 《建设工程施工合同（示范文本）》（GF—2013—0201）增加 9.4 款关于对现场工艺的试验约定。 常规的现场工艺试验是指在国家或行业的规程、规范中规定的工艺试验或为进行某项成熟的工艺所必须进行的试验；而特殊的、大型的新工艺试验，通常需要编制专项工艺措施计划，报监理人批准后实施。如果在施工过程中，监理人要求进行的试验和检验为合同未约定或是该材料、工程设备的制造、加工、制配厂以外的场所进行的，承包人也应遵照实施，其所需费用则由发包人承担，因此而影响的工期也应予以延长。

《建设工程施工合同（示范文本）》（GF—2013—0201）第二部分 通用合同条款	《建设工程施工合同（示范文本）》（GF—1999—0201）第二部分 通用条款	对照解读
10. 变更 **10.1 变更的范围** 除专用合同条款另有约定外，合同履行过程中发生以下情形的，应按照本条约定进行变更： （1）增加或减少合同中任何工作，或追加额外的工作； （2）取消合同中任何工作，但转由他人实施的工作除外； （3）改变合同中任何工作的质量标准或其他特性； （4）改变工程的基线、标高、位置和尺寸； （5）改变工程的时间安排或实施顺序。	八、工程变更 **29. 工程设计变更** 承包人按照工程师发出的变更通知及有关要求，进行下列需要的变更： （1）更改工程有关部分的标高、基线、位置和尺寸； （2）增减合同中约定的工程量； （3）改变有关工程的施工时间和顺序； （4）其他有关工程变更需要的附加工作。 因变更导致合同价款的增减及造成的承包人损失，由发包人承担，延误的工期相应顺延。 **30. 其他变更** 合同履行中发包人要求变更工程质量标准及发生其他实质性变更，由双方协商解决。	本款已作修改。 《建设工程施工合同（示范文本）》（GF—2013—0201）与《建设工程施工合同（示范文本）》（GF—1999—0201）相比，对工程变更范围的约定更为明确。 工程项目的复杂性决定了发包人在招标阶段所确定的方案往往存在某方面的不足。随着工程的进展和对工程本身的认识加深，以及其他外部因素的影响，往往在工程施工期间需要对工程的范围、技术要求等进行修改，就产生了工程的变更问题。工程变更条款在整个施工合同条件中的地位举足轻重，工程变更和工程洽商条款不仅与合同价款有关，更与工期的延误或者索赔直接相关，对此应引起承发包双方的高度重视。 本款约定的变更范围，对各建设行业均具有通用性，故在《专用合同条款》约定具体工程变更规则时，不宜删除此五项中的任何一项，以维护合同的公平原则。
10.2 变更权 发包人和监理人均可以提出变更。变更指示均通过监理人发出，监理人发出变更指示前应征得发包人同意。承包人收到经发包人签认的变更指示后，方可实施变更。未经许可，承包人不得擅自对工程的任何部分进行变更。	**29.2** 施工中承包人不得对原工程设计进行变更。因承包人擅自变更设计发生的费用和由此导致发包人的直接损失，由承包人承担，延误的工期不予顺延。	本款已作修改。 《建设工程施工合同（示范文本）》（GF—2013—0201）对提起变更权的权利主体作了明确。直接提请变更的主体，本款只约定了发包人和监理人。承包人经发包人许可后可以提出变更，不得擅自对工程的任何部分进行变更。本款明确监理人在向承包人发出变更指示前，应

《建设工程施工合同（示范文本）》（GF—2013—0201）第二部分　通用合同条款	《建设工程施工合同（示范文本）》（GF—1999—0201）第二部分　通用条款	对照解读
涉及设计变更的，应由设计人提供变更后的图纸和说明。如变更超过原设计标准或批准的建设规模时，发包人应及时办理规划、设计变更等审批手续。		征得发包人的同意，对监理人的变更指示作了权限限制。 《建设工程施工合同（示范文本）》（GF—2013—0201）增加约定涉及设计变更的程序，即变更超过原设计标准或批准的建设规模时，为了保证工程质量及安全，本款约定发包人应及时向原设计审批主管部门申请办理规划、设计变更等审批手续。 《建筑法》第五十四条规定，建设单位不得以任何理由，要求建筑设计单位或者建筑施工企业在工程设计或者施工作业中，违反法律、行政法规和建筑工程质量、安全标准，降低工程质量。建筑设计单位和建筑施工企业对建设单位违反前款规定提出的降低工程质量的要求，应当予以拒绝。
10.3　变更程序 **10.3.1　发包人提出变更** 发包人提出变更的，应通过监理人向承包人发出变更指示，变更指示应说明计划变更的工程范围和变更的内容。	**29.1**　施工中发包人需对原工程设计变更，应提前14天以书面形式向承包人发出变更通知。变更超过原设计标准或批准的建设规模时，发包人应报规划管理部门和其他有关部门重新审查批准，并由原设计单位提供变更的相应图纸和说明。	本款已作修改。 本款是关于发包人提出变更时的处理程序约定。《建设工程施工合同（示范文本）》（GF—2013—0201）删除了《建设工程施工合同（示范文本）》（GF—199—90201）中约定的发包人发出变更通知的时间限制条件。 发包人提请变更，应通过监理人向承包人发出书面变更指示，说明计划变更的工程范围和变更的内容，因为工程变更会涉及较多技术层面的问题，提前让承包人对因变更引起的工作变动进行合理安排。

《建设工程施工合同（示范文本）》（GF—2013—0201）第二部分 通用合同条款	《建设工程施工合同（示范文本）》（GF—1999—0201）第二部分 通用条款	对照解读
10.3.2 监理人提出变更建议 监理人提出变更建议的，需要向发包人以书面形式提出变更计划，说明计划变更工程范围和变更的内容、理由，以及实施该变更对合同价格和工期的影响。发包人同意变更的，由监理人向承包人发出变更指示。发包人不同意变更的，监理人无权擅自发出变更指示。		《建设工程施工合同（示范文本）》（GF—2013—0201）增加10.3.2款关于监理人提出变更建议时的处理程序约定。监理人认为可能发生变更情形时，可向发包人提交书面的变更计划，重点说明变更对合同价格和工期造成的影响，由发包人审核后，同意监理人提出的变更建议的，监理人方可向承包人发出变更指示；不同意监理人提出的变更建议的，监理人无权擅自向承包人发出变更指示。
10.3.3 变更执行 承包人收到监理人下达的变更指示后，认为不能执行，应立即提出不能执行该变更指示的理由。承包人认为可以执行变更的，应当书面说明实施该变更指示对合同价格和工期的影响，且合同当事人应当按照第10.4款〔变更估价〕约定确定变更估价。		《建设工程施工合同（示范文本）》（GF—2013—0201）增加10.3.3款关于变更执行程序的约定。本款对变更执行程序区分两种情形进行了约定：一是承包人在收到监理人下达的变更指示后，根据工程具体情况以及自身经验，认为变更指示不能执行时，应当立即提出不能执行变更指示的理由，并附相关的说明材料或技术资料；二是承包人认为可以执行变更指示时，也应当提出执行变更指示对合同价格和工期造成的影响，并附相关的说明材料或技术资料。 承包人要对工程任何的变更给予足够的重视，及时办理变更签证，变更是签证的原因，签证是变更的结果。保留由此形成的洽商单、签证等任何形式的书面文件，作为日后确认实际变更发生工程量的证据材料。

《建设工程施工合同（示范文本）》（GF—2013—0201）第二部分　通用合同条款	《建设工程施工合同（示范文本）》（GF—1999—0201）第二部分　通用条款	对照解读
		最高人民法院《关于审理建设工程施工合同纠纷案件适用法律问题的解释》第十九条规定："当事人对工程量有争议的，按照施工过程中形成的签证等书面文件确认。承包人能够证明发包人同意其施工，但未能提供签证文件证明工程量发生的，可以按照当事人提供的其他证据确认实际发生的工程量"。该解释为解决签证未获成功时如何补救提供了思路，承包人可以通过会议纪要、经发包人批准的施工方案设计、来往函件、监理证明或录音录像等其他形式固定证据，为权利主张提供依据。
10.4　变更估价 **10.4.1　变更估价原则** 除专用合同条款另有约定外，变更估价按照本款约定处理： （1）已标价工程量清单或预算书有相同项目的，按照相同项目单价认定； （2）已标价工程量清单或预算书中无相同项目，但有类似项目的，参照类似项目的单价认定；	**31. 确定变更价款** **31.1**　承包人在工程变更确定后14天内，提出变更工程价款的报告，经工程师确认后调整合同价款。变更合同价款按下列方法进行： （1）合同中已有适用于变更工程的价格，按合同已有的价格变更合同价款； （2）合同中只有类似于变更工程的价格，可以参照类似价格变更合同价款；	本款已作修改。 本款是关于变更估价原则的约定。 变更的估价原则应首先以已标价工程量清单或预算书为主要依据。工程量清单或预算书的编制也应尽可能的详细、清楚，避免漏项和错项。 第（1）项明确有适用于变更项目的则采用该项目的单价调整价格。 第（2）项明确无适用于变更项目的但有类似项目，在合理范围内参照该类似项目的单价商定或确定变更工作的单价。

《建设工程施工合同（示范文本）》（GF—2013—0201）第二部分 通用合同条款	《建设工程施工合同（示范文本）》（GF—1999—0201）第二部分 通用条款	对照解读
（3）变更导致实际完成的变更工程量与已标价工程量清单或预算书中列明的该项目工程量的变化幅度超过15%的，或已标价工程量清单或预算书中无相同项目及类似项目单价的，按照合理的成本与利润构成的原则，由合同当事人按照第4.4款〔商定或确定〕确定变更工作的单价。	（3）合同中没有适用或类似于变更工程的价格，由承包人提出适当的变更价格，经工程师确认后执行。	《建设工程施工合同（示范文本）》（GF—2013—0201）与《建设工程施工合同（示范文本）》（GF—1999—0201）相比，增加了第（3）项变更估价的新原则，即明确无适用或类似项目的单价，按照成本加利润的原则商定或确定变更工作的单价，为解决类似的争议提供了解决的方法和思路。 在未约定调价方法的情况下的价格调整，根据最高人民法院《关于审理建设工程施工合同纠纷案件适用法律问题的解释》第十六条第二款规定，如果在合同中未约定有关工程变更部分工程价款结算方式的，可以补充协商，补充协商不能达成一致的，参照签订建设工程施工合同时当地建设行政主管部门发布的计价方法或者计价标准结算工程价款。
10.4.2 变更估价程序 承包人应在收到变更指示后14天内，向监理人提交变更估价申请。监理人应在收到承包人提交的变更估价申请后7天内审查完毕并报送发包人，监理人对变更估价申请有异议，通知承包人修改后重新提交。发包人应在承包人提交变更估价申请后14天内审批完毕。发包人逾期未完成审批或未提出异议的，视为认可承包人提交的变更估价申请。	**31.2** 承包人在双方确定变更后14天内不向工程师提出变更工程价款报告时，视为该项变更不涉及合同价款的变更。 **31.3** 工程师应在收到变更工程价款报告之日起14天内予以确认，工程师无正当理由不确认时，自变更工程价款报告送达之日起14天后视为变更工程价款报告已被确认。 **31.4** 工程师不同意承包人提出的变更价款，	本款是关于变更估价程序的约定。 承包人提交变更估价申请的时限，即在收到监理人变更指示后14天内；而监理人审查变更估价申请及报送发包人的时限，《建设工程施工合同（示范文本）》（GF—2013—0201）将《建设工程施工合同（示范文本）》（GF—1999—0201）中约定的“14天”修改为“7天”；并增加约定了发包人审批变更估价申请的时限，即在承包人提交变更估价申请后14天内。

《建设工程施工合同（示范文本）》（GF—2013—0201）第二部分　通用合同条款	《建设工程施工合同（示范文本）》（GF—1999—0201）第二部分　通用条款	对照解读
因变更引起的价格调整应计入最近一期的进度款中支付。	按本通用条款第37条关于争议的约定处理。 **31.5**　工程师确认增加的工程变更价款作为追加合同价款，与工程款同期支付。 **31.6**　因承包人自身原因导致的工程变更，承包人无权要求追加合同价款。	本款约定了发包人的“默示条款”，即逾期答复则视为认可。 本款对因变更引起的价格调整支付作了明确，即当期发生，当期估价，当期支付。
10.5　承包人的合理化建议 承包人提出合理化建议的，应向监理人提交合理化建议说明，说明建议的内容和理由，以及实施该建议对合同价格和工期的影响。 除专用合同条款另有约定外，监理人应在收到承包人提交的合理化建议后7天内审查完毕并报送发包人，发现其中存在技术上的缺陷，	**29.3**　承包人在施工中提出的合理化建议涉及到对设计图纸或施工组织设计的更改及对材料、设备的换用，须经工程师同意。未经同意擅自更改或换用时，承包人承担由此发生的费用，并赔偿发包人的有关损失，延误的工期不予顺延。	本款已作修改。 《建设工程施工合同（示范文本）》（GF—2013—0201）在《建设工程施工合同（示范文本）》（GF—1999—0201）的基础上将承包人合理化建议程序及奖励的约定作了进一步的完善。 由于工程项目涉及的资金额度比较大，优化设计和施工方案可能会给项目带来更好的效益。此处的“合理化建议”是指承包人在工程施工过程中，结合自身经验，针对发包人的要求和项目建设特点所采用的较原施工方案、施工工艺更为经济、适宜的方案、工艺，以及建筑材料、设备。作为一个有经验的承包人，可以根据以往工程项目建设的实践经验，提出可能极大地降低成本、加快施工进度的合理化建议，为发包人带来很好的经济效益和社会效益，同时也提高承包人管理水平，增加效益，有利于创造发包人和承包人“双赢”的局面。 《建设工程施工合同（示范文本）》（GF—2013—0201）增加了对承包人合理化建议的程序约定。

《建设工程施工合同（示范文本）》（GF—2013—0201）第二部分 通用合同条款	《建设工程施工合同（示范文本）》（GF—1999—0201）第二部分 通用条款	对照解读
应通知承包人修改。发包人应在收到监理人报送的合理化建议后7天内审批完毕。合理化建议经发包人批准的，监理人应及时发出变更指示，由此引起的合同价格调整按照第10.4款〔变更估价〕约定执行。发包人不同意变更的，监理人应书面通知承包人。 合理化建议降低了合同价格或者提高了工程经济效益的，发包人可对承包人给予奖励，奖励的方法和金额在专用合同条款中约定。	工程师同意采用承包人合理化建议，所发生的费用和获得的收益，发包人承包人另行约定分担或分享。	本款中的“合理化建议”是一种承包人主动寻求变更建议的机制，只有发包人接受的合理化建议才按照变更处理。 承包人提出的合理化建议，应遵循利益分享原则，本款赋予承发包双方在《专用合同条款》中进一步约定激励承包人提出合理化建议的奖励计算标准，也可以在专业律师的指导下另行签订利益分享补充协议，承包人、发包人均应注意把握谈判协商的时机。
10.6 变更引起的工期调整 因变更引起工期变化的，合同当事人均可要求调整合同工期，由合同当事人按照第4.4款〔商定或确定〕并参考工程所在地的工期定额标准确定增减工期天数。		本款为新增条款。 《建设工程施工合同（示范文本）》（GF—2013—0201）增加10.6款关于发生工程变更时如何调整工期的约定。 本款约定了工程变更引起的工期调整机制，即由合同当事人按照商定或确定程序，并参考工程所在地的工期定额确定增减工期天数。 承包人应在变更引起工期调整后，及时做好工期顺延签证工作。承包人管理第一要务即是做好工期顺延签证。顺延工期是承包人行使履约抗辩权的主要目标。确保工期是承包人的法定义务，工期延误也是一旦涉讼时发包人提出反诉的主要主张和依据。

《建设工程施工合同（示范文本）》（GF—2013—0201）第二部分　通用合同条款	《建设工程施工合同（示范文本）》（GF—1999—0201）第二部分　通用条款	对照解读
		承包人有效利用法律规定以及合同约定的工期顺延条款，获得合同约定工期的延展，可以避免或者降低工期违约的风险。
10.7　暂估价 暂估价专业分包工程、服务、材料和工程设备的明细由合同当事人在专用合同条款中约定。		本款为新增条款。 《建设工程施工合同（示范文本）》（GF—2013—0201）增加10.7款关于暂估价的约定。 本款明确了暂估价项目包括三种类型：暂估价工程、暂估价服务、暂估价材料和工程设备，具体明细赋予承发包双方在《专用合同条款》中进一步明确。 本款将暂估价项目区分依法必须招标和不属于依法必须招标的程序作了详细约定。 《招标投标法实施条例》第二十九条规定，招标人可以依法对工程以及与工程建设有关的货物、服务全部或者部分实行总承包招标。以暂估价形式包括在总承包范围内的工程、货物、服务属于依法必须进行招标的项目范围且达到国家规定规模标准的，应当依法进行招标。前款所称暂估价，是指总承包招标时不能确定价格而由招标人在招标文件中暂时估定的工程、货物、服务的金额。
10.7.1　依法必须招标的暂估价项目 对于依法必须招标的暂估价项目，采取以下第1种方式确定。合同当事人也可以在专用合同条款中选择其他招标方式。		10.7.1款是关于依法必须招标的暂估价项目的程序约定。 对于依法必须招标的暂估价项目，本款提供了两种招标方式，一是由承包人组织招标，发

《建设工程施工合同（示范文本）》（GF—2013—0201）第二部分 通用合同条款	《建设工程施工合同（示范文本）》（GF—1999—0201）第二部分 通用条款	对照解读
第1种方式：对于依法必须招标的暂估价项目，由承包人招标，对该暂估价项目的确认和批准按照以下约定执行：		包人审批招标方案、确定中标人；二是由承包人和发包人共同组织招标。本款推荐采取的是第一种方式，即由承包人组织招标的方式，并按以下程序进行：
（1）承包人应当根据施工进度计划，在招标工作启动前14天将招标方案通过监理人报送发包人审查，发包人应当在收到承包人报送的招标方案后7天内批准或提出修改意见。承包人应当按照经过发包人批准的招标方案开展招标工作；		第（1）项是关于承包人向发包人报送招标方案的时间和程序约定。承包人应提前完成招标方案的编制，并在招标工作启动前14天内将完成的招标方案报监理人，由监理人审查后报送发包人审批。发包人应当在收到招标方案后7天内给予承包人回复。承包人应根据发包人批准的招标方案开展和实施招标工作。
（2）承包人应当根据施工进度计划，提前14天将招标文件通过监理人报送发包人审批，发包人应当在收到承包人报送的相关文件后7天内完成审批或提出修改意见；发包人有权确定招标控制价并按照法律规定参加评标；		第（2）项是关于承包人向发包人报送招标文件的时间和程序约定。承包人应提前完成招标文件的编制，并在招标工作启动前14天内将完成的招标文件报监理人，由监理人审查后报送发包人审批。发包人应当在收到招标文件后7天内给予承包人回复。承包人应根据发包人批准的招标文件开展和实施招标工作。 另外，由承包人组织实施暂估价项目招标，发包人有权确定招标控制价并按照法律规定参加评标。

《建设工程施工合同（示范文本）》（GF—2013—0201）第二部分　通用合同条款	《建设工程施工合同（示范文本）》（GF—1999—0201）第二部分　通用条款	对照解读
（3）承包人与供应商、分包人在签订暂估价合同前，应当提前7天将确定的中标候选供应商或中标候选分包人的资料报送发包人，发包人应在收到资料后3天内与承包人共同确定中标人；承包人应当在签订合同后7天内，将暂估价合同副本报送发包人留存。		第（3）项是关于签订三方合同的时间和程序约定。 承包人应提前7天将确定的中标候选供应商或中标候选分包人的资料报送发包人，由发包人和承包人共同确定中标人后签订三方合同。承包人也应在合同签订后尽快将合同副本报送发包人留存。
第2种方式：对于依法必须招标的暂估价项目，由发包人和承包人共同招标确定暂估价供应商或分包人的，承包人应按照施工进度计划，在招标工作启动前14天通知发包人，并提交暂估价招标方案和工作分工。发包人应在收到后7天内确认。确定中标人后，由发包人、承包人与中标人共同签订暂估价合同。		本款是对于依法必须招标的暂估价项目，由承发包双方共同组织招标方式的程序约定。 承包人也应提前完成招标方案和工作分工的文件编制，并在招标工作启动前14天内通知发包人，发包人应在收到招标方案和工作分工后7天内进行确认。由承发包双方共同确定中标人后签订三方合同。
10.7.2　不属于依法必须招标的暂估价项目 除专用合同条款另有约定外，对于不属于依法必须招标的暂估价项目，采取以下第1种方式确定： 第1种方式：对于不属于依法必须招标的暂估价项目，按本项约定确认和批准：		10.7.2款是关于不属于依法必须招标的暂估价项目的程序约定。 对于不属于依法必须招标的暂估价项目，本款提供了三种可选择的方式，推荐选择第1种方式。 具体的确认和批准程序如下：
（1）承包人应根据施工进度计划，在签订暂估价项目的采购合同、分包合同前28天向监理人提出书面申请。监理人应当在收到申请后3		第（1）项承包人应在签订合同前28天向监理人提交书面申请，监理人在收到承包人书面申请后3天内审查并报送发包人，发包人则应

《建设工程施工合同（示范文本）》（GF—2013—0201）第二部分　通用合同条款	《建设工程施工合同（示范文本）》（GF—1999—0201）第二部分　通用条款	对照解读
天内报送发包人，发包人应当在收到申请后14天内给予批准或提出修改意见，发包人逾期未予批准或提出修改意见的，视为该书面申请已获得同意；		在收到监理人报送的书面申请后14天内给予承包人答复，逾期则视为同意承包人的书面申请内容。
（2）发包人认为承包人确定的供应商、分包人无法满足工程质量或合同要求的，发包人可以要求承包人重新确定暂估价项目的供应商、分包人；		第（2）项赋予发包人对暂估价的供应商、分包人具有最终的决定权利。
（3）承包人应当在签订暂估价合同后7天内，将暂估价合同副本报送发包人留存。		第（3）项约定承包人在签订暂估价合同后7天内有向发包人提交合同副本的义务。
第2种方式：承包人按照第10.7.1项〔依法必须招标的暂估价项目〕约定的第1种方式确定暂估价项目。		本款是关于由承包人组织进行招标的暂估价项目的方式。
第3种方式：承包人直接实施的暂估价项目 承包人具备实施暂估价项目的资格和条件的，经发包人和承包人协商一致后，可由承包人自行实施暂估价项目，合同当事人可以在专用合同条款约定具体事项。		本款是关于直接委托承包人实施暂估价项目的方式。 如承发包双方协商一致，由承包人自行实施暂估价项目的，承发包双方应在《专用合同条款》中对实施暂估价项目的程序、费用等作出进一步约定。
10.7.3　因发包人原因导致暂估价合同订		10.7.3款是关于因承发包双方原因导致暂估

《建设工程施工合同（示范文本）》（GF—2013—0201）第二部分　通用合同条款	《建设工程施工合同（示范文本）》（GF—1999—0201）第二部分　通用条款	对照解读
立和履行迟延的，由此增加的费用和（或）延误的工期由发包人承担，并支付承包人合理的利润。因承包人原因导致暂估价合同订立和履行迟延的，由此增加的费用和（或）延误的工期由承包人承担。		价合同订立和履行迟延的责任承担约定。 发包人应注意，因自身原因导致暂估价合同订立和履行迟延的，除承担费用和工期损失外，还需支付承包人合理的利润。
10.8　暂列金额 暂列金额应按照发包人的要求使用，发包人的要求应通过监理人发出。合同当事人可以在专用合同条款中协商确定有关事项。		本款为新增条款。 《建设工程施工合同（示范文本）》（GF—2013—0201）增加10.8款关于暂列金额使用程序的约定。 暂列金额在发包人提供的工程量清单中专项列出，用于施工合同签订时尚未确定或者不可预见的所需材料、设备、服务的采购，施工中可能发生的工程变更、合同约定调整因素出现时的工程价款调整以及发生的索赔、现场签证确认等的费用。承包人经发包人同意后按照监理人的指示按约定程序使用暂列金额。 设立暂列金额并不能保证合同结算价格就不会再出现超过合同价格的情况，是否超出合同价格完全取决于工程量清单编制人对暂列金额预测的准确性，以及工程建设过程是否出现其他事先未能预测的事件。
10.9　计日工 需要采用计日工方式的，经发包人同意后，由监理人通知承包人以计日工计价方式实施相应的工作，其价款按列入已标价工程量清单或		本款为新增条款。 《建设工程施工合同（示范文本）》（GF—2013—0201）增加10.9款关于采用计日工方式时的程序及支付约定。

《建设工程施工合同（示范文本）》（GF—2013—0201）第二部分 通用合同条款	《建设工程施工合同（示范文本）》（GF—1999—0201）第二部分 通用条款	对照解读
预算书中的计日工计价项目及其单价进行计算；已标价工程量清单或预算书中无相应的计日工单价的，按照合理的成本与利润构成的原则，由合同当事人按照第4.4款〔商定或确定〕确定变更工作的单价。		本款是什么情况下采用计日工方式时的约定。通常在招标文件中有一个计日工表，列出有关施工设备、常用材料和各类人员等，要求承包人填报单价。经发包人确认后列入合同文件，作为计价的依据。设立计日工表，为合同约定之外的零星工作提供了一个快捷计价的途径，尤其是没有时间商量或无法准确计量时值得重视。
采用计日工计价的任何一项工作，承包人应在该项工作实施过程中，每天提交以下报表和有关凭证报送监理人审查： （1）工作名称、内容和数量； （2）投入该工作的所有人员的姓名、专业、工种、级别和耗用工时； （3）投入该工作的材料类别和数量； （4）投入该工作的施工设备型号、台数和耗用台时； （5）其他有关资料和凭证。		本款是采用计日工方式时的支付程序约定。承包人应每天将计日工作的报表和相关凭证报送监理人审查。 为了获得合理的计日工单价，计日工表中一定要给出暂定数量，并且需要根据经验，尽可能估算出一个比较贴近实际的数量。
计日工由承包人汇总后，列入最近一期进度付款申请单，由监理人审查并经发包人批准后列入进度付款。		本款是关于采用计日工方式时的结算程序约定。承包人应将汇总后的计日工作量及时列入当期进度付款申请中，监理人核定并报发包人同意后进行结算。

《建设工程施工合同（示范文本）》（GF—2013—0201）第二部分　通用合同条款	《建设工程施工合同（示范文本）》（GF—1999—0201）第二部分　通用条款	对照解读
11. 价格调整	六、合同价款与支付 **23. 合同价款及调整** **23.1**　招标工程的合同价款由发包人承包人依据中标通知书中的中标价格在协议书内约定。非招标工程的合同价款由发包人承包人依据工程预算书在协议书内约定。 **23.3**　可调价格合同中合同价款的调整因素包括： （1）法律、行政法规和国家有关政策变化影响合同价款； （2）工程造价管理部门公布的价格调整； （3）一周内非承包人原因停水、停电、停气造成停工累计超过 8 小时； （4）双方约定的其他因素。 **23.4**　承包人应当在 23.3 款情况发生后 14 天内，将调整原因、金额以书面形式通知工程师，工程师确认调整金额后作为追加合同价款，与工程款同期支付。工程师收到承包人通知后 14 天内不予确认也不提出修改意见，视为已经同意该项调整。	本款已作修改。 《建设工程施工合同（示范文本）》（GF—2013—0201）在此删除了《建设工程施工合同（示范文本）》（GF—1999—0201）中关于可调价格调整因素以及调整程序的约定。
11.1　市场价格波动引起的调整 除专用合同条款另有约定外，市场价格波动超过合同当事人约定的范围，合同价格应当调整。合同当事人可以在专用合同条款中约定选择以下一种方式对合同价格进行调整：		《建设工程施工合同（示范文本）》（GF—2013—0201）增加 11.1 款关于合同价格因市场价格波动进行调整的约定。 市场经济下物价的波动是一种正常现象，实质是一个风险分担问题。本款约定了两种价格调整方式，承发包双方可根据工程具体情况协商一致在《专用合同条款》中约定选择适用一

《建设工程施工合同（示范文本）》（GF—2013—0201）第二部分　通用合同条款	《建设工程施工合同（示范文本）》（GF—1999—0201）第二部分　通用条款	对照解读
第 1 种方式：采用价格指数进行价格调整。		种方式对合同价格进行调整。 第 1 种方式是关于采用价格指数调整价格方式时的约定。 本款项下的内容适用于招标人在投标函附录中有约定价格指数和权重的情形；非招标订立的合同，即直接发包订立的合同，由承发包双方在《专用合同条款》中对前述数值进行补充约定。 采用价格调整公式的优点是公平分担风险、处理及时，可在每笔进度付款中及时消化价格波动因素，可以根据实际情况灵活运用。
（1）价格调整公式 因人工、材料和设备等价格波动影响合同价格时，根据专用合同条款中约定的数据，按以下公式计算差额并调整合同价格： $\Delta P = P_0\left[A + \left(B_1 \times \frac{F_{t1}}{F_{01}} + B_2 \times \frac{F_{t2}}{F_{02}} + B_3 \times \frac{F_{t3}}{F_{03}} + \cdots + B_n \times \frac{F_{tn}}{F_{0n}}\right) - 1\right]$ 公式中：ΔP——需调整的价格差额； P_0——约定的付款证书中承包人应得到的已完成工程量的金额。此项金额应不包括价格调整、不计质量保证金的扣留和支付、预付款的支付和扣回。约定的变更及其他金额已按现行价格计价的，也不计在内；		第（1）项是计算差额并调整合同价格的公式。 从本款约定可看出，调价公式并不适用于所有工程款，而只适用于一般的人工、材料和设备等的价格波动。 应当注意的是： 1）本款列出的价格调整公式，用于具体工程时，应与附件格式投标函附录中的价格指数和权重表对照应用； 2）定值权重、各可调因子及其变值权重的允许范围由发包人根据工程具体情况而确定；其中，定值权重是指合同价格中可不予调价的权重；变值权重是指各可调价格因子的调价权重；可调因子是指合同约定拟予调整价格的人工费、施工设备使用费、各项工程材料费等占合同价格主要部分的可调价格因子；

《建设工程施工合同（示范文本）》（GF—2013—0201）第二部分　通用合同条款	《建设工程施工合同（示范文本）》（GF—1999—0201）第二部分　通用条款	对照解读
A——定值权重（即不调部分的权重）； B_1；B_2；B_3……B_n——各可调因子的变值权重（即可调部分的权重），为各可调因子在签约合同价中所占的比例； F_{t1}；F_{t2}；F_{t3}……F_{tn}——各可调因子的现行价格指数，指约定的付款证书相关周期最后一天的前42天的各可调因子的价格指数； F_{01}；F_{02}；F_{03}……F_{0n}——各可调因子的基本价格指数，指基准日期的各可调因子的价格指数。 以上价格调整公式中的各可调因子、定值和变值权重，以及基本价格指数及其来源在投标函附录价格指数和权重表中约定，非招标订立的合同，由合同当事人在专用合同条款中约定。价格指数应首先采用工程造价管理机构发布的价格指数，无前述价格指数时，可采用工程造价管理机构发布的价格代替。		3）由于物价指数颁布滞后的原因，对每个月需要调整的工程款来说，适用的指数值也不可能就是该月的当期指数值，本款约定当期适用的指数值取的是进度付款证书、竣工付款证书及最终结清证书周期最后一天的前42天当天的有效指数值，当期用的基本上是其上个月的物价指数； 4）价格指数应首先采用工程造价管理机构发布的价格指数，缺乏前述价格指数时，才可采用工程造价管理机构发布的价格代替。 根据本款的约定，调价可以上调，也可以下调，但考虑物价基本上都是上涨趋势，适用本调价条款总体上是对承包人有利的。
（2）暂时确定调整差额 在计算调整差额时无现行价格指数的，合同当事人同意暂用前次价格指数计算。实际价格指数有调整的，合同当事人进行相应调整。		第（2）项是关于暂时不能确定当期价格指数时如何调整差额的约定。 政府物价管理部门和计划统计部门不一定每月公布价格指数，因此在计算调整差额时将会

《建设工程施工合同（示范文本）》（GF—2013—0201）第二部分　通用合同条款	《建设工程施工合同（示范文本）》（GF—1999—0201）第二部分　通用条款	对照解读
		遇到缺乏公式中当时的现行价格指数，此时可按上一次的价格指数计算，待相关时间的价格指数公布后再进行调整。
（3）权重的调整 因变更导致合同约定的权重不合理时，按照第4.4款〔商定或确定〕执行。		第（3）项是关于对权重进行调整时的约定。 在采用综合调价公式时，当工程发生较大的变更而可能使不同类别的项目在工程总量中所占的比例也发生较大变化，导致原来的调价公式中的权重不合理时而需要进行调整。本款约定调整的操作方式按商定或确定的机制执行。
（4）因承包人原因工期延误后的价格调整 因承包人原因未按期竣工的，对合同约定的竣工日期后继续施工的工程，在使用价格调整公式时，应采用计划竣工日期与实际竣工日期的两个价格指数中较低的一个作为现行价格指数。		第（4）项是关于承包人工期延误后的价格调整约定。 由于承包人原因导致未在约定的工期内竣工，对继续施工工程进行价格调整时，在原约定竣工日期与实际竣工日期两个不同的价格指数中，应选用有利于发包人的现行价格指数计算价差，即选择较低价格指数作为现行价格指数。
第2种方式：采用造价信息进行价格调整。 合同履行期间，因人工、材料、工程设备和机械台班价格波动影响合同价格时，人工、机械使用费按照国家或省、自治区、直辖市建设行政管理部门、行业建设管理部门或其授权的工程造价管理机构发布的人工、机械使用费系		第2种方式是关于采用造价信息调整价格方式的约定。 如招标文件约定投标报价时，采用工程造价管理机构发布的价格信息作为人工、材料和机械的市场价格时，可按照本款约定对价格进行调整。需调整材料的单价及数量必须由发包人确认，

《建设工程施工合同（示范文本）》（GF—2013—0201）第二部分　通用合同条款	《建设工程施工合同（示范文本）》（GF—1999—0201）第二部分　通用条款	对照解读
数进行调整；需要进行价格调整的材料，其单价和采购数量应由发包人审批，发包人确认需调整的材料单价及数量，作为调整合同价格的依据。		以该确认结果用为调整工程合同价格的依据。 在采用工程造价管理机构发布的造价信息调整价格时，这些造价信息应仅限于国家或省、自治区、直辖市建设行政管理部门、行业建设管理部门或其授权的工程造价管理机构发布，不宜包括其他如法律因素和政策性调整因素（这些因素应反映在物价波动上）。
（1）人工单价发生变化且符合省级或行业建设主管部门发布的人工费调整规定，合同当事人应按省级或行业建设主管部门或其授权的工程造价管理机构发布的人工费等文件调整合同价格，但承包人对人工费或人工单价的报价高于发布价格的除外。		第（1）项是关于人工费的调整程序约定。 本款约定因人工单价发生变化的价格调整，按省级或行业建设主管部门或其授权的工程造价管理机构发布的人工费调整文件的规定直接调整合同价格，但承包人对人工费或人工单价的报价高于前述文件发布价格的除外。
（2）材料、工程设备价格变化的价款调整按照发包人提供的基准价格，按以下风险范围规定执行：		第（2）项是关于材料、工程设备价格的调整程序约定。 本款项下约定的基准价格是指由发包人在招标文件或专用合同条款中给定的材料、工程设备的价格，该价格原则上应当按照省级或行业建设主管部门或其授权的工程造价管理机构发布的信息价编制。 本款约定因材料、工程设备价格变化的价格调整，按照发包人提供的基准价格，区分不同的风险范围分以下三种情形作了明确：

《建设工程施工合同（示范文本）》（GF—2013—0201）第二部分　通用合同条款	《建设工程施工合同（示范文本）》（GF—1999—0201）第二部分　通用条款	对照解读
①承包人在已标价工程量清单或预算书中载明材料单价低于基准价格的：除专用合同条款另有约定外，合同履行期间材料单价涨幅以基准价格为基础超过5%时，或材料单价跌幅以在已标价工程量清单或预算书中载明材料单价为基础超过5%时，其超过部分据实调整。		第①项承包人在已标价工程量清单或预算书中载明材料单价低于基准价格的：合同履行期间材料单价涨幅以基准价格为基础超过5%时，或材料单价跌幅以在已标价工程量清单或预算书中载明材料单价为基础超过5%时，其超过部分据实调整；
②承包人在已标价工程量清单或预算书中载明材料单价高于基准价格的：除专用合同条款另有约定外，合同履行期间材料单价跌幅以基准价格为基础超过5%时，材料单价涨幅以在已标价工程量清单或预算书中载明材料单价为基础超过5%时，其超过部分据实调整。		第②项承包人在已标价工程量清单或预算书中载明材料单价高于基准价格的：合同履行期间材料单价跌幅以基准价格为基础超过5%时，或材料单价涨幅以在已标价工程量清单或预算书中载明材料单价为基础超过5%时，其超过部分据实调整；
③承包人在已标价工程量清单或预算书中载明材料单价等于基准价格的：除专用合同条款另有约定外，合同履行期间材料单价涨跌幅以基准价格为基础超过±5%时，其超过部分据实调整。		第③项承包人在已标价工程量清单或预算书中载明材料单价等于基准价格的：合同履行期间材料单价涨跌幅以基准价格为基础超过±5%时，其超过部分据实调整。 上述三项约定的涨跌风险幅度均按5%考虑，承发包双方也可协商一致在《专用合同条款》中另行约定其他比例。
④承包人应在采购材料前将采购数量和新的材料单价报发包人核对，发包人确认用于工程时，发包人应确认采购材料的数量和单价。发包人在收到承包人报送的确认资料后5天内不予答复的视为认可，作为调整合同价格的依据。未经发包人事先核对，承包人自行采购材料		第④项对于采购数量和单价的核对，承包人应在采购材料前将采购数量和新的材料单价报发包人核对，发包人确认可用于工程时，应确认此采购材料的数量和单价。本款约定了发包人的“默示条款”，即发包人在收到承包人报送的确认资料后5天内不答复视为认可。

《建设工程施工合同（示范文本）》（GF—2013—0201）第二部分　通用合同条款	《建设工程施工合同（示范文本）》（GF—1999—0201）第二部分　通用条款	对照解读
的，发包人有权不予调整合同价格。发包人同意的，可以调整合同价格。 前述基准价格是指由发包人在招标文件或专用合同条款中给定的材料、工程设备的价格，该价格原则上应当按照省级或行业建设主管部门或其授权的工程造价管理机构发布的信息价编制。		对于承包人未经发包人事先同意自行采购的材料，发包人则不予调整合同价格。
（3）施工机械台班单价或施工机械使用费发生变化超过省级或行业建设主管部门或其授权的工程造价管理机构规定的范围时，按规定调整合同价格。		第（3）项是关于施工机械台班单价或施工机械使用费的价格调整程序约定。 如施工机械台班单价或施工机械使用费发生变化，且超过省级或行业建设主管部门或其授权的工程造价管理机构规定的范围时，按规定调整合同价格。
第3种方式：专用合同条款约定的其他方式。		第3种方式是关于承发包双方在《专用合同条款》中约定其他价格调整方式的约定。 关于合同涉及的固定价格遭遇市场材料、人工价格异动引起的价格风险，承包人的应对思路和对策主要有：（1）当合同价格固定且同时承担价格风险，合同无预付款和风险费约定，可要求认定在签约时显失公平；地方政府主管部门有关价格异动的调整规定可作为衡量显失公平的标准。（2）根据实际情况或已过除斥期间不能认定为显失公平的，可根据发包人是否按合同约定及时支付工程款，是否因发包人原因逾期开工或工期延长，逾期开工或工期延长与价格异动有因果关系的，可对照我国《合同法》

《建设工程施工合同（示范文本）》（GF—2013—0201）第二部分 通用合同条款	《建设工程施工合同（示范文本）》（GF—1999—0201）第二部分 通用条款	对照解读
		第六十三条、一百零七条的规定，要求价格异动后果为违约所引起损失的组成部分，要求由违约方承担价格异动的相应责任。 最高人民法院《关于适用〈中华人民共和国合同法〉若干问题的解释（二）》第二十六条规定：“合同成立以后客观情况发生了当事人在订立合同时无法预见的、非不可抗力造成的不属于商业风险的重大变化，继续履行合同对于一方当事人明显不公平或者不能实现合同目的，当事人请求人民法院变更或者解除合同的，人民法院应当根据公平原则，并结合案件的实际情况确定是否变更或者解除”。 《合同法》第六十三条规定：“执行政府定价或者政府指导价的，在合同约定的交付期限内政府价格调整时，按照交付时的价格计价。逾期交付标的物的，遇价格上涨时，按照原价格执行；价格下降时，按照新价格执行。逾期提取标的物或者逾期付款的，遇价格上涨时，按照新价格执行；价格下降时，按照原价格执行”。 《合同法》第一百零七条规定：“当事人一方不履行合同义务或者履行合同义务不符合约定的，应当承担继续履行、采取补救措施或者赔偿损失等违约责任”。
11.2 法律变化引起的调整		本款为新增条款。 《建设工程施工合同（示范文本）》（GF—2013—0201）增加11.2款关于因法律变化引起的价格调整约定。

《建设工程施工合同（示范文本）》（GF—2013—0201）第二部分　通用合同条款	《建设工程施工合同（示范文本）》（GF—1999—0201）第二部分　通用条款	对照解读
		法律变化包括税费调整、行政管理程序变更等情形。工程建设的时间跨度一般比较长，承包人投标时所考虑的影响标价的因素可能会因建设期间相关立法变动而影响到工程的实际费用，这是承包人不能合理预见的范围，承包人要求对合同价格以及工期作出调整是公平合理的，因此本款未有“除专用合同条款另有约定外”的表述，发生了法律变化就必须予以调整合同价格。
基准日期后，法律变化导致承包人在合同履行过程中所需要的费用发生除第 11.1 款〔市场价格波动引起的调整〕约定以外的增加时，由发包人承担由此增加的费用；减少时，应从合同价格中予以扣减。基准日期后，因法律变化造成工期延误时，工期应予以顺延。		根据本款的约定，在基准日期后，无论法律变化导致工程费用增加还是减少，合同价格均应作调整。因法律变化造成工期延误时相应顺延工期。发包人应注意的是，如果法律变化导致工程费用降低，则发包人应承担此举证责任，证明某项法律的变动降低了承包人的工程费用以及降低的额度。
因法律变化引起的合同价格和工期调整，合同当事人无法达成一致的，由总监理工程师按第 4.4 款〔商定或确定〕的约定处理。		本款约定因法律变化引起合同价格和工期的调整，合同当事人无法达成一致意见的，则按商定或确定机制执行。
因承包人原因造成工期延误，在工期延误期间出现法律变化的，由此增加的费用和（或）延误的工期由承包人承担。		如因承包人原因造成工期延误的期间因法律变化导致工程费用增加和（或）工期延长的责任由承包人自行承担。

《建设工程施工合同（示范文本）》（GF—2013—0201）第二部分　通用合同条款	《建设工程施工合同（示范文本）》（GF—1999—0201）第二部分　通用条款	对照解读
12. 合同价格、计量与支付		本款已作修改。 本款是关于合同计价方式的约定。 《建筑法》第十八条第一款规定，建筑工程造价应当按照国家有关规定，由发包单位与承包单位在合同中约定。公开招标发包的，其造价的约定，须遵守招标投标法律的规定。
12.1　合同价格形式 发包人和承包人应在合同协议书中选择下列一种合同价格形式：	**23.2**　合同价款在协议书内约定后，任何一方不得擅自改变。下列三种确定合同价款的方式，双方可在专用条款内约定采用其中一种：	《建设工程施工合同（示范文本）》（GF—2013—0201）将《建设工程施工合同（示范文本）》（GF—1999—0201）中约定的三种合同价款方式由“固定价格合同、可调价格合同和成本加酬金合同”修改为“单价合同、总价合同和其他价格形式”。 承发包双方可约定采用单价合同、总价合同及协商一致的其他计价方式。计价方式的不同，与承发包各方的经济利益直接相关。计价方式也一定程度影响着当事人对合同文本的选择，如我国标准招标文件合同主要适用于单价合同。
1. 单价合同 单价合同是指合同当事人约定以工程量清单及其综合单价进行合同价格计算、调整和确认的建设工程施工合同，在约定的范围内合同单价不作调整。合同当事人应在专用合同条款中约定综合单价包含的风险范围和风险费用的计算方法，并约定风险范围以外的合同价格的调整方法，其中因市场价格波动引起的调整按第11.1款〔市场价格波动引起的调整〕约定执行。	（1）固定价格合同。双方在专用条款内约定合同价款包含的风险范围和风险费用的计算方法，在约定的风险范围内合同价款不再调整。风险范围以外的合同价款调整方法，应当在专用条款内约定。	本款对第1种价格形式单价合同的定义是指承发包双方约定以工程量清单及其综合单价进行合同价格计算、调整和确认的建设工程施工合同，在约定的范围内合同单价不作调整。承发包双方还应在《专用合同条款》中对综合单价所包含的风险范围和风险费用计算方法，以及风险范围以外的合同价格调方法作出明确的约定。 单价合同的适用范围相对比较宽，其风险可

《建设工程施工合同（示范文本）》（GF—2013—0201）第二部分　通用合同条款	《建设工程施工合同（示范文本）》（GF—1999—0201）第二部分　通用条款	对照解读
		以得到合理的分摊，并且能鼓励承包人通过提高工效等手段节约成本，提高利润。
2. 总价合同 总价合同是指合同当事人约定以施工图、已标价工程量清单或预算书及有关条件进行合同价格计算、调整和确认的建设工程施工合同，在约定的范围内合同总价不作调整。合同当事人应在专用合同条款中约定总价包含的风险范围和风险费用的计算方法，并约定风险范围以外的合同价格的调整方法，其中因市场价格波动引起的调整按第 11.1 款〔市场价格波动引起的调整〕、因法律变化引起的调整按第 11.2 款〔法律变化引起的调整〕约定执行。	（2）可调价格合同。合同价款可根据双方的约定而调整，双方在专用条款内约定合同价款调整方法。	本款对第 2 种价格形式总价合同的定义是指承发包双方约定以施工图、已标价工程量清单或预算书及有关条件进行合同价格计算、调整和确认的建设工程施工合同，在约定的范围内合同总价不作调整。承发包双方也应在《专用合同条款》中对总价所包含的风险范围和风险费用计算方法，以及风险范围以外的合同价格调方法作出明确的约定。 根据 2013 年 7 月 1 日起实施的《建设工程工程量清单计价规范》（GB 50500—2013）第 7.1.3 项的规定，实行工程量清单计价的工程，应采用单价合同；建设规模较小，技术难度较低，工期较短，且施工图设计已审查批准的建设工程可采用总价合同；紧急抢险、救灾以及施工技术特别复杂的建设工程可采用成本加酬金合同。 承发包双方均应注意的是，上述规定并非强制性条文，选择适用哪种合同价格的形式，取决于工程的具体特点和相关规定，且应当在《专用合同条款》中约定相应的单价合同或总价合同的风险范围。 最高人民法院《关于审理建设工程施工合同纠纷案件适用法律问题的解释》第二十二条规定，当事人约定按照固定价结算工程价款，一方当事人请求对建设工程造价进行鉴定的，不予支持。

《建设工程施工合同（示范文本）》（GF—2013—0201）第二部分 通用合同条款	《建设工程施工合同（示范文本）》（GF—1999—0201）第二部分 通用条款	对照解读
3. 其他价格形式 合同当事人可在专用合同条款中约定其他合同价格形式。	（3）成本加酬金合同。合同价款包括成本和酬金两部分，双方在专用条款内约定成本构成和酬金的计算方法。	除上述单价合同和总价合同两种价格形式外，承发包双方还可在《专用合同条款》中约定适用其他合同价格形式，如成本加酬金价格形式或定额计价形式等。
12.2 预付款 **12.2.1 预付款的支付**	**24. 工程预付款**	本款已作修改。 本款是关于工程预付款支付、担保、扣回方式及逾期支付的责任承担等相关程序约定。 合理的支付约定，清晰而完整的支付程序，是承包人顺利获得工程款的一项重要保证。由于工程耗资大，即使在项目启动阶段，承包人就需要大笔资金投入，为改善承包人前期现金流，帮助承包人顺利开工，发包人通常按预计工程造价的一定比例预先支付承包人购买工程材料及进行施工前准备工作的款项。承包人应重点在《专用合同条款》中详细约定预付款的额度及预付办法，预付款额度应为保证施工所需材料和构件的正常储备量。
预付款的支付按照专用合同条款约定执行，但至迟应在开工通知载明的开工日期7天前支付。预付款应当用于材料、工程设备、施工设备的采购及修建临时工程、组织施工队伍进场等。	实行工程预付款的，双方应当在专用条款内约定发包人向承包人预付工程款的时间和数额，开工后按约定的时间和比例逐次扣回。预付时间应不迟于约定的开工日期前7天。	本款是关于发包人支付预付款时间的约定。《建设工程施工合同（示范文本）》（GF—2013—0201）增加预付款用途即“专款专用”性质的约定。本款对发包人支付预付款的时间作了限制约定，即至迟应在开工通知中载明的开工日期7天前向承包人予以支付。承包人应重点在《专用合同条款》中详细约定预付款的额度及预付办法，发包人逾期支付合同约定的预付款应承担的违约责任等进行明确。

《建设工程施工合同（示范文本）》（GF—2013—0201）第二部分　通用合同条款	《建设工程施工合同（示范文本）》（GF—1999—0201）第二部分　通用条款	对照解读
		《建设工程价款结算暂行办法》第十二条规定，工程预付款结算应符合下列规定：（一）包工包料工程的预付款按合同约定拨付，原则上预付比例不低于合同金额的10%，不高于合同金额的30%，对重大工程项目，按年度工程计划逐年预付。计价执行《建设工程工程量清单计价规范》（GB 50500—2003）的工程，实体性消耗和非实体性消耗部分应在合同中分别约定预付款比例。（二）在具备施工条件的前提下，发包人应在双方签订合同后的一个月内或不迟于约定的开工日期前的7天内预付工程款，发包人不按约定预付，承包人应在预付时间到期后10天内向发包人发出要求预付的通知，发包人收到通知后仍不按要求预付，承包人可在发出通知14天后停止施工，发包人应从约定应付之日起向承包人支付应付款的利息（利率按同期银行贷款利率计），并承担违约责任。（三）预付的工程款必须在合同中约定抵扣方式，并在工程进度款中进行抵扣。（四）凡是没有签订合同或不具备施工条件的工程，发包人不得预付工程款，不得以预付款为名转移资金。
除专用合同条款另有约定外，预付款在进度付款中同比例扣回。在颁发工程接收证书前，提前解除合同的，尚未扣完的预付款应与合同价款一并结算。		本款是关于预付款的扣回方式与解除合同时尚未扣完预付款时的处理约定。预付款的扣回关系到发包人资金投入的成本和风险，还可能影响承包人的资金安排，从而对工程的建设进

《建设工程施工合同（示范文本）》（GF—2013—0201）第二部分　通用合同条款	《建设工程施工合同（示范文本）》（GF—1999—0201）第二部分　通用条款	对照解读
		度造成影响。因此承发包双方可根据不同行业或具体工程完成进度情况在《专用合同条款》中进一步作出详细约定。预付款的扣回有两个关键因素：一是预付款从何时开始扣回即起扣点；二是以何种形式扣回，扣回的比例是多少。 依据《建设工程价款结算暂行办法》第十二的规定：“发包人向承包人支付工程预付款的时间应在双方签订合同后的一个月内或不迟于约定的开工日期前的7天”。
发包人逾期支付预付款超过7天的，承包人有权向发包人发出要求预付的催告通知，发包人收到通知后7天内仍未支付的，承包人有权暂停施工，并按第16.1.1项〔发包人违约的情形〕执行。	发包人不按约定预付，承包人在约定预付时间7天后向发包人发出要求预付的通知，发包人收到通知后仍不能按要求预付，承包人可在发出通知后7天停止施工，发包人应从约定应付之日起向承包人支付应付款的贷款利息，并承担违约责任。	本款是发包人逾期支付预付款的责任承担约定。《建设工程施工合同（示范文本）》（GF—2013—0201）增加发包人逾期支付预付款，在承包人催告后仍未支付时可视为发包人违约情形的约定。发包人未按合同约定支付工程预付款，承包人可行使“催告权”，甚至停止施工，发包人应承担违约责任。
12.2.2　预付款担保		《建设工程施工合同（示范文本）》（GF—2013—0201）增加12.2.2款关于预付款担保的约定。 担保在工程实践中已获得广泛运用，越来越多的金融机构和专业担保公司愿意成为工程担保中的保证人，保函作为一种简便的担保方式也越来越多地被采用。对于重要的建设工程项目，保函受益人应在专业律师的指导下严格审查保函的开立机构和保函的内容及担保范围。

《建设工程施工合同（示范文本）》（GF—2013—0201）第二部分　通用合同条款	《建设工程施工合同（示范文本）》（GF—1999—0201）第二部分　通用条款	对照解读
发包人要求承包人提供预付款担保的，承包人应在发包人支付预付款7天前提供预付款担保，专用合同条款另有约定除外。预付款担保可采用银行保函、担保公司担保等形式，具体由合同当事人在专用合同条款中约定。在预付款完全扣回之前，承包人应保证预付款担保持续有效。 发包人在工程款中逐期扣回预付款后，预付款担保额度应相应减少，但剩余的预付款担保金额不得低于未被扣回的预付款金额。		本款约定发包人要求承包人提供预付款担保的，承包人才提供，而不是必须提供。提供的时间为在发包人支付预付款7天前。 预付款在进度付款中同比例扣回，在预付款完全扣回之前，承包人有保证预付款担保持续有效的义务。 预付款的担保金额应当根据预付款扣回的金额递减，承包人应注意在保函条款中设立担保金额递减的条款。
12.3　计量 **12.3.1　计量原则** 工程量计量按照合同约定的工程量计算规则、图纸及变更指示等进行计量。工程量计算规则应以相关的国家标准、行业标准等为依据，由合同当事人在专用合同条款中约定。	**25. 工程量的确认**	本款已作修改。 工程的计量即是对工程中实际完成的工程量进行计算和测量，工程计量的结果，是进行工程价款支付的事实依据。承发包双方应在合同中对工程计量的程序进行详细约定，避免在工程实施过程中发生争议。 《建设工程施工合同（示范文本）》（GF—2013—0201）增加12.3.1款关于工程计量原则的约定。本款对工程计量原则作了明确，即应按照合同约定的工程量计算规则、图纸及变更指示等进行计量。 对于工程量计算规则，承发包双方可在《专用合同条款》中对其所依据的相关国家标准、行业标准及地方标准等作出特别约定。

《建设工程施工合同（示范文本）》（GF—2013—0201）第二部分　通用合同条款	《建设工程施工合同（示范文本）》（GF—1999—0201）第二部分　通用条款	对照解读
12.3.2　计量周期 除专用合同条款另有约定外，工程量的计量按月进行。		《建设工程施工合同（示范文本）》（GF—2013—0201）增加12.3.2款关于工程计量周期的约定。除承发包双方在《专用合同条款》中另行有约定外，本款默认的工程计量周期按月进行计量。
12.3.3　单价合同的计量 除专用合同条款另有约定外，单价合同的计量按照本项约定执行：		本款是关于计量方式和程序的约定。《建设工程施工合同（示范文本）》（GF—2013—0201）与《建设工程施工合同（示范文本）》（GF—1999—0201）相比，区分单价合同和总价合同两类分别对计量程序进行了约定。 工程实践中，对于采用招标方式承包的工程，工程量表中开列的是依据图纸确定的估算工程量，不能反映实际工程量。监理人必须对已完的工程进行准确计量，并将实测实量的结果作为向承包人支付工程进度款的依据和凭证。
（1）承包人应于每月25日向监理人报送上月20日至当月19日已完成的工程量报告，并附具进度付款申请单、已完成工程量报表和有关资料。	**25.1**　承包人应按专用条款约定的时间，向工程师提交已完工程量的报告。工程师接到报告后7天内按设计图纸核实已完工程量（以下称计量），并在计量前24小时通知承包人，承包人为计量提供便利条件并派人参加。承包人收到通知后不参加计量，计量结果有效，作为工程价款支付的依据。	第（1）项是关于单价合同计量方式的约定。承包人应注意本款约定的向监理人报送工程量报告的日期和截止日期，一并报送的文件还包括：进度付款申请单、已完工程量报表、计量资料。

《建设工程施工合同（示范文本）》 （GF—2013—0201） 第二部分　通用合同条款	《建设工程施工合同（示范文本）》 （GF—1999—0201） 第二部分　通用条款	对照解读
（2）监理人应在收到承包人提交的工程量报告后7天内完成对承包人提交的工程量报表的审核并报送发包人，以确定当月实际完成的工程量。监理人对工程量有异议的，有权要求承包人进行共同复核或抽样复测。承包人应协助监理人进行复核或抽样复测，并按监理人要求提供补充计量资料。承包人未按监理人要求参加复核或抽样复测的，监理人复核或修正的工程量视为承包人实际完成的工程量。	**25.2**　工程师收到承包人报告后7天内未进行计量，从第8天起，承包人报告中开列的工程量即视为被确认，作为工程价款支付的依据。工程师不按约定时间通知承包人，致使承包人未能参加计量，计量结果无效。	第（2）项是关于单价合同计量程序的约定。监理人根据承包人提交的工程量报告及计量资料，对承包人实际完成的工程量进行审核。审核时间限定为收到承包人提交的工程量报告后7天内，并报送发包人。 首先，监理人对有异议的计量报告，有权要求承包人提供补充资料并进行共同复核；其次，在复核过程中，监理人认为有必要时才通知承包人共同进行联合测量、计量；承包人若未参加复核，监理人自行复核的工程量确定有效。
（3）监理人未在收到承包人提交的工程量报表后的7天内完成审核的，承包人报送的工程量报告中的工程量视为承包人实际完成的工程量，据此计算工程价款。	**25.3**　对承包人超出设计图纸范围和因承包人原因造成返工的工程量，工程师不予计量。	第（3）项是关于监理人未按时完成审核时的责任承担约定。为保证工程建设的顺利进行，本项对监理人审核承包人已完成工程量作了时间限制，即在收到承包人提交的工程量报告及计量资料后7天内；若未按时复核，则承包人提交的工程量报告确定有效，发包人应按此计算工程价款。
12.3.4　总价合同的计量 除专用合同条款另有约定外，按月计量支付的总价合同，按照本项约定执行：		承包人应注意总价合同的计量方式，《建设工程施工合同（示范文本）》（GF—2013—0201）区分两种情形进行了约定，一是采用按月计量支付的方式；二是采用支付分解表计量支付的方式。 12.3.4款是关于总价合同采用按月计量支付的程序约定。

《建设工程施工合同（示范文本）》（GF—2013—0201）第二部分 通用合同条款	《建设工程施工合同（示范文本）》（GF—1999—0201）第二部分 通用条款	对照解读
（1）承包人应于每月25日向监理人报送上月20日至当月19日已完成的工程量报告，并附具进度付款申请单、已完成工程量报表和有关资料。		第（1）项是关于总价合同采用按月计量支付计量方式的约定。承包人向监理人报送工程量报告的日期和截止日期，与单价合同计量方式相同，一并报送的文件包括：进度付款申请单、已完工程量报表、计量资料。
（2）监理人应在收到承包人提交的工程量报告后7天内完成对承包人提交的工程量报表的审核并报送发包人，以确定当月实际完成的工程量。监理人对工程量有异议的，有权要求承包人进行共同复核或抽样复测。承包人应协助监理人进行复核或抽样复测并按监理人要求提供补充计量资料。承包人未按监理人要求参加复核或抽样复测的，监理人审核或修正的工程量视为承包人实际完成的工程量。		第（2）项是关于总价合同采用按月计量支付方式的计量程序约定。采用按月计量支付方式的总价合同的计量程序，与单价合同计量程序相同。监理人也根据承包人提交的工程量报告及计量资料，对承包人实际完成的工程量进行审核。审核时间限定为收到承包人提交的工程量报告后7天内，并报送发包人。 首先，监理人对有异议的计量报告，有权要求承包人提供补充资料并进行共同复核；其次，在复核过程中，监理人认为有必要时才通知承包人共同进行联合测量、计量；承包人若未参加复核，监理人自行复核的工程量确定有效。
（3）监理人未在收到承包人提交的工程量报表后的7天内完成复核的，承包人提交的工程量报告中的工程量视为承包人实际完成的工程量。		第（3）项是关于监理人未按时完成审核时的责任承担约定。为保证工程建设的顺利进行，本项也对监理人审核承包人完成工程量作了时间限制，即在收到承包人提交的工程量报告及计量资料后7天内；若未按时复核，则承包人提交的工程量报告确定有效，发包人应按此计算工程价款。

《建设工程施工合同（示范文本）》（GF—2013—0201）第二部分　通用合同条款	《建设工程施工合同（示范文本）》（GF—1999—0201）第二部分　通用条款	对照解读
12.3.5　总价合同采用支付分解表计量支付的，可以按照第12.3.4项〔总价合同的计量〕约定进行计量，但合同价款按照支付分解表进行支付。		12.3.5款是关于总价合同采用支付分解表计量支付的程序约定。 本款约定总价合同采用支付分解表计量支付的，按照上述总价合同的计量条款进行计量，但合同价款则按照支付分解表进行支付。
12.3.6　其他价格形式合同的计量 合同当事人可在专用合同条款中约定其他价格形式合同的计量方式和程序。		12.3.6款是关于其他价格形式合同的计量方式和程序的约定。如承发包双方在《专用合同条款》中约定了其他价格形式，如成本加酬金或定额计价等价格形式，则应对其计量方式和程序也作出明确的约定。
12.4　工程进度款支付 **12.4.1　付款周期** 除专用合同条款另有约定外，付款周期应按照第12.3.2项〔计量周期〕的约定与计量周期保持一致。 **12.4.2　进度付款申请单的编制** 除专用合同条款另有约定外，进度付款申请单应包括下列内容： （1）截至本次付款周期已完成工作对应的金额； （2）根据第10条〔变更〕应增加和扣减的变更金额；	**26.　工程款（进度款）支付**	本款已作修改。 《建设工程施工合同（示范文本）》（GF—2013—0201）增加12.4.1款关于工程进度款支付周期的约定。工程进度款的付款周期与计量周期相统一，按计量确认后的工程量支付工程进度款。工程量的确认是工程进度款支付的前提和依据。承包人应积极做好工程量的计量工作，以保证及时获得进度款。 《建设工程施工合同（示范文本）》（GF—2013—0201）增加12.4.2款关于承包人编制进度付款申请单内容的约定。 本款明确了进度付款申请单应当包括的具体内容。承包人应及时按约定对工程中出现的合同价款变动与本期进度款同期调整；如调整增加，应一并申请支付；如调整减少，应进行同期扣减。

《建设工程施工合同（示范文本）》（GF—2013—0201）第二部分 通用合同条款	《建设工程施工合同（示范文本）》（GF—1999—0201）第二部分 通用条款	对照解读
（3）根据第 12.2 款〔预付款〕约定应支付的预付款和扣减的返还预付款； （4）根据第 15.3 款〔质量保证金〕约定应扣减的质量保证金； （5）根据第 19 条〔索赔〕应增加和扣减的索赔金额； （6）对已签发的进度款支付证书中出现错误的修正，应在本次进度付款中支付或扣除的金额； （7）根据合同约定应增加和扣减的其他金额。		对于承包人提交的工程进度付款申请单的格式和份数，在实践中，为了避免承包人提交的进度付款申请单因格式和份数不被监理人接受而退还，承发包双方应在《专用合同条款》中对格式和份数作出明确的约定。
12.4.3 进度付款申请单的提交		《建设工程施工合同（示范文本）》（GF—2013—0201）增加 12.4.3 款关于承包人提交进度付款申请单的程序约定。
（1）单价合同进度付款申请单的提交 单价合同的进度付款申请单，按照第 12.3.3 项〔单价合同的计量〕约定的时间按月向监理人提交，并附上已完成工程量报表和有关资料。单价合同中的总价项目按月进行支付分解，并汇总列入当期进度付款申请单。		第（1）项是关于承包人提交单价合同进度付款申请单的程序约定。本款约定承包人应于每月 25 日向监理人提交单价合同进度付款申请单、已完工程量报告和计量资料。 如存在单价合同的总价项目时，则按月对总价项目进行支付分解，最后汇总列入当期进度付款申请单中。
（2）总价合同进度付款申请单的提交 总价合同按月计量支付的，承包人按照第 12.3.4 项〔总价合同的计量〕约定的时间按月向监理人提交进度付款申请单，并附上已完成工		第（2）项是关于承包人提交总价合同进度付款申请单的程序约定。本款对总价合同进度付款申请单的提交程序根据计量方式不同约定了两种情况：

《建设工程施工合同（示范文本）》（GF—2013—0201）第二部分　通用合同条款	《建设工程施工合同（示范文本）》（GF—1999—0201）第二部分　通用条款	对照解读
程量报表和有关资料。 总价合同按支付分解表支付的，承包人应按照第 12.4.6 项〔支付分解表〕及第 12.4.2 项〔进度付款申请单的编制〕的约定向监理人提交进度付款申请单。		一是总价合同按月计量支付的，承包人应于每月 25 日向监理人提交总价合同进度付款申请单、已完工程量报告和计量资料。 二是总价合同按支付分解表支付的，承包人应在收到监理人和发包人批准的施工进度计划后 7 天内提交进度付款申请单。
（3）其他价格形式合同的进度付款申请单的提交 合同当事人可在专用合同条款中约定其他价格形式合同的进度付款申请单的编制和提交程序。		第（3）项是关于承包人提交其他价格形式进度付款申请单的程序约定。 如承发包双方在《专用合同条款》中约定了其他价格形式，如成本加酬金或定额计价等价格形式，则应对其进度付款申请单的编制和提交程序也作出明确的约定。
12.4.4　进度款审核和支付		12.4.4 款是关于进度款审核、签发进度付款证书的程序以及进度款支付时间等的约定。《建设工程施工合同（示范文本）》（GF—2013—0201）与《建设工程施工合同（示范文本）》（GF—1999—0201）相比，对进度款的审核与支付进行了细化，增加“进度款支付证书”的约定。 支付证书是一种用于确认发包人应付给承包人款项的凭证。发包人向承包人签发进度款支付证书的目的，是为了分期向承包人支付工程款项，缓解资金压力，保证工程进度；通过进度付款估价工作，确认发包人没有超付或欠

《建设工程施工合同（示范文本）》（GF—2013—0201）第二部分 通用合同条款	《建设工程施工合同（示范文本）》（GF—1999—0201）第二部分 通用条款	对照解读
		付，有利于控制工程造价和方便工程结算。相对于竣工付款证书的结论性，进度款支付证书不是结论性的，进度款支付证书不体现最终结算的工程价款，也不体现对工程质量的最终认定。
（1）除专用合同条款另有约定外，监理人应在收到承包人进度付款申请单以及相关资料后7天内完成审查并报送发包人，发包人应在收到后7天内完成审批并签发进度款支付证书。发包人逾期未完成审批且未提出异议的，视为已签发进度款支付证书。		注意第（1）项发包人签发进度款支付证书的限制条件：监理人在收到承包人的进度付款申请单7天内完成核查，并提经发包人审查同意；为了防止发包人拖延支付进度款，本项约定了发包人的“默示条款”，发包人应在收到监理人核查的进度付款申请单后7天内完成审核或提出异议，否则将视为同意承包人的进度付款申请，视为已向承包人签发了进度款支付证书。 承包人应注意的是，经发包人签认的“证书”，除本款的“进度款支付证书”外，还有“临时进度款支付证书”、“竣工付款证书”、“最终结清证书”、“工程接收证书”、“单位工程接收证书”和“缺陷责任期终止证书”。
发包人和监理人对承包人的进度付款申请单有异议的，有权要求承包人修正和提供补充资料，承包人应提交修正后的进度付款申请单。监理人应在收到承包人修正后的进度付款申请单及相关资料后7天内完成审查并报送发包人，发包人应在收到监理人报送的进度付款申请单及相关资料后7天内，向承包人签发无异议部分		本款约定了对进度付款申请单有异议时的处理程序。发包人和监理人对承包人提交的进度付款申请单有异议的，承包人应按发包人和监理人要求进行修正，并在修正后重新提交经修正的进度付款申请单。 本款对发包人和监理人审核修正进度付款申请单的时间也作了限制。

《建设工程施工合同（示范文本）》（GF—2013—0201）第二部分　通用合同条款	《建设工程施工合同（示范文本）》（GF—1999—0201）第二部分　通用条款	对照解读
的临时进度款支付证书。存在争议的部分，按照第 20 条〔争议解决〕的约定处理。		为了保证承包人及时获得进度款，对于无异议部分的进度付款申请，本款约定了发包人向承包人签发临时进度款支付证书的义务。
（2）除专用合同条款另有约定外，发包人应在进度款支付证书或临时进度款支付证书签发后 14 天内完成支付，发包人逾期支付进度款的，应按照中国人民银行发布的同期同类贷款基准利率支付违约金。	**26.1**　在确认计量结果后 14 天内，发包人应向承包人支付工程款（进度款）。按约定时间发包人应扣回的预付款，与工程款（进度款）同期结算。 **26.2**　本通用条款第 23 条确定调整的合同价款，第 31 条工程变更调整的合同价款及其他条款中约定的追加合同价款，应与工程款（进度款）同期调整支付。 **26.3**　发包人超过约定的支付时间不支付工程款（进度款），承包人可向发包人发出要求付款的通知，发包人收到承包人通知后仍不能按要求付款，可与承包人协商签订延期付款协议，经承包人同意后可延期支付。协议应明确延期支付的时间和从计量结果确认后第 15 天起应付款的贷款利息。 **26.4**　发包人不按合同约定支付工程款（进度款），双方又未达成延期付款协议，导致施工无法进行，承包人可停止施工，由发包人承担违约责任。	注意第（2）项发包人支付进度款和（或）临时进度款的时间限制：在进度款支付证书或临时进度款支付证书签发后 14 天内完成支付。在此承包人还应注意：发包人不按期支付进度款的，如承发包双方在《专用合同条款》中有进一步约定逾期付款违约金标准的，按约定执行；如未进一步约定逾期付款违约金的，则按本款约定，即按照中国人民银行发布的同期同类贷款基准利率计算违约金。 承包人应重点注意该条款的修改，《建设工程施工合同（示范文本）》（GF—2013—0201）删除了《建设工程施工合同（示范文本）》（GF—1999—0201）中约定的“协商签订延期付款协议”和“停止施工”的权利。 在《建设工程施工合同（示范文本）》（GF—2013—0201）征求意见稿中，【进度付款证书和支付时间】之（1）曾约定为“监理人在收到承包人进度付款申请单以及相应的支持性证明文件后的 14 天内完成核查，提出发包人到期应支付给承包人的金额以及相应的支持性材料，经发包人审查同意后，由监理人向承包人出具发包人签认的进度付款证书”。鉴于没

《建设工程施工合同（示范文本）》（GF—2013—0201）第二部分　通用合同条款	《建设工程施工合同（示范文本）》（GF—1999—0201）第二部分　通用条款	对照解读
		有约定发包人的审核工作完成时限，实践中容易成为拖延付款的借口，为防止条款所设计的程序出现疏漏，笔者曾建议修改为：“监理人在收到承包人进度付款申请单以及相应的支持性证明文件后的14天内完成核查，提出发包人到期应支付给承包人的金额以及相应的支持性材料，发包人应在监理人收到承包人进度付款申请单以及相应的支持性证明文件后的21天内完成审查。如发包人审查同意，监理人应在监理人收到承包人进度付款申请单以及相应的支持性证明文件后的22天内向承包人出具经发包人签认的进度付款证书”。
（3）发包人签发进度款支付证书或临时进度款支付证书，不表明发包人已同意、批准或接受了承包人完成的相应部分的工作。		注意第（3）项发包人签发进度款支付证书或临时进度款支付证书，只表明同意支付进度款的数额，并不被视为已同意、批准或接受了承包人完成的该部分工作。
12.4.5　进度付款的修正 在对已签发的进度款支付证书进行阶段汇总和复核中发现错误、遗漏或重复的，发包人和承包人均有权提出修正申请。经发包人和承包人同意的修正，应在下期进度付款中支付或扣除。		《建设工程施工合同（示范文本）》（GF—2013—0201）增加12.4.5款关于进度付款修正的程序约定。发包人有修正的权利，承包人也有提出修正申请的权利。经双方复核同意后的修正，计入下期进度付款中。
12.4.6　支付分解表		《建设工程施工合同（示范文本）》（GF—2013—0201）增加12.4.6款关于支付分解表的编制与审批的程序约定。

《建设工程施工合同（示范文本）》（GF—2013—0201）第二部分　通用合同条款	《建设工程施工合同（示范文本）》（GF—1999—0201）第二部分　通用条款	对照解读
1. 支付分解表的编制要求		第 1 款是关于支付分解编制要求的约定。
（1）支付分解表中所列的每期付款金额，应为第 12.4.2 项〔进度付款申请单的编制〕第（1）目的估算金额；		第（1）项约定支付分解表中所列的每期付款金额应与当期已完成工作的估算金额相同；
（2）实际进度与施工进度计划不一致的，合同当事人可按照第 4.4 款〔商定或确定〕修改支付分解表；		第（2）项当工程实际进度与施工进度计划不一致时，需要启动商定或确定机制对支付分解表进行修改；
（3）不采用支付分解表的，承包人应向发包人和监理人提交按季度编制的支付估算分解表，用于支付参考。		第（3）项约定不采用支付分解表时，可按季度编制的支付估算分解表作为支付的参考。
2. 总价合同支付分解表的编制与审批		第 2 款是关于总价合同支付分解表编制要求与审批程序的约定。
（1）除专用合同条款另有约定外，承包人应根据第 7.2 款〔施工进度计划〕约定的施工进度计划、签约合同价和工程量等因素对总价合同按月进行分解，编制支付分解表。承包人应当在收到监理人和发包人批准的施工进度计划后 7 天内，将支付分解表及编制支付分解表的支持性资料报送监理人。		第（1）项约定承包人在编制总价合同支付分解表时，应根据第 7.2 款约定的施工进度计划、签约合同价和工程量等因素对总价合同按月进行分解，形成支付分解表，并将支付分解表及编制支付分解表的支持性资料，在收到监理人和发包人批准的施工进度计划后 7 天内报送监理人。
（2）监理人应在收到支付分解表后 7 天内完成审核并报送发包人。发包人应在收到经监理人审核的支付分解表后 7 天内完成审批，经发包人批准的支付分解表为有约束力的支付分解表。		第（2）项对监理人审核报送支付分解表及发包人完成审批的时间作了限制，经发包人批准的支付分解表为有约束力的支付分解表。
（3）发包人逾期未完成支付分解表审批的，也未及时要求承包人进行修正和提供补充资		第（3）项对发包人逾期完成审批约定了“默示条款”，即发包人未及时完成支付分解表的

《建设工程施工合同（示范文本）》（GF—2013—0201）第二部分 通用合同条款	《建设工程施工合同（示范文本）》（GF—1999—0201）第二部分 通用条款	对照解读
料的，则承包人提交的支付分解表视为已经获得发包人批准。 **3. 单价合同的总价项目支付分解表的编制与审批** 除专用合同条款另有约定外，单价合同的总价项目，由承包人根据施工进度计划和总价项目的总价构成、费用性质、计划发生时间和相应工程量等因素按月进行分解，形成支付分解表，其编制与审批参照总价合同支付分解表的编制与审批执行。		审批，也未及时要求承包人修正的，视为发包人已认可承包人提交的支付分解表。 第 3 款是单价合同的总价项目支付分解表编制要求与审批程序的约定。 承包人在编制单价合同的总价项目支付分解表时，应根据施工进度计划和总价项目的总价构成、费用性质、计划发生时间和相应工程量等因素按月进行分解，形成支付分解表，并将支付分解表及编制支付分解表的支持性资料，在收到监理人和发包人批准的施工进度计划后 7 天内报送监理人。 监理人应在收到支付分解表后 7 天内完成审核并报送发包人。发包人应在收到经监理人审核的支付分解表后 7 天内完成审批，经发包人批准的支付分解表为有约束力的支付分解表。 发包人逾期未完成支付分解表审批的，也未及时要求承包人进行修正和提供补充资料的，则承包人提交的支付分解表视为已经获得发包人批准。
12.5 支付账户 发包人应将合同价款支付至合同协议书中约定的承包人账户。		本款为新增条款。 《建设工程施工合同（示范文本）》（GF—2013—0201）增加 12.5 款关于支付账户的特别约定。 为了保证合同价款的“专款专用”，预防承发包双方之间因合同价款支付发生争议，本款约定发包人应将合同价款支付至《合同协议书》中约定的承包人账户。

《建设工程施工合同（示范文本）》（GF—2013—0201）第二部分　通用合同条款	《建设工程施工合同（示范文本）》（GF—1999—0201）第二部分　通用条款	对照解读
13. 验收和工程试车 **13.1　分部分项工程验收**		本款为新增条款。 《建设工程施工合同（示范文本）》（GF—2013—0201）将分部分项工程验收单独列明且强调分部分项工程的验收是竣工验收的重要组成部分，以保障整体工程的验收质量。
13.1.1　分部分项工程质量应符合国家有关工程施工验收规范、标准及合同约定，承包人应按照施工组织设计的要求完成分部分项工程施工。		13.1.1 款是关于分部分项工程验收标准的约定。分部分项工程验收是整个工程竣工验收的重要组成部分，本款约定分部分项工程验收应严格按照国家有关工程施工验收规范、标准以及合同的约定进行，以确保整体工程的验收质量。
13.1.2　除专用合同条款另有约定外，分部分项工程经承包人自检合格并具备验收条件的，承包人应提前 48 小时通知监理人进行验收。监理人不能按时进行验收的，应在验收前 24 小时向承包人提交书面延期要求，但延期不能超过 48 小时。监理人未按时进行验收，也未提出延期要求的，承包人有权自行验收，监理人应认可验收结果。分部分项工程未经验收的，不得进入下一道工序施工。 分部分项工程的验收资料应当作为竣工资料的组成部分。		13.1.2 款是关于分部分项工程验收的程序约定。承包人自检合格并确认具备验收条件后，提前 48 小时通知监理人进行验收。监理人在收到承包人验收通知后，应及时参与验收；如果监理人不能按约定时间进行验收的，应在验收前 24 小时内向承包人提交书面的延期验收要求，但延期不能超过 48 小时。监理人既未按时验收也未提出延期验收要求的，承包人可自行验收，且监理人应认可承包人自检结果。分部分项工程未经验收的，承包人不得进入下一道工序的施工。 由于分部分项工程验收是竣工验收的重要组成部分，因此分部分项工程的验收资料应当作为竣工验收资料的组成部分。

《建设工程施工合同（示范文本）》（GF—2013—0201）第二部分 通用合同条款	《建设工程施工合同（示范文本）》（GF—1999—0201）第二部分 通用条款	对照解读
13.2 竣工验收 **13.2.1 竣工验收条件**	**九、竣工验收与结算** **32. 竣工验收**	本款已作修改。 “竣工验收”是体现建设工程已完成的一个里程碑事件，是建设工程施工中的关键环节，亦是建设工程施工合同中的关键条款。由承包人提交竣工验收申请报告启动竣工验收程序。
工程具备以下条件的，承包人可以申请竣工验收： （1）除发包人同意的甩项工作和缺陷修补工作外，合同范围内的全部工程以及有关工作，包括合同要求的试验、试运行以及检验均已完成，并符合合同要求； （2）已按合同约定编制了甩项工作和缺陷修补工作清单以及相应的施工计划； （3）已按合同约定的内容和份数备齐竣工资料。		本款是关于工程需具备的竣工验收条件的约定。《建设工程施工合同（示范文本）》（GF—2013—0201）增加明确了工程需具备的三项验收条件。 《建设工程质量管理条例》第十六条第二款规定，建设工程竣工验收应当具备下列条件：（一）完成建设工程设计和合同约定的各项内容；（二）有完整的技术档案和施工管理资料；（三）有工程使用的主要建筑材料、建筑构配件和设备的进场试验报告；（四）有勘察、设计、施工、工程监理等单位分别签署的质量合格文件；（五）有施工单位签署的工程保修书。 承包人应提前做好竣工验收各方面的准备工作，对于竣工资料的分类组卷应符合工程实际形成的规律，并按国家有关规定将所有竣工档案装订成册，并达到归档范围的要求。达到约定的所有竣工验收条件后，及时提出竣工验收申请。行业主管部门和城建档案馆对竣工资料内容或份数有规定的，应按规定提交。

《建设工程施工合同（示范文本）》（GF—2013—0201）第二部分　通用合同条款	《建设工程施工合同（示范文本）》（GF—1999—0201）第二部分　通用条款	对照解读
13.2.2　竣工验收程序 除专用合同条款另有约定外，承包人申请竣工验收的，应当按照以下程序进行：		本款是关于竣工验收具体程序的约定。 对一个建设项目的全部工程竣工验收而言，竣工验收的组织工作由发包人负责。承包人作为建设工程承包主体，应全过程参加有关的工程竣工验收工作，并为确保顺利进行竣工验收创造必要的条件，这是承包人的合同义务。竣工验收涉及的责任重大，项目各方应引起重视。
（1）承包人向监理人报送竣工验收申请报告，监理人应在收到竣工验收申请报告后14天内完成审查并报送发包人。监理人审查后认为尚不具备验收条件的，应通知承包人在竣工验收前承包人还需完成的工作内容，承包人应在完成监理人通知的全部工作内容后，再次提交竣工验收申请报告。	**32.1**　工程具备竣工验收条件，承包人按国家工程竣工验收有关规定，向发包人提供完整竣工资料及竣工验收报告。双方约定由承包人提供竣工图的，应当在专用条款内约定提供的日期和份数。	第（1）项《建设工程施工合同（示范文本）》（GF—2013—0201）对承包人提交竣工验收申请报告启动竣工验收程序进行了细化。承包人报送的竣工验收申请报告的对象为监理人；监理人完成审查的时限为收到承包人竣工验收申请报告后14天内并报送发包人。 承包人需特别注意本款区分不同情形约定的竣工验收程序：监理人审查认为尚不具备竣工验收条件时的，应及时通知承包人，说明不具备竣工验收条件的原因，列出还需完成的工作；承包人完成该工作后再次提交竣工验收申请，监理人具有最终决定权。 承包人在提交竣工验收申请报告时，经发包人同意，可将某些不影响工程使用的甩项工程留待缺陷责任期内完成，以使工程尽早发挥效益。

《建设工程施工合同（示范文本）》（GF—2013—0201）第二部分 通用合同条款	《建设工程施工合同（示范文本）》（GF—1999—0201）第二部分 通用条款	对照解读
（2）监理人审查后认为已具备竣工验收条件的，应将竣工验收申请报告提交发包人，发包人应在收到经监理人审核的竣工验收申请报告后28天内审批完毕并组织监理人、承包人、设计人等相关单位完成竣工验收。	**32.2** 发包人收到竣工验收报告后28天内组织有关单位验收，并在验收后14天内给予认可或提出修改意见。承包人按要求修改，并承担由自身原因造成修改的费用。	第（2）项《建设工程施工合同（示范文本）》（GF—2013—0201）增加对监理人审查认为具备竣工验收条件时处理程序的约定。 为了防止发包人拖延验收时间，本款对发包人完成竣工验收的时间作了限制约定，即在收到监理人经审核的竣工验收申请报告后28天内组织监理人、承包人、设计人等相关单位完成竣工验收工作。 《建设工程质量管理条例》第十六条第一款规定，建设单位收到建设工程竣工报告后，应当组织设计、施工、工程监理等有关单位进行竣工验收。
（3）竣工验收合格的，发包人应在验收合格后14天内向承包人签发工程接收证书。发包人无正当理由逾期不颁发工程接收证书的，自验收合格后第15天起视为已颁发工程接收证书。	**32.3** 发包人收到承包人送交的竣工验收报告后28天内不组织验收，或验收后14天内不提出修改意见，视为竣工验收报告已被认可。 **32.5** 发包人收到承包人竣工验收报告后28天内不组织验收，从第29天起承担工程保管及一切意外责任。 **32.6** 中间交工工程的范围和竣工时间，双方在专用条款内约定，其验收程序按本通用条款32.1款至32.4款办理。	《建设工程施工合同（示范文本）》（GF—2013—0201）增加第（3）项关于竣工验收合格后签发工程接收证书的程序约定。 发包人应在工程竣工验收合格后14天内向承包人签发工程接收证书。为了督促发包人及时签发工程接收证书，本款约定发包人无正当理由逾期不签发的，自验收合格后第15天起视为已签发工程接收证书。 工程接收证书是竣工验收的证明文件，是证明工程经过竣工检验并已被发包人接收的证明文件。

《建设工程施工合同（示范文本）》（GF—2013—0201）第二部分　通用合同条款	《建设工程施工合同（示范文本）》（GF—1999—0201）第二部分　通用条款	对照解读
（4）竣工验收不合格的，监理人应按照验收意见发出指示，要求承包人对不合格工程返工、修复或采取其他补救措施，由此增加的费用和（或）延误的工期由承包人承担。承包人在完成不合格工程的返工、修复或采取其他补救措施后，应重新提交竣工验收申请报告，并按本项约定的程序重新进行验收。		《建设工程施工合同（示范文本）》（GF—2013—0201）增加第（4）项关于竣工验收不合格时的处理程序约定。 承包人应按监理人发出的指示修复或补救后重新申请竣工验收，并承担由此产生的相关费用和（或）工期延误损失。
（5）工程未经验收或验收不合格，发包人擅自使用的，应在转移占有工程后7天内向承包人颁发工程接收证书；发包人无正当理由逾期不颁发工程接收证书的，自转移占有后第15天起视为已颁发工程接收证书。	**32.8**　工程未经竣工验收或竣工验收未通过的，发包人不得使用。发包人强行使用时，由此发生的质量问题及其他问题，由发包人承担责任。	第（5）项是关于发包人擅自使用未经竣工验收或验收不合格工程时的责任承担约定。发包人应在转移占有工程后7天内向承包人颁发工程接收证书；逾期颁发的自转移占有工程第15天起视为已向承包人颁发工程接收证书。
除专用合同条款另有约定外，发包人不按照本项约定组织竣工验收、颁发工程接收证书的，每逾期一天，应以签约合同价为基数，按照中国人民银行发布的同期同类贷款基准利率支付违约金。		本款对发包人逾期竣工验收和颁发工程接收证书的责任承担作了明确，即每逾期一天，应以签约合同价为基数，按照中国人民银行发布的同期同类贷款基准利率支付违约金。本款也赋予承发包双方可在《专用合同条款》中约定承担违约责任的其他方式。
13.2.3　竣工日期 工程经竣工验收合格的，以承包人提交竣工验收申请报告之日为实际竣工日期，并在工程接收证书中载明；因发包人原因，未在监理人	**32.4**　工程竣工验收通过，承包人送交竣工验收报告的日期为实际竣工日期。工程按发包人要求修改后通过竣工验收的，实际竣工日期	本款是关于竣工日期确定原则的约定。 《建设工程施工合同（示范文本）》（GF—2013—0201）对工程竣工日期区分三种情形作了明确：

《建设工程施工合同（示范文本）》（GF—2013—0201）第二部分 通用合同条款	《建设工程施工合同（示范文本）》（GF—1999—0201）第二部分 通用条款	对照解读
收到承包人提交的竣工验收申请报告42天内完成竣工验收，或完成竣工验收不予签发工程接收证书的，以提交竣工验收申请报告的日期为实际竣工日期；工程未经竣工验收，发包人擅自使用的，以转移占有工程之日为实际竣工日期。	为承包人修改后提请发包人验收的日期。	（1）工程经竣工验收合格的，以承包人提交竣工验收申请报告之日为实际竣工日期，并在工程接收证书中载明； （2）因发包人原因，未在监理人收到承包人提交的竣工验收申请报告42天内完成竣工验收，或完成竣工验收不予签发工程接收证书的，以提交竣工验收申请报告的日期为实际竣工日期； （3）工程未经竣工验收，发包人擅自使用的，以转移占有工程之日为实际竣工日期。 最高人民法院《关于审理建设工程施工合同纠纷案件适用法律问题的解释》第十四条规定，当事人对建设工程实际竣工日期有争议的，按照以下情形分别处理：（1）建设工程经竣工验收合格的，以竣工验收合格之日为竣工日期；（2）承包人已经提交竣工验收报告，发包人拖延验收的，以承包人提交验收报告之日为竣工日期；（3）建设工程未经竣工验收，发包人擅自使用的，以转移占有建设工程之日为竣工日期。
13.2.4 拒绝接收全部或部分工程 对于竣工验收不合格的工程，承包人完成整改后，应当重新进行竣工验收，经重新组织验收仍不合格的且无法采取措施补救的，则发包人可以拒绝接收不合格工程，因不合格工程导		《建设工程施工合同（示范文本）》（GF—2013—0201）增加13.2.4款关于竣工验收不合格工程的处理程序及责任承担约定。 承包人应尽量保证相关工程通过竣工验收，如未能通过，承包人应采取措施重新进行修复、

《建设工程施工合同（示范文本）》（GF—2013—0201）第二部分　通用合同条款	《建设工程施工合同（示范文本）》（GF—1999—0201）第二部分　通用条款	对照解读
致其他工程不能正常使用的，承包人应采取措施确保相关工程的正常使用，由此增加的费用和（或）延误的工期由承包人承担。		补救；如再次验收仍未通过，发包人可拒绝接收该不合格的工程；该不合格部分工程影响其他部分工程正常使用的，承包人还应采取措施确保受影响工程的正常使用，并承担由此增加的费用和（或）延误的工期损失。
13.2.5　移交、接收全部与部分工程 除专用合同条款另有约定外，合同当事人应当在颁发工程接收证书后7天内完成工程的移交。		《建设工程施工合同（示范文本）》（GF—2013—0201）增加13.2.5款关于工程接收、移交及责任承担的约定。本款明确了移交工程的期限，即应当在颁发工程接收证书后7天内完成工程移交工作。
发包人无正当理由不接收工程的，发包人自应当接收工程之日起，承担工程照管、成品保护、保管等与工程有关的各项费用，合同当事人可以在专用合同条款中另行约定发包人逾期接收工程的违约责任。		本款是发包人无正当理由不接收工程时的责任承担约定。发包人自应当接收工程之日起，承担工程照管、成品保护、保管等与工程有关的各项费用，本款赋予承发包双方可在《专用合同条款》中另行约定发包人逾期接收工程时应承担的其他违约责任。
承包人无正当理由不移交工程的，承包人应承担工程照管、成品保护、保管等与工程有关的各项费用，合同当事人可以在专用合同条款中另行约定承包人无正当理由不移交工程的违约责任。		本款是承包人无正当理由不移交工程时的责任承担约定。承包人承担工程照管、成品保护、保管等与工程有关的各项费用，本款亦赋予承发包双方可在《专用合同条款》中另行约定承包人无正当理由不移交工程应承担的其他违约责任。

《建设工程施工合同（示范文本）》（GF—2013—0201）第二部分 通用合同条款	《建设工程施工合同（示范文本）》（GF—1999—0201）第二部分 通用条款	对照解读
13.3 工程试车 **13.3.1 试车程序**	**19. 工程试车**	本款已作修改。 工程试车是指工程在竣工时期对设备、电路、管线等系统的试运行，看是否运转正常，是否满足设计及规范要求。工程试车的方式一般有单机无负荷试车、联动无负荷试车和投料试车。
工程需要试车的，除专用合同条款另有约定外，试车内容应与承包人承包范围相一致，试车费用由承包人承担。工程试车应按如下程序进行： （1）具备单机无负荷试车条件，承包人组织试车，并在试车前48小时书面通知监理人，通知中应载明试车内容、时间、地点。承包人准备试车记录，发包人根据承包人要求为试车提供必要条件。试车合格的，监理人在试车记录上签字。监理人在试车合格后不在试车记录上签字，自试车结束满24小时后视为监理人已经认可试车记录，承包人可继续施工或办理竣工验收手续。	**19.1** 双方约定需要试车的，试车内容应与承包人承包的安装范围相一致。 **19.2** 设备安装工程具备单机无负荷试车条件，承包人组织试车，并在试车前48小时以书面形式通知工程师。通知包括试车内容、时间、地点。承包人准备试车记录，发包人根据承包人要求为试车提供必要条件。试车合格，工程师在试车记录上签字。 （5）工程师在试车合格后不在试车记录上签字，试车结束24小时后，视为工程师已经认可试车记录，承包人可继续施工或办理竣工手续。	承发包双方约定工程需要试车的，试车内容应与承包人承包工程范围相一致，试车费用由承包人承担，并按照下列程序进行： 第（1）项是单机无负荷试车程序的约定。单机无负荷试车是指具备独立运行能力但又不能独立完成生产任务的机器设备的试运行。单机无负荷试车由承包人组织，发包人为试车提供必要的条件。承包人应在试车前48小时以书面形式通知监理人，监理人应按时参加试车。试车合格的，监理人在试车记录上签字确认。监理人不签字确认的，自试车结束满24小时后视为已经认可承包人的试车记录。
监理人不能按时参加试车，应在试车前24小时以书面形式向承包人提出延期要求，但延期不能超过48小时，由此导致工期延误的，工期应予以顺延。监理人未能在前述期限内提出延期要求，又不参加试车的，视为认可试车记录。	**19.3** 工程师不能按时参加试车，须在开始试车前24小时以书面形式向承包人提出延期要求，不参加试车，应承认试车记录。	为了保证后续施工的顺利进行，如监理人不能按时参加试车时，应在试车前24小时以书面形式向承包人提出延期试车要求，但延期不能超过48小时。《建设工程施工合同（示范文本）》（GF—2013—0201）增加约定监理人逾期

《建设工程施工合同（示范文本）》（GF—2013—0201）第二部分　通用合同条款	《建设工程施工合同（示范文本）》（GF—1999—0201）第二部分　通用条款	对照解读
		不参加试车也未提出延期试车要求的，视为监理人认可承包人的试车记录。
（2）具备无负荷联动试车条件，发包人组织试车，并在试车前48小时以书面形式通知承包人。通知中应载明试车内容、时间、地点和对承包人的要求，承包人按要求做好准备工作。试车合格，合同当事人在试车记录上签字。承包人无正当理由不参加试车的，视为认可试车记录。	**19.4**　设备安装工程具备无负荷联动试车条件，发包人组织试车，并在试车内容、时间、地点和对承包人的要求，承包人按要求做好准备工作。试车合格，双方在试车记录上签字。	第（2）项是关于无负荷联动试车程序的约定。无负荷联动试车是指整个设备安装工程完成并具备完整生产能力后的联合试运行，是建立在所有的单机无负荷试车合格基础上进行的。进行无负荷联动试车的，由发包人组织试车，并在组织试车前48小时以书面形式通知承包人。承包人应按要求做好试车准备工作。试车合格的，参加试车的各方在试车记录上签字确认。《建设工程施工合同（示范文本）》（GF—2013—0201）增加约定承包人无正当理由不参加试车的，视为认可试车记录。
13.3.2　试车中的责任 因设计原因导致试车达不到验收要求，发包人应要求设计人修改设计，承包人按修改后的设计重新安装。发包人承担修改设计、拆除及重新安装的全部费用，工期相应顺延。因承包人原因导致试车达不到验收要求，承包人按监理人要求重新安装和试车，并承担重新安装和试车的费用，工期不予顺延。	**19.5　双方责任** （1）由于设计原因试车达不到验收要求，发包人应要求设计单位修改设计，承包人按修改后的设计重新安装。发包人承担修改设计、拆除及重新安装的全部费用和追加合同价款，工期相应顺延。 （3）由于承包人施工原因试车不到验收要求，承包人按工程师要求重新安装和试车，并承担重新安装和试车的费用，工期不予顺延。	本款是关于工程试车的责任承担约定。本款将工程试车结果达不到验收要求，依据各方对工程试车结果的权利义务来确认责任的承担者： （1）设计责任，由发包人承担因设计方责任导致的费用增加和工期损失； （2）承包人施工责任，由承包人承担因此增加的费用和工期损失； （3）采购方责任，此时的责任承担遵循“谁采购、谁负责”的原则。

《建设工程施工合同（示范文本）》（GF—2013—0201）第二部分 通用合同条款	《建设工程施工合同（示范文本）》（GF—1999—0201）第二部分 通用条款	对照解读
因工程设备制造原因导致试车达不到验收要求的，由采购该工程设备的合同当事人负责重新购置或修理，承包人负责拆除和重新安装，由此增加的修理、重新购置、拆除及重新安装的费用及延误的工期由采购该工程设备的合同当事人承担。	（2）由于设备制造原因试车达不到验收要求，由该设备采购一方负责重新购置或修理，承包人负责拆除和重新安装。设备由承包人采购的，由承包人承担修理或重新购置、拆除及重新安装的费用，工期不予顺延；设备由发包人采购的，发包人承担上述各项追加合同价款，工期相应顺延。	
	（4）试车费用除已包括在合同价款之内或专用条款另有约定外，均由发包人承担。	《建设工程施工合同（示范文本）》（GF—2013—0201）将《建设工程施工合同（示范文本）》（GF—1999—0201）中“试车费用由发包人承担”修改为“除专用合同条款另有约定外，试车费用由承包人承担”。
13.3.3 投料试车 如需进行投料试车的，发包人应在工程竣工验收后组织投料试车。发包人要求在工程竣工验收前进行或需要承包人配合时，应征得承包人同意，并在专用合同条款中约定有关事项。	**19.6 投料试车** 投料试车应在工程竣工验收后由发包人负责，如发包人要求在工程竣工验收前进行或需要承包人配合时，应征得承包人同意，另行签订补充协议。	本款是关于投料试车程序及责任承担的约定。投料试车是建立在联动无负荷试车合格基础上的试生产，试车合格的要求是整个设备安装工程按设计要求生产出了合格产品。 投料试车，应当在工程竣工验收后，由发包人全部负责。如发包人要求承包人配合或将投料试车改在工程竣工验收前进行时，应征得承包人同意；并且发包人应与承包人在《专用合同条款》中对双方的责任和义务进行明确。投料试车是在安装的设备上进行的机器试生产。如果此时出现设备达不到设计生产能力的情形，其原因比较复杂，通常不是由于承包人的设备安装行为所造成。因此，一般工程不包括试车内容，如发包人要求需和承包人协商确定，并对

《建设工程施工合同（示范文本）》（GF—2013—0201）第二部分　通用合同条款	《建设工程施工合同（示范文本）》（GF—1999—0201）第二部分　通用条款	对照解读
投料试车合格的，费用由发包人承担；因承包人原因造成投料试车不合格的，承包人应按照发包人要求进行整改，由此产生的整改费用由承包人承担；非因承包人原因导致投料试车不合格的，如发包人要求承包人进行整改的，由此产生的费用由发包人承担。		有关事项作出补充约定。 《建设工程施工合同（示范文本）》（GF—2013—0201）增加对投料试车是否合格费用的承担约定：（1）投料试车合格的，以及非因承包人原因导致投料试车不合格时，发包人要求承包人进行整改的，费用均由发包人承担；（2）因承包人原因导致投料试车不合格的，承包人应按发包人要求进行整改，由此产生的整改费用及试车费用均由承包人自行承担。
13.4　提前交付单位工程的验收 **13.4.1**　发包人需要在工程竣工前使用单位工程的，或承包人提出提前交付已经竣工的单位工程且经发包人同意的，可进行单位工程验收，验收的程序按照第13.2款〔竣工验收〕的约定进行。 验收合格后，由监理人向承包人出具经发包人签认的单位工程接收证书。已签发单位工程接收证书的单位工程由发包人负责照管。单位工程的验收成果和结论作为整体工程竣工验收申请报告的附件。		本款为新增条款。 《建设工程施工合同（示范文本）》（GF—2013—0201）增加13.4款关于发包人对单位工程验收程序及责任承担的约定。 13.4.1款是关于单位工程验收程序的约定。 在工程实施过程中，工程竣工验收前，发包人为了提前使用单位工程让其发挥效益或是其他原因，以及承包人提出建议，均可进行单位工程的验收。本款约定实际上是给予发包人随时可以接收承包人已完成任一单位工程的权利。单位工程验收的程序按照第13.2款竣工验收的约定进行。 单位工程验收合格后，由监理人向承包人出具经发包人签认的单位工程接收证书。发包人承担此验收单位工程的照管责任，其验收成果及其验收记录等作为全部工程竣工验收资料的附件保存。

《建设工程施工合同（示范文本）》（GF—2013—0201）第二部分 通用合同条款	《建设工程施工合同（示范文本）》（GF—1999—0201）第二部分 通用条款	对照解读
13.4.2 发包人要求在工程竣工前交付单位工程，由此导致承包人费用增加和（或）工期延误的，由发包人承担由此增加的费用和（或）延误的工期，并支付承包人合理的利润。		13.4.2 款是关于单位工程验收的责任承担约定。 通常单位工程接收大都是发包人随时决定的，可能对承包人的施工部署有影响，因此在此种情形下，本款约定承包人有权要求发包人承担由此增加的费用和（或）工期延误损失，并支付合理利润。
13.5 施工期运行 **13.5.1** 施工期运行是指合同工程尚未全部竣工，其中某项或某几项单位工程或工程设备安装已竣工，根据专用合同条款约定，需要投入施工期运行的，经发包人按第13.4款〔提前交付单位工程的验收〕的约定验收合格，证明能确保安全后，才能在施工期投入运行。 **13.5.2** 在施工期运行中发现工程或工程设备损坏或存在缺陷的，由承包人按第15.2款〔缺陷责任期〕约定进行修复。		本款为新增条款。 《建设工程施工合同（示范文本）》（GF—2013—0201）增加13.5款关于施工期运行前提条件及责任承担的约定。 13.5.1 款是关于施工期运行前提条件的约定。 施工期投入运行的前提条件，是经发包人对单位工程验收合格，并证明能够确保安全的前提下才能进行。 13.5.2 款是关于施工期运行责任承担的约定。 在施工期运行中新发现工程或工程设备损坏和缺陷，可能是运行管理不当产生的，也可能在投入运行前已隐存的，应按约定由承发包双方各自承担应负的责任。
13.6 竣工退场		本款为新增条款。 《建设工程施工合同（示范文本）》（GF—2013—0201）增加13.6款关于竣工退场、地表还原及责任承担的约定。

<table>
<tr><th>《建设工程施工合同（示范文本）》
（GF—2013—0201）
第二部分　通用合同条款</th><th>《建设工程施工合同（示范文本）》
（GF—1999—0201）
第二部分　通用条款</th><th>对照解读</th></tr>
<tr><td>13.6.1　竣工退场
颁发工程接收证书后，承包人应按以下要求对施工现场进行清理：
（1）施工现场内残留的垃圾已全部清除出场；
（2）临时工程已拆除，场地已进行清理、平整或复原；
（3）按合同约定应撤离的人员、承包人施工设备和剩余的材料，包括废弃的施工设备和材料，已按计划撤离施工现场；
（4）施工现场周边及其附近道路、河道的施工堆积物，已全部清理；
（5）施工现场其他场地清理工作已全部完成。</td><td></td><td>13.6.1 款是关于竣工退场要求及逾期退场时的责任承担约定。
“竣工清场”是要求承包人在“工程接收证书”颁发后，将留存在施工现场的一些施工设备、剩余材料等清理掉，如有临时工程的须拆除，做好扫尾工作，清理好现场，直至监理人检验合格后，以便发包人使用已完成的工程。本款对承包人竣工退场的清理范围作了明确约定。
有时为了工程能尽早投入使用，或因在缺陷责任期内尚留有需使用的部分临时工程和施工设备，可能留下部分清场工作在缺陷责任期终止后完成，如遇此种情况，承发包双方应在《专用合同条款》中另行约定。</td></tr>
<tr><td>施工现场的竣工退场费用由承包人承担。承包人应在专用合同条款约定的期限内完成竣工退场，逾期未完成的，发包人有权出售或另行处理承包人遗留的物品，由此支出的费用由承包人承担，发包人出售承包人遗留物品所得款项在扣除必要费用后应返还承包人。</td><td></td><td>本款约定竣工退场费用由承包人自己承担。本款还对承包人逾期退场的责任承担作了明确，即发包人有权出售或另行处理承包人遗留在施工现场的材料、物品等，且由此支出的费用由承包人承担。但发包人在扣除必要费用后还有剩余的应返还承包人。</td></tr>
<tr><td>13.6.2　地表还原
承包人应按发包人要求恢复临时占地及清理场地，承包人未按发包人的要求恢复临时占地，或者场地清理未达到合同约定要求的，发包人有权委托其他人恢复或清理，所发生的费用由承包人承担。</td><td></td><td>13.6.2 款承包人应按发包人要求做好地表还原工作，否则发包人有权委托其他人进行，所产生的费用须由承包人承担，发包人可从支付给承包人的款项中扣除。</td></tr>
</table>

《建设工程施工合同（示范文本）》（GF—2013—0201）第二部分 通用合同条款	《建设工程施工合同（示范文本）》（GF—1999—0201）第二部分 通用条款	对照解读
14. 竣工结算 **14.1 竣工结算申请** 除专用合同条款另有约定外，承包人应在工程竣工验收合格后28天内向发包人和监理人提交竣工结算申请单，并提交完整的结算资料，有关竣工结算申请单的资料清单和份数等要求由合同当事人在专用合同条款中约定。 除专用合同条款另有约定外，竣工结算申请单应包括以下内容： （1）竣工结算合同价格； （2）发包人已支付承包人的款项； （3）应扣留的质量保证金； （4）发包人应支付承包人的合同价款。	**33. 竣工结算** **33.1** 工程竣工验收报告经发包人认可后28天内，承包人向发包人递交竣工结算报告及完整的结算资料，双方按照协议书约定的合同价款及专用条款约定的合同价款调整内容，进行工程竣工结算。	本款已作修改。 《建设工程施工合同（示范文本）》（GF—2013—0201）增加关于竣工结算申请单内容的约定。 承包人应注意本款的约定：（1）提交竣工结算申请单的时限：在工程竣工验收合格后28天内；（2）提交的对象：同时提交发包人和监理人；（3）提交的文件：竣工结算申请单和完整的结算资料；（4）竣工结算申请单应当包括的内容。 承包人应尽早整理好完整的结算资料，以便及时进行竣工结算。 支付条款不等于结算条款。承包人应将工程预付款、进度款与竣工结算条款进行关联理解。工程预付款和进度款的审查只是竣工结算的主要组成部分。
14.2 竣工结算审核 （1）除专用合同条款另有约定外，监理人应在收到竣工结算申请单后14天内完成核查并报送发包人。发包人应在收到监理人提交的经审	 **33.2** 发包人收到承包人递交的竣工结算报告及结算资料后28天内进行核实，给予确认或者提出修改意见。发包人确认竣工结算报告	本款已作修改。 本款是关于竣工结算审核、颁发竣工付款证书、竣工结算的支付及异议的程序约定。 《建设工程施工合同（示范文本）》（GF—2013—0201）增加“临时付款证书”及“双倍赔偿责任制度”的约定。 第（1）项是关于竣工结算审核与颁发竣工付款证书的程序约定。本款对发包人完成竣工结算审核作了时间限制，即应在收到承包人提

《建设工程施工合同（示范文本）》（GF—2013—0201）第二部分　通用合同条款	《建设工程施工合同（示范文本）》（GF—1999—0201）第二部分　通用条款	对照解读
核的竣工结算申请单后14天内完成审批，并由监理人向承包人签发经发包人签认的竣工付款证书。监理人或发包人对竣工结算申请单有异议的，有权要求承包人进行修正和提供补充资料，承包人应提交修正后的竣工结算申请单。	通知经办银行向承包人支付工程竣工结算价款。承包人收到竣工结算价款后14天内将竣工工程交付发包人。	交的竣工结算申请单后28天内完成竣工结算审核，由监理人向承包人签发经发包人签认的竣工付款证书。 如发包人或监理人对承包人提交的竣工结算申请单有异议的，承包人还应在修正后重新提交修正的竣工结算申请单。
发包人在收到承包人提交竣工结算申请书后28天内未完成审批且未提出异议的，视为发包人认可承包人提交的竣工结算申请单，并自发包人收到承包人提交的竣工结算申请单后第29天起视为已签发竣工付款证书。		为了防止发包人拖延竣工结算时限，《建设工程施工合同（示范文本）》（GF—2013—0201）增加约定了发包人的“默示条款”，即发包人在收到承包人提交竣工结算申请书后28天内未完成审批且未提出异议的，视为认可承包人提交的竣工结算申请单；自发包人收到承包人提交的竣工结算申请单后第29天起视为已签发竣工付款证书。发包人应及时行使竣工结算审核的权利，也应及时履行颁发竣工结算证书的义务，逾期则需承担对自己不利的后果。 最高人民法院《关于审理建设工程施工合同纠纷案件适用法律问题的解释》第二十条规定，当事人约定，发包人收到竣工结算文件后，在约定期限内不予答复，视为认可竣工结算文件的，按照约定处理。承包人请求按照竣工结算文件结算工程价款的，应予支持。

《建设工程施工合同（示范文本）》（GF—2013—0201）第二部分 通用合同条款	《建设工程施工合同（示范文本）》（GF—1999—0201）第二部分 通用条款	对照解读
（2）除专用合同条款另有约定外，发包人应在签发竣工付款证书后的14天内，完成对承包人的竣工付款。发包人逾期支付的，按照中国人民银行发布的同期同类贷款基准利率支付违约金；逾期支付超过56天的，按照中国人民银行发布的同期同类贷款基准利率的两倍支付违约金。	**33.3** 发包人收到竣工结算报告及结算资料后28天内无正当理由不支付工程竣工结算价款，从第29天起按承包人同期向银行贷款利率支付拖欠工程价款的利息，并承担违约责任。 **33.4** 发包人收到竣工结算报告及结算资料后28天内不支付工程竣工结算价款，承包人可以催告发包人支付结算价款。发包人在收到竣工结算报告及结算资料后56天内仍不支付的，承包人可以与发包人协议将该工程折价，也可以由承包人申请人民法院将该工程依法拍卖，承包人就该工程折价或者拍卖的价款优先受偿。	第（2）项是关于竣工结算支付的程序约定。承发包双方均应特别注意，为了有效解决发包人拖欠工程款的问题，《建设工程施工合同（示范文本）》（GF—2013—0201）增加约定了“双倍赔偿责任制度”。发包人应在签发竣工付款证书后及时向承包人支付竣工结算款项，逾期超过14天需按照中国人民银行发布的同期同类贷款基准利率支付违约金；逾期超过56天则需按照中国人民银行发布的同期同类贷款基准利率的两倍支付违约金。
（3）承包人对发包人签认的竣工付款证书有异议的，对于有异议部分应在收到发包人签认的竣工付款证书后7天内提出异议，并由合同当事人按照专用合同条款约定的方式和程序进行复核，或按照第20条〔争议解决〕约定处理。对于无异议部分，发包人应签发临时竣工付款证书，并按本款第（2）项完成付款。承包人逾期未提出异议的，视为认可发包人的审批结果。	**33.5** 工程竣工验收报告经发包人认可后28天内，承包人未能向发包人递交竣工结算报告及完整的结算资料，造成工程竣工结算不能正常进行或工程竣工结算价款不能及时支付，发包人要求交付工程的，承包人应当交付；发包人不要求交付工程的，承包人承担保管责任。 **33.6** 发包人承包人对工程竣工结算价款发生争议时，按本通用条款第37条关于争议的约定处理。	《建设工程施工合同（示范文本）》（GF—2013—0201）增加第（3）项关于临时竣工付款证书颁发及异议程序的约定。 为了促进交易目的，为了切实保护承包人的合法权益，避免“结算僵局”，发包人可就无异议的部分签发临时竣工付款证书，先行结算。而存在争议的部分，双方可以通过协商、争议评审、仲裁与诉讼的方式来最终解决。 《建设工程施工合同（示范文本）》（GF—2013—0201）亦增加对承包人“默示条款”的约定，即承包人对于发包人签认的竣工付款证书

《建设工程施工合同（示范文本）》（GF—2013—0201）第二部分 通用合同条款	《建设工程施工合同（示范文本）》（GF—1999—0201）第二部分 通用条款	对照解读
		有异议时，应在收到发包人签认的竣工付款证书后7天内提出异议，逾期则视为认可发包人的审批结果。承包人也应及时行使权利，否则将承担对自己不利的后果。
14.3 甩项竣工协议 发包人要求甩项竣工的，合同当事人应签订甩项竣工协议。在甩项竣工协议中应明确，合同当事人按照第14.1款〔竣工结算申请〕及14.2款〔竣工结算审核〕的约定，对已完合格工程进行结算，并支付相应合同价款。	**32.7** 因特殊原因，发包人要求部分单位工程或工程部位甩项竣工的，双方另行签订甩项竣工协议，明确双方责任和工程价款的支付方法。	本款未作修改。 本款是关于甩项工程的竣工与结算的程序约定。在合同履行过程中，如发包人需要使用已完工程，要求甩项竣工的，承发包双方应签订甩项竣工协议。 甩项竣工协议中应当对工程价格、工期、竣工结算等事项作出明确约定。
14.4 最终结清		本款为新增条款。 《建设工程施工合同（示范文本）》（GF—2013—0201）增加14.4款关于最终结清的条件及逾期支付的责任承担约定。 承包人提交的最终结清申请单，实质是承包人对最终工程款数额的确认证明，表明发包人支付到此完结，不再承担支付责任。因此，承包人应谨慎对待并准确核算。 鉴于最终结清申请单对于承包人竣工结算的意义重大，建议在专业律师的指导下拟定，以确保自身利益不受损失。
14.4.1 最终结清申请单		14.4.1款是关于承包人提交最终结清申请单的程序和内容约定。

《建设工程施工合同（示范文本）》（GF—2013—0201）第二部分　通用合同条款	《建设工程施工合同（示范文本）》（GF—1999—0201）第二部分　通用条款	对照解读
（1）除专用合同条款另有约定外，承包人应在缺陷责任期终止证书颁发后7天内，按专用合同条款约定的份数向发包人提交最终结清申请单，并提供相关证明材料。 除专用合同条款另有约定外，最终结清申请单应列明质量保证金、应扣除的质量保证金、缺陷责任期内发生的增减费用。		第（1）项是关于承包人提交最终结清申请单的时间和内容约定。承包人应在发包人颁发缺陷责任期终止证书后7天内提交最终结清申请单。 承包人应注意本款的约定，与提交竣工结算申请的对象不同，提交最终结清申请单的对象为发包人。 最终结清申请单应当包括的内容：（1）质量保证金金额；（2）应扣除的质量保证金金额；（3）缺陷责任期内发生的增减费用。
（2）发包人对最终结清申请单内容有异议的，有权要求承包人进行修正和提供补充资料，承包人应向发包人提交修正后的最终结清申请单。		第（2）项是关于发包人对承包人提交的最终结清申请单有异议时的处理程序，承包人应按发包人的要求进行修正，并在修正后重新提交最终结清申请单。
14.4.2　最终结清证书和支付		14.4.2款是关于最终结清证书的颁发与支付程序的约定。
（1）除专用合同条款另有约定外，发包人应在收到承包人提交的最终结清申请单后14天内完成审批并向承包人颁发最终结清证书。发包人逾期未完成审批，又未提出修改意见的，视为发包人同意承包人提交的最终结清申请单，且自发包人收到承包人提交的最终结清申请单后15天起视为已颁发最终结清证书。		第（1）项同上述竣工结算审核程序相同，也对发包人审核最终结清申请单和颁发最终结清证书作了时间限制：即在收到承包人提交的最终结清申请单后14天内；也设置了发包人无故拖延的制约条款。 承发包双方均应注意，本款的时限与竣工结算不同。（1）竣工结算审核时限为：发包人在

《建设工程施工合同（示范文本）》（GF—2013—0201）第二部分　通用合同条款	《建设工程施工合同（示范文本）》（GF—1999—0201）第二部分　通用条款	对照解读
		收到承包人提交的竣工结算申请书后28天内；而最终结清审核时限为：发包人在收到承包人提交的最终结清申请单后14天内。（2）竣工结算“默示条款”的时限为：自发包人收到承包人提交的竣工结算申请单后第29天起算；而最终结清“默示条款”的时限为：自发包人收到承包人提交的最终结清申请单后第15天起算。
（2）除专用合同条款另有约定外，发包人应在颁发最终结清证书后7天内完成支付。发包人逾期支付的，按照中国人民银行发布的同期同类贷款基准利率支付违约金；逾期支付超过56天的，按照中国人民银行发布的同期同类贷款基准利率的两倍支付违约金。		第（2）项是关于逾期支付最终结清款项的责任承担约定。 为了预防发包人拖欠余款，本项同竣工结算条款相同，约定了“双倍赔偿责任制度”。发包人应在颁发最终结清证书后及时向承包人支付余款，逾期超过7天需按照中国人民银行发布的同期同类贷款基准利率支付违约金；逾期超过56天则需按照中国人民银行发布的同期同类贷款基准利率的两倍支付违约金。
（3）承包人对发包人颁发的最终结清证书有异议的，按第20条〔争议解决〕的约定办理。		第（3）项是关于承包人对发包人颁发的最终结清证书有异议的，可通过协商、争议评审、仲裁与诉讼的方式来最终解决。

《建设工程施工合同（示范文本）》（GF—2013—0201）第二部分　通用合同条款	《建设工程施工合同（示范文本）》（GF—1999—0201）第二部分　通用条款	对照解读
15. 缺陷责任与保修 **15.1　工程保修的原则** 在工程移交发包人后，因承包人原因产生的质量缺陷，承包人应承担质量缺陷责任和保修义务。缺陷责任期届满，承包人仍应按合同约定的工程各部位保修年限承担保修义务。		本款为新增条款。 《建设工程施工合同（示范文本）》（GF—2013—0201）增加15.1款关于承包人保修义务的原则性约定。 《建设工程质量管理条例》第三十九条规定，建设工程实行质量保修制度。建设工程承包单位在向建设单位提交工程竣工验收报告时，应当向建设单位出具质量保修书。质量保修书中应当明确建设工程的保修范围、保修期限和保修责任等。 承发包双方可在本合同提供的附件3《工程质量保修书》中对工程质量保修范围和内容、质量保修期、缺陷责任期等内容作出明确、具体的约定。 承包人在质量保修期内，按照法律规定和合同约定，承担工程质量保修责任。
15.2　缺陷责任期		本款为新增条款。 《建设工程施工合同（示范文本）》（GF—2013—0201）增加15.2款关于缺陷责任期内承发包双方责任承担的约定。 设置缺陷责任期条款的目的在于有效解决工程保修期和质量保证金返还之间的矛盾。缺陷责任期届满后，发包人应退还承包人质量保证金。 缺陷责任期和保修期两者同时存在，但两者的起算时间和终止时间均不相同。（1）起算时

《建设工程施工合同（示范文本）》（GF—2013—0201）第二部分 通用合同条款	《建设工程施工合同（示范文本）》（GF—1999—0201）第二部分 通用条款	对照解读
		间：缺陷责任期自实际竣工之日起计算；保修期自工程竣工验收合格之日起计算。（2）终止时间：缺陷责任期最长不超过24个月；保修期根据保修范围不同保修期限不同。 《建设工程质量保证金管理暂行办法》第二条规定，缺陷是指建设工程质量不符合工程建设强制性标准、设计文件，以及承包合同的约定。缺陷责任期一般为六个月、十二个月或二十四个月，具体可由发、承包双方在合同中约定。 《建设工程质量管理条例》第四十条规定，在正常使用条件下，建设工程的最低保修期限为：（一）基础设施工程、房屋建筑的地基基础工程和主体结构工程，为设计文件规定的该工程的合理使用年限；（二）屋面防水工程、有防水要求的卫生间、房间和外墙面的防渗漏，为5年；（三）供热与供冷系统，为2个采暖期、供冷期；（四）电气管线、给排水管道、设备安装和装修工程，为2年。其他项目的保修期限由发包方与承包方约定。建设工程的保修期，自竣工验收合格之日起计算。 司法实践中，建设工程施工合同中约定正常使用条件下工程的保修期限低于法律、行政法规规定的最低期限的，该约定无效。

《建设工程施工合同（示范文本）》（GF—2013—0201）第二部分 通用合同条款	《建设工程施工合同（示范文本）》（GF—1999—0201）第二部分 通用条款	对照解读
15.2.1 缺陷责任期自实际竣工日期起计算，合同当事人应在专用合同条款约定缺陷责任期的具体期限，但该期限最长不超过24个月。		15.2.1 款是关于缺陷责任期起算时间的约定。 本款约定缺陷责任期自工程实际竣工日期起计算。承发包双方可根据工程实施情况在《专用合同条款》中明确缺陷责任期的具体期限，但缺陷责任期最长不超过24个月。
单位工程先于全部工程进行验收，经验收合格并交付使用的，该单位工程缺陷责任期自单位工程验收合格之日起算。因发包人原因导致工程无法按合同约定期限进行竣工验收的，缺陷责任期自承包人提交竣工验收申请报告之日起开始计算；发包人未经竣工验收擅自使用工程的，缺陷责任期自工程转移占有之日起开始计算。		本款区分三种情形对缺陷责任期的起算时间作了约定： 一是单位工程经验收合格并交付使用的，缺陷责任期自单位工程验收合格之日起计算； 二是因发包人原因导致工程无法按合同约定期限进行竣工验收的，缺陷责任期自承包人提交竣工验收申请报告之日起计算； 三是发包人未经竣工验收擅自使用工程的，缺陷责任期自工程转移占有之日起计算。 《建设工程质量保证金管理暂行办法》第五条规定，缺陷责任期从工程通过竣（交）工验收之日起计。由于承包人原因导致工程无法按规定期限进行竣（交）工验收的，缺陷责任期从实际通过竣（交）工验收之日起计。由于发包人原因导致工程无法按规定期限进行竣（交）工验收的，在承包人提交竣（交）工验收报告90天后，工程自动进入缺陷责任期。

《建设工程施工合同（示范文本）》（GF—2013—0201）第二部分 通用合同条款	《建设工程施工合同（示范文本）》（GF—1999—0201）第二部分 通用条款	对照解读
15.2.2 工程竣工验收合格后，因承包人原因导致的缺陷或损坏致使工程、单位工程或某项主要设备不能按原定目的使用的，则发包人有权要求承包人延长缺陷责任期，并应在原缺陷责任期届满前发出延长通知，但缺陷责任期最长不能超过24个月。		15.2.2款是关于缺陷责任期延长的约定。 本款对缺陷责任期的延长作了三个条件限制：一是因承包人原因；二是由于质量缺陷或损坏致使工程、单位工程或某项主要设备不能按原定目的使用的；三是发包人应在原缺陷责任期届满前向承包人发出缺陷责任期延长通知。 本款再次强调缺陷责任期最长不超过24个月。
15.2.3 任何一项缺陷或损坏修复后，经检查证明其影响了工程或工程设备的使用性能，承包人应重新进行合同约定的试验和试运行，试验和试运行的全部费用应由责任方承担。		15.2.3款是关于缺陷责任期内承包人的责任承担约定。 在缺陷责任期内，由于承包人原因造成的任何一项缺陷或损坏，应由承包人负责修复，且影响了工程或工程设备的使用性能时，还应重新进行试验和试运行，相应的修复费用和试运行费用由承包人自行承担。
15.2.4 除专用合同条款另有约定外，承包人应于缺陷责任期届满后7天内向发包人发出缺陷责任期届满通知，发包人应在收到缺陷责任期满通知后14天内核实承包人是否履行缺陷修复义务，承包人未能履行缺陷修复义务的，发包人有权扣除相应金额的维修费用。发包人应在收到缺陷责任期届满通知后14天内，向承包人颁发缺陷责任期终止证书。		15.2.4款是关于缺陷责任期届满后承发包双方的权利义务约定。 本款对承包人向发包人发出缺陷责任期届满通知的时限作了明确，即应在缺陷责任期届满后7天内发出。 本款对缺陷责任期届满后发包人的义务作了明确：一是应在收到承包人缺陷责任期届满通知后14天内核实承包人是否完全履行缺陷修复义务；二是向承包人颁发缺陷责任期终止证书；三是向承包人退还质量保证金。

《建设工程施工合同（示范文本）》（GF—2013—0201）第二部分 通用合同条款	《建设工程施工合同（示范文本）》（GF—1999—0201）第二部分 通用条款	对照解读
15.3 质量保证金 经合同当事人协商一致扣留质量保证金的，应在专用合同条款中予以明确。		本款为新增条款。 《建设工程施工合同（示范文本）》（GF—2013—0201）增加15.3款关于质量保证金的提交、提交形式以及返还等的程序约定。 “质量保证金”是《建设工程施工合同（示范文本）》（GF—2013—0201）提出的新概念，替代了“质量保修金”的概念。 为了确保工程质量，《建设工程质量保证金管理暂行办法》第二条规定：“建设工程质量保证金（保修金）是指发包人与承包人在建设工程承包合同中约定，从应付的工程款中预留，用以保证承包人在缺陷责任期内对建设工程出现的缺陷进行维修的资金”。 从本款约定可以看出，承包人不是必须提供质量保证金，法律并未对此作强制性规定，承发包双方可协商一致在《专用合同条款》中予以明确约定。
15.3.1 承包人提供质量保证金的方式 承包人提供质量保证金有以下三种方式： （1）质量保证金保函； （2）相应比例的工程款； （3）双方约定的其他方式。 除专用合同条款另有约定外，质量保证金原则上采用上述第（1）种方式。		15.3.1款是关于承包人提供质量保证金方式的约定。 本款对承包人提供质量保证金的方式列举了三种，承发包双方可根据工程实施情况协商一致选择其中一种方式。 除承发包双方在《专用合同条款》中有另外约定，本款约定承包人提供质量保证金原则上采用保函的方式。

《建设工程施工合同（示范文本）》（GF—2013—0201）第二部分　通用合同条款	《建设工程施工合同（示范文本）》（GF—1999—0201）第二部分　通用条款	对照解读
15.3.2　质量保证金的扣留 质量保证金的扣留有以下三种方式： （1）在支付工程进度款时逐次扣留，在此情形下，质量保证金的计算基数不包括预付款的支付、扣回以及价格调整的金额； （2）工程竣工结算时一次性扣留质量保证金； （3）双方约定的其他扣留方式。 除专用合同条款另有约定外，质量保证金的扣留原则上采用上述第（1）种方式。		15.3.2 款是关于质量保证金扣留方式的约定。 本款约定了三种质量保证金扣留的方式，承发包双方可根据工程实施情况协商一致选择其中一种扣留方式。 除承发包双方在《专用合同条款》中有另外约定，本款约定质量保证金的扣留原则上采用在支付工程进度款时逐次扣留的方式。
发包人累计扣留的质量保证金不得超过结算合同价格的 5%，如承包人在发包人签发竣工付款证书后 28 天内提交质量保证金保函，发包人应同时退还扣留的作为质量保证金的工程价款。		本款对发包人扣留质量保证金的金额作了限制约定，即累计不得超过结算合同价格的 5%。 如果在发包人签发竣工付款证书后 28 天内，承包人提交了质量保证金保函的，发包人应同时退还扣留的作为质量保证金的工程价款。
15.3.3　质量保证金的退还 发包人应按 14.4 款〔最终结清〕的约定退还质量保证金。		15.3.3 款是关于质量保证金退还的约定。 承包人应在约定的缺陷责任期终止后，及时申请发包人退还剩余质量保证金，发包人应按约定期限退还，否则须承担逾期退还违约金。

《建设工程施工合同（示范文本）》（GF—2013—0201）第二部分 通用合同条款	《建设工程施工合同（示范文本）》（GF—1999—0201）第二部分 通用条款	对照解读
15.4 保修 **15.4.1 保修责任** 工程保修期从工程竣工验收合格之日起算，具体分部分项工程的保修期由合同当事人在专用合同条款中约定，但不得低于法定最低保修年限。在工程保修期内，承包人应当根据有关法律规定以及合同约定承担保修责任。 发包人未经竣工验收擅自使用工程的，保修期自转移占有之日起算。	**34. 质量保修** **34.1** 承包人应按法律、行政法规或国家关于工程质量保修的有关规定，对交付发包人使用的工程在质量保修期内承担质量保修责任。 **34.2** 质量保修工作的实施。承包人应在工程竣工验收之前，与发包人签订质量保修书，作为本合同附件（附件3略）。 **34.3** 质量保修书的主要内容包括： （1）质量保修项目内容及范围； （2）质量保修期； （3）质量保修责任； （4）质量保修金的支付方法。	本款已作修改。 《建设工程施工合同（示范文本）》（GF—2013—0201）增加工程保修期起算时间的约定。本款约定工程保修期从工程竣工验收合格之日起计算；如果发包人未经竣工验收擅自使用工程的，工程保修期自转移占有之日起计算。对于分部分项工程的保修期赋予承发包双方在《专用合同条款》中进一步明确，但不得低于法律规定的最低保修年限。《建设工程质量管理条例》第四十条作了明确规定，承发包双方应严格遵守。 保修期与缺陷责任期重合的期间，发包人具有自主选择适用的权利。 最高人民法院《关于审理建设工程施工合同纠纷案件适用法律问题的解释》第十三条规定：“建设工程未经竣工验收，发包人擅自使用后，又以使用部分质量不符合约定为由主张权利的，不予支持；但是承包人应当在建设工程的合理使用寿命内对地基基础工程和主体结构质量承担民事责任”。
15.4.2 修复费用 保修期内，修复的费用按照以下约定处理：		《建设工程施工合同（示范文本）》（GF—2013—0201）增加15.4.2款关于修复费用的责任承担约定。本款将在保修期内的修复费用的承担分三种情形作了明确：

《建设工程施工合同（示范文本）》（GF—2013—0201）第二部分　通用合同条款	《建设工程施工合同（示范文本）》（GF—1999—0201）第二部分　通用条款	对照解读
（1）保修期内，因承包人原因造成工程的缺陷、损坏，承包人应负责修复，并承担修复的费用以及因工程的缺陷、损坏造成的人身伤害和财产损失；		第（1）项承包人承担在保修期内工程因承包人原因导致的修复费用，并承担修复过程中的风险；
（2）保修期内，因发包人使用不当造成工程的缺陷、损坏，可以委托承包人修复，但发包人应承担修复的费用，并支付承包人合理利润；		第（2）项发包人承担在保修期内工程因发包人原因导致的修复费用和风险，并支付承包人合理利润；
（3）因其他原因造成工程的缺陷、损坏，可以委托承包人修复，发包人应承担修复的费用，并支付承包人合理的利润，因工程的缺陷、损坏造成的人身伤害和财产损失由责任方承担。		第（3）项发包人承担在保修期内工程因其他原因导致的修复费用和风险，并支付承包人合理利润；
15.4.3　修复通知 在保修期内，发包人在使用过程中，发现已接收的工程存在缺陷或损坏的，应书面通知承包人予以修复，但情况紧急必须立即修复缺陷或损坏的，发包人可以口头通知承包人并在口头通知后 48 小时内书面确认，承包人应在专用合同条款约定的合理期限内到达工程现场并修复缺陷或损坏。		《建设工程施工合同（示范文本）》（GF—2013—0201）增加 15.4.3 款关于修复通知的程序约定。 在保修期内，发包人如发现已接收的工程存在缺陷或损坏需要修复时，应以书面形式通知承包人履行修复义务。在工程存在缺陷或损坏情况非常紧急必须立即予以修复时，发包人可发出口头通知承包人先行履行修复义务，承包人应及时到达工程现场修复该缺陷或损坏，但发包人应在发出口头通知后 48 小时内以书面形式予以确认。

《建设工程施工合同（示范文本）》（GF—2013—0201）第二部分 通用合同条款	《建设工程施工合同（示范文本）》（GF—1999—0201）第二部分 通用条款	对照解读
15.4.4 未能修复 因承包人原因造成工程的缺陷或损坏，承包人拒绝维修或未能在合理期限内修复缺陷或损坏，且经发包人书面催告后仍未修复的，发包人有权自行修复或委托第三方修复，所需费用由承包人承担。但修复范围超出缺陷或损坏范围的，超出范围部分的修复费用由发包人承担。		《建设工程施工合同（示范文本）》（GF—2013—0201）增加15.4.4款关于承包人拒绝承担修复义务的责任承担约定。承包人应在发包人通知的期限内积极履行修复义务，该期限应根据修复工程具体耗时来确定的合理期限。 本款约定了承包人未能履行修复义务时，发包人的权利，可自行修复或委托第三方修复，费用则由承包人承担。
15.4.5 承包人出入权 在保修期内，为了修复缺陷或损坏，承包人有权出入工程现场，除情况紧急必须立即修复缺陷或损坏外，承包人应提前24小时通知发包人进场修复的时间。承包人进入工程现场前应获得发包人同意，且不应影响发包人正常的生产经营，并应遵守发包人有关保安和保密等规定。		《建设工程施工合同（示范文本）》（GF—2013—0201）增加15.4.5款关于承包人为履行修复义务时出入工程现场的权利约定。承包人在保修期内要履行修复义务，就必须进入工程现场，这是修复工作的合理之需，因此本款约定了承包人的“出入权”。 本款约定了承包人出入工程现场时应提前24小时通知发包人进场修复的时间，且应获得发包人同意。承包人应遵守发包人的保安及保密规定，并事先办理好出入手续。另外，承包人在修复施工的过程中，还应服从管理单位的相关安全管理规定，如果因承包人自身原因造成的人员伤亡、设备和材料的损毁和（或）罚款等责任，则由承包人承担。

《建设工程施工合同（示范文本）》（GF—2013—0201）第二部分　通用合同条款	《建设工程施工合同（示范文本）》（GF—1999—0201）第二部分　通用条款	对照解读
16. 违约 **16.1　发包人违约**	**十、违约、索赔和争议** **35. 违约**	本款已作修改。 违约责任的约定是双方处理纠纷、确定诉求的合同依据，是整个合同体系中的关键条款，承发包双方应该尽量约定详尽，以利于日后争议的解决。
16.1.1　发包人违约的情形 在合同履行过程中发生的下列情形，属于发包人违约： （1）因发包人原因未能在计划开工日期前7天内下达开工通知的； （2）因发包人原因未能按合同约定支付合同价款的； （3）发包人违反第10.1款〔变更的范围〕第（2）项约定，自行实施被取消的工作或转由他人实施的； （4）发包人提供的材料、工程设备的规格、数量或质量不符合合同约定，或因发包人原因导致交货日期延误或交货地点变更等情况的； （5）因发包人违反合同约定造成暂停施工的； （6）发包人无正当理由没有在约定期限内发出复工指示，导致承包人无法复工的；	**35.1　发包人违约** 当发生下列情况时： （1）本通用条款第24条提到的发包人不按时支付工程预付款； （3）本通用条款第33.3款提到的发包人无正当理由不支付工程竣工结算价款； （2）本通用条款第26.4款提到的发包人不按合同约定支付工程款，导致施工无法进行；	本款是关于发包人违约情形的约定。《建设工程施工合同（示范文本）》（GF—2013—0201）对构成发包人违约的情形进一步作了列举，增加列举了以下七项： 第（1）项“发包人未按约定下达开工通知的”； 第（3）项“发包人将取消的工作自行实施或转由他人实施的”； 第（4）项“发包人提供的材料和工程设备的规格、数量或质量不符合合同约定的”； 第（4）项“因发包人原因导致材料和工程设备交货日期延误或交货地点变更的”； 第（6）项“因发包人原因导致承包人无法复工的”； 第（7）项“发包人明确表示或者以其行为表示不履行合同主要义务的”。 第（8）项赋予承发包双方可进一步在《专用合同条款》中列明属于发包人违约的其他情形。

《建设工程施工合同（示范文本）》（GF—2013—0201）第二部分 通用合同条款	《建设工程施工合同（示范文本）》（GF—1999—0201）第二部分 通用条款	对照解读
（7）发包人明确表示或者以其行为表明不履行合同主要义务的； （8）发包人未能按照合同约定履行其他义务的。	（4）发包人不履行合同义务或不按合同约定履行义务的其他情况。	
发包人发生除本项第（7）目以外的违约情况时，承包人可向发包人发出通知，要求发包人采取有效措施纠正违约行为。发包人收到承包人通知后28天内仍不纠正违约行为的，承包人有权暂停相应部位工程施工，并通知监理人。		《建设工程施工合同（示范文本）》（GF—2013—0201）增加约定当发包人出现违约情形时承包人可采取的措施。除第（7）项发包人明确表示或者以其行为表明不履行合同主要义务的情形属于《合同法》规定的根本性违约外，承包人发现发包人存在本款约定的其他违约行为时，应及时向发包人发出纠正违约行为的书面通知，督促其采取有效措施纠正其违约行为。如果发包人在收到承包人书面通知后28天内仍不纠正违约行为的，本款赋予承包人相应的“停工权”，即承包人有权暂停相应部位工程施工，并通知监理人。
16.1.2 发包人违约的责任 发包人应承担因其违约给承包人增加的费用和（或）延误的工期，并支付承包人合理的利润。此外，合同当事人可在专用合同条款中另行约定发包人违约责任的承担方式和计算方法。	发包人承担违约责任，赔偿因其违约给承包人造成的经济损失，顺延延误的工期。双方在专用条款内约定发包人赔偿承包人损失的计算方法或者发包人应当支付违约金的数额或计算方法。	本款是关于发包人违约责任的约定。发包人的违约责任包括：（1）承担因违约给承包人增加的费用；（2）承担因违约延误的工期损失。 另外，《建设工程施工合同（示范文本）》（GF—2013—0201）增加约定：承包人有要求发包人支付合理利润的权利。本款亦赋予承发包双方进一步在《专用合同条款》中约定违约责任的具体承担方式和计算方法，如约定具体违约金的金额或一定比例。

《建设工程施工合同（示范文本）》（GF—2013—0201）第二部分　通用合同条款	《建设工程施工合同（示范文本）》（GF—1999—0201）第二部分　通用条款	对照解读
16.1.3　因发包人违约解除合同 除专用合同条款另有约定外，承包人按第16.1.1项〔发包人违约的情形〕约定暂停施工满28天后，发包人仍不纠正其违约行为并致使合同目的不能实现的，或出现第16.1.1项〔发包人违约的情形〕第（7）目约定的违约情况，承包人有权解除合同，发包人应承担由此增加的费用，并支付承包人合理的利润。	**44. 合同解除** **44.1**　发包人承包人协商一致，可以解除合同。 **44.2**　发生本通用条款第26.4款情况，停止施工超过56天，发包人仍不支付工程款（进度款），承包人有权解除合同。	本款是关于因发包人违约而解除合同的程序约定。本款根据发包人不同的违约情形约定了承包人可以采取的两种处理方式。通常当出现发包人违约行为时，承包人除个别确实无法继续履行合同的严重违约情形可立即解除合同外，对于发包人的一般违约情形，承包人可采取暂停施工措施，在暂停施工28天后，发包人仍不采取有效措施纠正其违约行为的，使承包人无法再继续履行合同，承包人正式通知发包人解除合同。《建设工程施工合同（示范文本）》（GF—2013—0201）增加约定：发包人除应承担由此增加的费用和延误的工期损失外，还应支付承包人合理的利润。 最高人民法院《关于审理建设工程施工合同纠纷案件适用法律问题的解释》第九条规定：“发包人具有下列情形之一，致使承包人无法施工，且在催告的合理期限内仍未履行相应义务，承包人请求解除建设工程施工合同的，应予支持：（一）未按约定支付工程价款的；（二）提供的主要建筑材料、建筑构配件和设备不符合强制性标准的；（三）不履行合同约定的协助义务的。”
16.1.4　因发包人违约解除合同后的付款 承包人按照本款约定解除合同的，发包人应在解除合同后28天内支付下列款项，并解除履约担保：		《建设工程施工合同（示范文本）》（GF—2013—0201）增加16.1.4款因发包人违约合同解除后发包人的支付责任和双方的后合同义务。

《建设工程施工合同（示范文本）》（GF—2013—0201）第二部分 通用合同条款	《建设工程施工合同（示范文本）》（GF—1999—0201）第二部分 通用条款	对照解读
（1）合同解除前所完成工作的价款； （2）承包人为工程施工订购并已付款的材料、工程设备和其他物品的价款； （3）承包人撤离施工现场以及遣散承包人人员的款项； （4）按照合同约定在合同解除前应支付的违约金； （5）按照合同约定应当支付给承包人的其他款项； （6）按照合同约定应退还的质量保证金； （7）因解除合同给承包人造成的损失。 合同当事人未能就解除合同后的结清达成一致的，按照第 20 条〔争议解决〕的约定处理。 承包人应妥善做好已完工程和与工程有关的已购材料、工程设备的保护和移交工作，并将施工设备和人员撤出施工现场，发包人应为承包人撤出提供必要条件。		本款约定合同解除后发包人的支付责任主要有：（1）已完工程价款；（2）已订购并支付的材料设备款；（3）已完工程未支付的款项；（4）遣散费；（5）退还质量保证金；（6）解除履约担保；（7）承包人损失；主要包括两大部分：解除合同前后的直接损失以及解除合同引起的预期利益损失。 承包人在此应特别注意：（1）本款将发包人解除合同后付款的时间限制为“28 天”，承包人应在此时限内积极准备要求付款的相关资料和凭证；（2）向发包人提交的要求支付款项的相关资料和凭证须符合约定，尽量明确详尽；（3）如不能就解除合同后的结清款项达成一致意见的，则按争议解决条款处理；（4）承包人的后合同义务，即应在合同解除后作好材料、设备以及人员的善后工作，发包人有配合的义务。 承包人在日常合同管理过程中，就应当时刻关注、收集、保留好相关资料和凭证；项目管理人员也应当全面熟悉施工合同、图纸、施工组织设计等资料，掌握合同约定的施工范围、工作内容及工期、索赔条款等。避免在行使合同解除权时再仓促准备，产生缺项、漏项。 承包人应切实加强在“履约抗辩权”行使过程中的签证、索赔管理能力。《合同法》第六十六条至六十九条对先履行抗辩权、同时履行

《建设工程施工合同（示范文本）》（GF—2013—0201）第二部分　通用合同条款	《建设工程施工合同（示范文本）》（GF—1999—0201）第二部分　通用条款	对照解读
		抗辩权、不安抗辩权作了规定。同时，最高人民法院第40号文件《关于当前形势下审理民商事合同纠纷案件若干问题的指导意见》第十七条也规定：“合理适用不安抗辩权规则，维护权利人合法权益”。履约抗辩权理论是应对发包人拖欠工程款，实施工程签证和索赔的法律依据。 承包人通常行使“履约抗辩权”的形式为：催告→停工→解除合同→提出索赔。索赔通常包括三个部分： 1. 已完工程价款。包括：（1）已完工程款；（2）已开始未完成工程价款；（3）开办费等； 2. 解除合同前后的直接损失。包括：（1）合同终结前工程延误损失；（2）移走临时设施设备费用；（3）合同终结后遣散期间开办费；（4）履约保函延期手续费；（5）未足额收回的政府规费；（6）遣返人员待工费；（7）未足额积累的机械设备费；（8）分包合同解除费；（9）材料仓储费；（10）利息损失等； 3. 解除合同引起的预期利益损失。包括：（1）未完工程的管理费；（2）风险费；（3）利润损失等。 承包人还须注意的是，因发包人延误付款的日期长短不同，承包人行使的权利亦有区别。

《建设工程施工合同（示范文本）》（GF—2013—0201）第二部分 通用合同条款	《建设工程施工合同（示范文本）》（GF—1999—0201）第二部分 通用条款	对照解读
16.2 承包人违约 **16.2.1 承包人违约的情形** 在合同履行过程中发生的下列情形，属于承包人违约： （1）承包人违反合同约定进行转包或违法分包的； （2）承包人违反合同约定采购和使用不合格的材料和工程设备的； （3）因承包人原因导致工程质量不符合合同要求的； （4）承包人违反第8.9款〔材料与设备专用要求〕的约定，未经批准，私自将已按照合同约定进入施工现场的材料或设备撤离施工现场的； （5）承包人未能按施工进度计划及时完成合同约定的工作，造成工期延误的； （6）承包人在缺陷责任期及保修期内，未能在合理期限对工程缺陷进行修复，或拒绝按发包人要求进行修复的； （7）承包人明确表示或者以其行为表明不履行合同主要义务的； （8）承包人未能按照合同约定履行其他义务的。	**35.2 承包人违约** 当发生下列情况时： （2）本通用条款第15.1款提到的因承包人原因工程质量达不到协议书约定的质量标准； （1）本通用条款第14.2款提到的因承包人原因不能按照协议书约定的竣工日期或工程师同意顺延的工期竣工； （3）承包人不履行合同义务或不按合同约定履行义务的其他情况。	本款已作修改。 本款是关于承包人违约情形的约定。《建设工程施工合同（示范文本）》（GF—2013—0201）对构成承包人违约的情形进一步作了列举，增加列举了以下六项： 第（1）项“承包人违法转包或违法分包的”； 第（2）项“承包人采取和使用不合格的材料和工程设备的”； 第（4）项“承包人未按约定将材料或工程设备撤离施工现场的”； 第（6）项“承包人未按约定履行修复义务的”； 第（7）项“承包人明确表示或者以其行为表明不履行合同主要义务的”； 第（8）项亦赋予双方可进一步在《专用合同条款》中列明属于承包人违约的其他行为。

《建设工程施工合同（示范文本）》（GF—2013—0201）第二部分 通用合同条款	《建设工程施工合同（示范文本）》（GF—1999—0201）第二部分 通用条款	对照解读
承包人发生除本项第（7）目约定以外的其他违约情况时，监理人可向承包人发出整改通知，要求其在指定的期限内改正。		《建设工程施工合同（示范文本）》（GF—2013—0201）增加约定当承包人出现违约情形时发包人可采取的措施。除第（7）项承包人明确表示或者以其行为表明不履行合同主要义务的情形属于《合同法》规定的根本性违约外，监理人发现承包人存在本款约定的其他违约行为时，可向承包人发出纠正违约行为的整改通知，督促其采取有效措施在指定的期限内纠正其违约行为。 承包人应对本款进行深刻的认识，当自己出现这些违约情形时，应及时采取合理措施予以纠正，避免承担因违约导致的责任。
16.2.2 承包人违约的责任 承包人应承担因其违约行为而增加的费用和（或）延误的工期。此外，合同当事人可在专用合同条款中另行约定承包人违约责任的承担方式和计算方法。	承包人承担违约责任，赔偿因其违约给发包人造成的损失。双方在专用条款内约定承包人赔偿发包人损失的计算方法或者承包人应当支付违约金的数额或计算方法。 **35.3** 一方违约后，另一方要求违约方继续履行合同时，违约方承担上述违约责任后仍应继续履行合同。	本款是承包人违约责任的约定。承包人的违约责任，即承担因违约行为导致的费用增加和（或）工期延误损失。另外，本款亦赋予承发包双方可进一步在《专用合同条款》中约定违约责任的具体承担方式和计算方法，如约定具体违约金的金额或一定比例。
16.2.3 因承包人违约解除合同 除专用合同条款另有约定外，出现第16.2.1项〔承包人违约的情形〕第（7）目约定的违约情况时，或监理人发出整改通知后，承包人在指定的合理期限内仍不纠正违约行为并致使合同目的不能实现的，发包人有权解除合	**44.4** 有下列情形之一的，发包人承包人可以解除合同： （1）因不可抗力致使合同无法履行； （2）因一方违约（包括因发包人原因造成工程停建或缓建）致使合同无法履行。 **44.3** 发生本通用条款第38.2款禁止的情	本款是关于因承包人违约而解除合同的程序约定。本款根据承包人不同的违约情形约定了发包人可以采取的两种处理方式。通常当出现承包人违约行为时，发包人除个别确实无法继续履行合同的严重违约情形可立即解除合同外，对于承包人的一般违约情形，发包人可通过

《建设工程施工合同（示范文本）》（GF—2013—0201）第二部分 通用合同条款	《建设工程施工合同（示范文本）》（GF—1999—0201）第二部分 通用条款	对照解读
同。合同解除后，因继续完成工程的需要，发包人有权使用承包人在施工现场的材料、设备、临时工程、承包人文件和由承包人或以其名义编制的其他文件，合同当事人应在专用合同条款约定相应费用的承担方式。发包人继续使用的行为不免除或减轻承包人应承担的违约责任。	况，承包人将其承包的全部工程转包给他人或者肢解以后以分包的名义分别转包给他人，发包人有权解除合同。 **44.5** 一方依据44.2、44.3、44.4款约定要求解除合同的，应以书面形式向对方发出解除合同的通知，并在发出通知前7天告知对方，通知到达对方时合同解除。对解除合同有争议的，按本通用条款第37条关于争议的约定处理。	监理人发出要求整改的通知，指定承包人在合理期限内纠正其违约行为；承包人在收到整改通知后仍不采取有效措施纠正其违约行为的，使发包人无法再继续履行合同，发包人正式通知承包人解除合同。承包人应承担由此增加的费用和延误的工期损失。 另外，在合同解除后，为了继续完成工程的需要，也为了尽量减少发包人的损失，《建设工程施工合同（示范文本）》（GF—2013—0201）增加约定发包人有权使用承包人在施工现场的材料、设备、临时工程和承包人文件，但由此产生的费用承发包双方可在《专用合同条款》中进行明确。本款明确发包人行使上述约定的权利并不免除或减轻承包人应承担的违约责任。 最高人民法院《关于审理建设工程施工合同纠纷案件适用法律问题的解释》第八条规定：“承包人具有下列情形之一，发包人请求解除建设工程施工合同的，应予支持：（一）明确表示或者以行为表明不履行合同主要义务的；（二）合同约定的期限内没有完工，且在发包人催告的合理期限内仍未完工的；（三）已经完成的建设工程质量不合格，并拒绝修复的；（四）将承包的建设工程非法转包、违法分包的。”

《建设工程施工合同（示范文本）》 （GF—2013—0201） 第二部分　通用合同条款	《建设工程施工合同（示范文本）》 （GF—1999—0201） 第二部分　通用条款	对照解读
16.2.4　因承包人违约解除合同后的处理 因承包人原因导致合同解除的，则合同当事人应在合同解除后 28 天内完成估价、付款和清算，并按以下约定执行： （1）合同解除后，按第 4.4 款〔商定或确定〕商定或确定承包人实际完成工作对应的合同价款，以及承包人已提供的材料、工程设备、施工设备和临时工程等的价值； （2）合同解除后，承包人应支付的违约金； （3）合同解除后，因解除合同给发包人造成的损失； （4）合同解除后，承包人应按照发包人要求和监理人的指示完成现场的清理和撤离； （5）发包人和承包人应在合同解除后进行清算，出具最终结清付款证书，结清全部款项。 因承包人违约解除合同的，发包人有权暂停对承包人的付款，查清各项付款和已扣款项。发包人和承包人未能就合同解除后的清算和款项支付达成一致的，按照第 20 条〔争议解决〕的约定处理。	**44.6**　合同解除后，承包人应妥善做好已完工程和已购材料、设备的保护和移交工作，按发包人要求将自有机械设备和人员撤出施工场地。发包人应为承包人撤出提供必要条件，支付以上所发生的费用，并按合同约定支付已完工程价款。已经订货的材料、设备由订货方负责退货或解除订货合同，不能退还的货款和因退货、解除订货合同发生的费用，由发包人承担，因未及时退货造成的损失由责任方承担。除此之外，有过错的一方应当赔偿因合同解除给对方造成的损失。 **44.7** 合同解除后，不影响双方在合同中约定的结算和清理条款的效力。	本款是关于因承包人原因合同解除后承包人的支付责任及各方的后合同义务。《建设工程施工合同（示范文本）》（GF—2013—0201）对合同解除后的估价、付款和清算事宜作了进一步的细化。 本款约定合同解除后承包人的支付责任主要有两项，即第（2）项应支付的违约金和第（3）项因解除合同给发包人造成的损失；合同解除后承包人的其他义务包括：（1）与发包人、监理人共同确定已完工程的合同价款，承包人已提供的材料、工程设备、施工设备和临时工程的价值；（2）按发包人要求和监理人指示完成施工现场清理和撤离工作。承包人的后合同义务，即应在合同解除后作好材料、设备以及人员的善后工作，发包人有配合的义务。 合同解除后发包人有暂停付款的权利，待共同确认所有往来款项后，再出具最终结清付款证书，结清全部合同款项。如不能就解除合同后的结清款项达成一致意见的，则按争议解决条款处理。 为保证顺利处理合同解除后的善后事宜，减少容易引发群体性事件的不安定因素，促进社会和谐，引导运用法律手段解决矛盾，笔者曾建议在本条或在《专用合同条款》中增加约定：“合同解除后，承包人应妥善做好已竣工工程和已购材料、设备的保护和移交工作，并按发包人要求的期限将承包人设备和人员全部撤出施工场地，

《建设工程施工合同（示范文本）》（GF—2013—0201）第二部分 通用合同条款	《建设工程施工合同（示范文本）》（GF—1999—0201）第二部分 通用条款	对照解读
		否则应向发包人支付违约金，违约金的计算方法为：每逾期一日，承包人应向发包人支付合同签约价格的______%作为违约金”。承包人如有要求，也可以相应与发包人作出类似约定。
16.2.5 采购合同权益转让 因承包人违约解除合同的，发包人有权要求承包人将其为实施合同而签订的材料和设备的采购合同的权益转让给发包人，承包人应在收到解除合同通知后14天内，协助发包人与采购合同的供应商达成相关的转让协议。		《建设工程施工合同（示范文本）》（GF—2013—0201）增加16.2.5款关于合同解除后采购合同权益转让的程序约定。 本款的目的在于保护发包人的利益和保证工程建设项目的继续进行。因承包人违约解除合同后，为了尽量减少损失，将由发包人或发包人委托的其他承包人继续施工。为保证工程延续施工的需要，承包人应将在此之前为实施本合同与其他材料、设备供应商签订的任何材料、设备和服务协议及利益，通过法律程序依法转让予发包人。 本款对承包人履行转让义务的时间作了限制，即应在收到解除合同通知后14天内，并约定了承包人的协助义务。 作为一种民事法律关系，合同关系不同于其他民事法律关系的重要特点就是在于合同关系的相对性，即“合同相对性”。合同相对性是指合同仅于合同当事人之间发生法律效力，合同当事人不得约定涉及第三人利益的事项并在合同中设定第三人的权利义务，否则该约定无效。 本款在适用时应当特别注意以下法律规定，避免出现权益转让无效或者部分无效的后果：

《建设工程施工合同（示范文本）》（GF—2013—0201）第二部分　通用合同条款	《建设工程施工合同（示范文本）》（GF—1999—0201）第二部分　通用条款	对照解读
		我国《民法通则》第九十一条："合同一方将合同的权利、义务全部或者部分转让给第三人的，应当取得合同另一方的同意，并不得牟利。依照法律规定应当由国家批准的合同，需经原批准机关批准。但是，法律另有规定或者原合同另有约定的除外"； 我国《合同法》第七十九条："债权人可以将合同的权利全部或者部分转让给第三人，但有下列情形之一的除外：（一）根据合同性质不得转让；（二）按照当事人约定不得转让；（三）依照法律规定不得转让"； 我国《合同法》第八十条："债权人转让权利的，应当通知债务人。未经通知，该转让对债务人不发生效力。债权人转让权利的通知不得撤销，但经受让人同意的除外"； 我国《合同法》第八十一条："债权人转让权利的，受让人取得与债权有关的从权利，但该从权利专属于债权人自身的除外"； 我国《合同法》第八十二条："债务人接到债权转让通知后，债务人对让与人的抗辩，可以向受让人主张"； 我国《合同法》第八十三条："债务人接到债权转让通知时，债务人对让与人享有债权，并且债务人的债权先于转让的债权到期或者同时到期的，债务人可以向受让人主张抵销"； 我国《合同法》第八十四条："债务人将合

《建设工程施工合同（示范文本）》（GF—2013—0201）第二部分　通用合同条款	《建设工程施工合同（示范文本）》（GF—1999—0201）第二部分　通用条款	对照解读
		同的义务全部或者部分转移给第三人的，应当经债权人同意”； 我国《合同法》第八十五条：“债务人转移义务的，新债务人可以主张原债务人对债权人的抗辩”； 我国《合同法》第八十六条：“债务人转移义务的，新债务人应当承担与主债务有关的从债务，但该从债务专属于原债务人自身的除外”； 我国《合同法》第八十七条：“法律、行政法规规定转让权利或者转移义务应当办理批准、登记等手续的，依照其规定”； 我国《合同法》第八十八条：“当事人一方经对方同意，可以将自己在合同中的权利和义务一并转让给第三人”。 综合考虑以上法律规定，鉴于采购合同权益转让可能涉及权利义务的同时转让，笔者建议发包人行使采购合同权益转让权时，应当会同承包人、采购合同的供应商按照合理条件就此签订三方协议。
16.3　第三人造成的违约 在履行合同过程中，一方当事人因第三人的原因造成违约的，应当向对方当事人承担违约责任。一方当事人和第三人之间的纠纷，依照法律规定或者按照约定解决。		本款为新增条款。 《建设工程施工合同（示范文本）》（GF—2013—0201）增加16.3款关于因第三人原因造成违约的责任承担约定。 我国《合同法》第一百二十一条规定：“当事人一方因第三人的原因造成违约的，应当向对方承担违约责任。当事人一方和第三人之间的纠纷，依照法律规定或者按照约定解决”。

《建设工程施工合同（示范文本）》（GF—2013—0201）第二部分　通用合同条款	《建设工程施工合同（示范文本）》（GF—1999—0201）第二部分　通用条款	对照解读
17. 不可抗力	**39. 不可抗力**	本款已作修改。 在发生违约情形时，不可抗力是唯一的法定免责事由。我国《民法通则》第一百零七条规定："因不可抗力不能履行合同或者造成他人损害的，不承担民事责任，法律另有规定的除外"。同时该法第一百五十三条规定："本法所称的'不可抗力'，是指不能预见、不能避免并不能克服的客观情况"。根据我国《合同法》第九十四条的规定，因不可抗力致使不能实现合同目的时，当事人可以解除合同。同时该法第一百一十七条规定："因不可抗力不能履行合同的，根据不可抗力的影响，部分或者全部免除责任，但法律另有规定的除外。当事人迟延履行后发生不可抗力的，不能免除责任。本法所称不可抗力，是指不能预见、不能避免并不能克服的客观情况"。 从上述法律规定可以看出，不可抗力是外来的、不受当事人意志左右的自然现象或者社会现象。可以构成不可抗力的事由必须同时具备三个特征：（一）不可抗力是当事人不能预见的事件。能否"预见"取决于预见能力。判断当事人对某事件是否可以预见，应以现有的科学技术水平和一般人的预见能力为标准，而不是以当事人自身的预见能力为标准。"不能预见"是当事人尽到了一般应有的注意义务仍然不能预见，而不是因为疏忽大意或者其他过错没

《建设工程施工合同（示范文本）》（GF—2013—0201）第二部分 通用合同条款	《建设工程施工合同（示范文本）》（GF—1999—0201）第二部分 通用条款	对照解读
		有预见；（二）不可抗力是当事人不能避免并不能克服的事件。也就是说，对于不可抗力事件的发生和损害结果，当事人即使尽了最大努力仍然不能避免，也不能克服。不可抗力不为当事人的意志和行为所左右、所控制。如果某事件的发生能够避免，或者虽然不能避免但是能够克服，也不能构成不可抗力；（三）不可抗力是一种阻碍合同履行的客观情况。从法律关于不可抗力的规定可以知道，凡是不能预见、不能避免并不能克服的客观情况均属于不可抗力的范围，主要包括自然灾害和社会事件。对于不可抗力范围的确定，目前世界上有两种立法体例：一种是以列举的方式明确规定属于不可抗力的事件，即只有相关法律明确列举的不可抗力事件发生时，当事人才能以不可抗力作为抗辩事由并免除相应的责任；另一种则是采取概括描述的方式对不可抗力的范围进行原则性的规定，并不明确列举不可抗力事件的种类。我国《合同法》的规定即属于后者。
17.1 不可抗力的确认 不可抗力是指合同当事人在签订合同时不可预见，在合同履行过程中不可避免且不能克服的自然灾害和社会性突发事件，如地震、海啸、瘟疫、骚乱、戒严、暴动、战争和专用合同条款中约定的其他情形。	**39.1** 不可抗力包括因战争、动乱、空中飞行物体坠落或其他非发包人承包人责任造成的爆炸、火灾，以及专用条款约定的风雨、雪、洪、震等自然灾害。	本款以列举式的方式对不可抗力条款进行了订立，承发包双方应在《专用合同条款》中明确不可抗力的内容，包括不可抗力的范围、性质和等级进行进一步明确约定。在实践中，当事人往往也会在合同中采用列举的方式约定不可抗力的范围（在侵权责任中，当事人不可能

《建设工程施工合同（示范文本）》（GF—2013—0201）第二部分　通用合同条款	《建设工程施工合同（示范文本）》（GF—1999—0201）第二部分　通用条款	对照解读
		对不可抗力的范围进行事先约定）以消除原则性规定所带来的不确定因素，使得合同当事人的权利义务更加明确具体。例如国际咨询工程师联合会（FIDIC）《施工合同条件》（1999年第1版）在第19.1条“不可抗力的定义”中规定“在本条中，‘不可抗力’系指某种异常事件或情况：（a）一方无法控制的，（b）该方在签订合同前，不能对之进行合理准备的，（c）发生后，该方不能合理避免或克服的，（d）不能主要归因于他方的。只要满足上述（a）至（d）项的条件，不可抗力可以包括但不限于下列各种异常事件或情况：（i）战争、敌对行动（不论宣战与否）、入侵、外敌行为，（ii）叛乱、恐怖主义、革命、暴动、军事政变或篡夺政权，或内战，（iii）承包商人员和承包商及其分包商的其他雇员以外的人员的骚乱、喧闹、混乱、罢工或停工，（iv）战争军火、爆炸物资、电离辐射或放射性污染，但可能因承包商使用此类军火、炸药、辐射或放射性引起的除外，（v）自然灾害，如地震、飓风、台风或火山活动。
不可抗力发生后，发包人和承包人应收集证明不可抗力发生及不可抗力造成损失的证据，并及时认真统计所造成的损失。合同当事人对是否属于不可抗力或其损失的意见不一致的，		《建设工程施工合同（示范文本）》（GF—2013—0201）增加约定发生不可抗力后承发包双方的义务以及因不可抗力产生争议的解决途径。工程遭遇不可抗力事件时，承发包双方应共

《建设工程施工合同（示范文本）》（GF—2013—0201）第二部分 通用合同条款	《建设工程施工合同（示范文本）》（GF—1999—0201）第二部分 通用条款	对照解读
由监理人按第4.4款〔商定或确定〕的约定处理。发生争议时，按第20条〔争议解决〕的约定处理。		同调查确认不可抗力事件的性质及其受损害程度，并收集不可抗力造成损失的证明材料。若双方对不可抗力的认定或对其损害程度的意见不一致时，可由监理人按约定程序商定或确定，发生争议时则按争议的约定处理。
17.2 不可抗力的通知 合同一方当事人遇到不可抗力事件，使其履行合同义务受到阻碍时，应立即通知合同另一方当事人和监理人，书面说明不可抗力和受阻碍的详细情况，并提供必要的证明。	**39.2** 不可抗力事件发生后，承包人应立即通知工程师，在力所能及的条件下迅速采取措施，尽力减少损失，发包人应协助承包人采取措施。不可抗力事件结束后48小时内承包人向工程师通报受害情况和损失情况，及预计清理和修复的费用。	本款已作修改。 本款是关于不可抗力通知的义务约定。《建设工程施工合同（示范文本）》（GF—2013—0201）删除了《建设工程施工合同（示范文本）》（GF—1999—0201）中对承包人通知时间“48小时”的限制约定。 本款要求的是遇到不可抗力影响的一方“立即通知”另一方和监理人，目的主要在于让对方及时知道，能迅速采取措施，以减轻可能给对方造成的损失。当工程遭遇不可抗力事件时，承发包双方应及时调查确认不可抗力事件的性质及其受损害程度，收集不可抗力造成损失的证据材料。
不可抗力持续发生的，合同一方当事人应及时向合同另一方当事人和监理人提交中间报告，说明不可抗力和履行合同受阻的情况，并于不可抗力事件结束后28天内提交最终报告及有关资料。	不可抗事件持续发生，承包人应每隔7天向工程师报告一次受害情况。不可抗力事件结束后14天内，承包人向工程师提交清理和修复费用的正式报告及有关资料。	《建设工程施工合同（示范文本）》（GF—2013—0201）删除了《建设工程施工合同（示范文本）》（GF—1999—0201）中承包人提交中间报告“7天”的时间限制，将提交最终报告及有关资料的时间由“14天”延长至“28天”。

《建设工程施工合同（示范文本）》（GF—2013—0201）第二部分　通用合同条款	《建设工程施工合同（示范文本）》（GF—1999—0201）第二部分　通用条款	对照解读
		当不可抗力事件持续发生时，遇到不可抗力影响的一方有义务向相对方和监理人提供中间报告，及时说明因不可抗力事件的受阻情况，并在不可抗力事件结束后28天内提交最终的书面报告。 《合同法》第一百一十八条规定，当事人一方因不可抗力不能履行合同的，应当及时通知对方，以减轻可能给对方造成的损失，并应当在合理期限内提供证明。
17.3　不可抗力后果的承担 **17.3.1**　不可抗力引起的后果及造成的损失由合同当事人按照法律规定及合同约定各自承担。不可抗力发生前已完成的工程应当按照合同约定进行计量支付。		本款已作修改。 《建设工程施工合同（示范文本）》（GF—2013—0201）增加17.3.1款因不可抗力造成后果的责任分担确定原则，按照公平原则合理分担，即“损失自负”来概括。
17.3.2　不可抗力导致的人员伤亡、财产损失、费用增加和（或）工期延误等后果，由合同当事人按以下原则承担： （1）永久工程、已运至施工现场的材料和工程设备的损坏，以及因工程损坏造成的第三人人员伤亡和财产损失由发包人承担； （2）承包人施工设备的损坏由承包人承担； （3）发包人和承包人承担各自人员伤亡和财产的损失；	**39.3**　因不可抗力事件导致的费用及延误的工期由双方按以下方法分别承担： （1）工程本身的损害、因工程损害导致第三人人员伤亡和财产损失以及运至施工场地用于施工的材料和待安装的设备的损害，由发包人承担； （3）承包人机械设备损坏及停工损失，由承包人承担； （2）发包人承包人人员伤亡由其所在单位负责，并承担相应费用；	本款是关于因不可抗力造成损失的分担范围约定。 发生不可抗力由发包人承担的责任范围：（1）属于永久性工程及其设备、材料、部件等的损失和损害；（2）因工程损坏造成第三人人员伤亡和财产的损失；（3）发包人受雇人员的伤亡和财产损失；（4）因不可抗力导致的停工期间必须支付的工人工资及赶工费用；（5）停工期间承包人所需的清理、修复费用；（6）发包人迟延履行合同约定的保护义务造成的延续损失和损害。

《建设工程施工合同（示范文本）》（GF—2013—0201）第二部分　通用合同条款	《建设工程施工合同（示范文本）》（GF—1999—0201）第二部分　通用条款	对照解读
（4）因不可抗力影响承包人履行合同约定的义务，已经引起或将引起工期延误的，应当顺延工期，由此导致承包人停工的费用损失由发包人和承包人合理分担，停工期间必须支付的工人工资由发包人承担； （5）因不可抗力引起或将引起工期延误，发包人要求赶工的，由此增加的赶工费用由发包人承担； （6）承包人在停工期间按照发包人要求照管、清理和修复工程的费用由发包人承担。	（4）停工期间，承包人应工程师要求留在施工场地的必要的管理人员及保卫人员的费用由发包人承担； （5）工程所需清理、修复费用，由发包人承担； （6）延误的工期相应顺延。	发生不可抗力由承包人承担的责任范围：（1）承包人受雇人员的伤亡和财产损失；（2）属于承包人的机具、设备、财产和临时工程的损失和损害；（3）承包人迟延履行合同约定的保护义务造成的延续损失和损害。
不可抗力发生后，合同当事人均应采取措施尽量避免和减少损失的扩大，任何一方当事人没有采取有效措施导致损失扩大的，应对扩大的损失承担责任。 因合同一方迟延履行合同义务，在迟延履行期间遭遇不可抗力的，不免除其违约责任。	**39.4**　因合同一方迟延履行合同后发生不可抗力的，不能免除迟延履行方的相应责任。	承发包双方都有义务采取措施将因不可抗力导致的损失降低到最低限度。 此外，承包人应注意留存不可抗力发生后事故处理费用的相关证据。因为在实践中，由于不可抗力事件发生后，发包人承担责任的部分通常是采取承包人向监理工程师提出索赔的方式进行的，故承包人要注意保存相关的证据，如证明工人受伤的医疗费、施工机械损坏的修理费等费用数额的相关票据等。 本款未对不可抗力导致专业分包人和劳务分包人的损害承担作出约定。承包人应在与分包人的合同中进行明确。但承包人与分包人签

《建设工程施工合同（示范文本）》（GF—2013—0201）第二部分　通用合同条款	《建设工程施工合同（示范文本）》（GF—1999—0201）第二部分　通用条款	对照解读
		订的合同中不可抗力范围对发包人则没有约束力。
17.4　因不可抗力解除合同 因不可抗力导致合同无法履行连续超过84天或累计超过140天的，发包人和承包人均有权解除合同。合同解除后，由双方当事人按照第4.4款〔商定或确定〕商定或确定发包人应支付的款项，该款项包括： （1）合同解除前承包人已完成工作的价款； （2）承包人为工程订购的并已交付给承包人，或承包人有责任接受交付的材料、工程设备和其他物品的价款； （3）发包人要求承包人退货或解除订货合同而产生的费用，或因不能退货或解除合同而产生的损失； （4）承包人撤离施工现场以及遣散承包人人员的费用； （5）按照合同约定在合同解除前应支付给承包人的其他款项； （6）扣减承包人按照合同约定应向发包人支付的款项； （7）双方商定或确定的其他款项。 除专用合同条款另有约定外，合同解除后，发包人应在商定或确定上述款项后28天内完成上述款项的支付。		本款为新增条款。 《建设工程施工合同（示范文本）》（GF—2013—0201）增加17.4款关于承发包双方共同享有的合同解除权。 本款约定的是发生不可抗力后承发包双方共同享有行使合同解除权的程序，但根据不可抗力影响的时间长短约定了两个限制条件：一是合同无法履行连续超过84天；二是累计超过140天。 本款约定行使合同解除权的程序，须采用书面形式通知对方；书面通知到达对方时即产生合同解除的效力。 本款对因不可抗力解除合同后，发包人向承包人支付款项的范围作了明确约定，且对支付时间亦作了限制，即发包人应在总监理工程师商定或确定应支付的款项后28天内向承包人支付。

《建设工程施工合同（示范文本）》（GF—2013—0201）第二部分 通用合同条款	《建设工程施工合同（示范文本）》（GF—1999—0201）第二部分 通用条款	对照解读
18. 保险 **18.1 工程保险**	**40. 保险**	本款已作修改。 工程保险是应对建设工程风险管理的一个重要措施，所谓工程保险，是指以各种工程项目为主要承保对象的一种财产保险机制。通常工程保险的责任范围由二部分组成，第一部分主要是针对工程项下的物质损失部分，包括工程标的有形财产的损失和相关费用的损失；第二部分主要是针对被保险人在施工过程中因可能产生的第三者责任而承担经济赔偿责任导致的损失。 保险按其实施形式，可分为自愿保险与强制保险。所谓“自愿保险”，是指是否办理该项保险，完全由当事人根据自己的意愿决定。商业保险的绝大多数都属于自愿保险。所谓“强制保险”，也称为“法定保险”，是依照法律、行政法规的规定必须办理的保险，这类保险带有强制性，不论相关当事人是否愿意，都必须依法办理此项保险。强制保险通常是对危险范围较广，公共利益影响较大的保险标的实施的。
除专用合同条款另有约定外，发包人应投保建筑工程一切险或安装工程一切险；发包人委托承包人投保的，因投保产生的保险费和其他相关费用由发包人承担。	**40.3** 发包人可以将有关保险事项委托承包人办理，费用由发包人承担。	《建设工程施工合同（示范文本）》（GF—2013—0201）增加约定建筑工程一切险、安装工程一切险由发包人进行投保。如发包人委托承包人投保时，因投保而产生的相关费用则由

《建设工程施工合同（示范文本）》（GF—2013—0201）第二部分　通用合同条款	《建设工程施工合同（示范文本）》（GF—1999—0201）第二部分　通用条款	对照解读
		发包人承担。 　　建筑工程一切险承保各类民用、工业和公用事业建筑工程项目，包括道路、水坝、桥梁、港埠等，在建造过程中因自然灾害或意外事故而引起的一切损失；安装工程一切险主要承保机器设备安装、企业技术改造、设备更新等安装工程项目的物质损失和第三者责任。 　　承发包双方还应在《专用合同条款》中，根据工程项目具体情况，对保险范围、金额、费率、期限作出进一步的明确约定。 　　承发包双方均需要注意的是：在作出选择保险人的决策时，一般至少应当考虑安全、服务、成本这三项因素。首先应让保险公司了解项目对保险的各项要求，并让保险公司承诺其保险条件符合合同的要求。若保险费较高，可考虑同时向几家保险公司进行保险询价，并根据各保险公司的具体条件，如保费率、放弃责任追偿等择优选择。通常在项目实践中，让一家保险公司进行一揽子的保险往往是一种比较便捷和经济的方式，具体的选择方式可以包括公开招标、邀请招标、议标或直接询价。

《建设工程施工合同（示范文本）》（GF—2013—0201）第二部分　通用合同条款	《建设工程施工合同（示范文本）》（GF—1999—0201）第二部分　通用条款	对照解读
18.2　工伤保险 **18.2.1**　发包人应依照法律规定参加工伤保险，并为在施工现场的全部员工办理工伤保险，缴纳工伤保险费，并要求监理人及由发包人为履行合同聘请的第三方依法参加工伤保险。	**40.1**　工程开工前，发包人为建设工程和施工场内的自有人员及第三人人员生命财产办理保险，支付保险费用。	本款已作修改。 《建设工程施工合同（示范文本）》（GF—2013—0201）增加承发包双方应依照法律规定参加工伤保险义务的约定。 我国新修订的《建筑法》第四十八条规定，建筑施工企业应当依法为职工参加工伤保险缴纳工伤保险费。鼓励企业为从事危险作业的职工办理意外伤害保险，支付保险费。《工伤保险条例》第二条规定，中华人民共和国境内的各类企业、有雇工的个体工商户应当依照本条例的规定参加工伤保险，为本单位全部职工或者雇工缴纳工伤保险费。 由此可以看出，《建筑法》、《工伤保险条例》要求企业为职工参加工伤保险缴纳工伤保险费是强制性法律规定，企业必须遵守。中华人民共和国境内的各类企业的职工和个体工商户的雇工，均有依照法律的规定享受工伤保险待遇的权利。
18.2.2　承包人应依照法律规定参加工伤保险，并为其履行合同的全部员工办理工伤保险，缴纳工伤保险费，并要求分包人及由承包人为履行合同聘请的第三方依法参加工伤保险。		18.2.2款中的“员工“应当包括承包人聘用的为本施工项目工作的全部人员，承包人应与员工签订书面劳动合同，缴纳工伤保险费；且有义务要求分包人以及聘请的第三方机构依法参加工伤保险。

《建设工程施工合同（示范文本）》（GF—2013—0201）第二部分　通用合同条款	《建设工程施工合同（示范文本）》（GF—1999—0201）第二部分　通用条款	对照解读
18.3　其他保险 发包人和承包人可以为其施工现场的全部人员办理意外伤害保险并支付保险费，包括其员工及为履行合同聘请的第三方的人员，具体事项由合同当事人在专用合同条款约定。 除专用合同条款另有约定外，承包人应为其施工设备等办理财产保险。	**40.4**　承包人必须为从事危险作业的职工办理意外伤害保险，并为施工场地内自有人员生命财产和施工机械设备办理保险，支付保险费用。 **40.2**　运至施工场地内用于工程的材料和待安装设备，由发包人办理保险，并支付保险费用。 **40.6**　具体投保内容和相关责任，发包人承包人在专用条款中约定。	本款已作修改。 本款是关于承发包双方应投保人身意外伤害险的义务约定。从上述《建筑法》第四十八的规定可以看出，为从事危险作业的职工投保意外伤害险是鼓励性质的条款，不是强制性规定，企业可以自主决定是否投保。 但是，本款约定投保意外伤害保险，属于合同双方自愿约定，也应遵守，其目的就是进一步加强对在施工现场从事危险作业人员权益的保障。 工程本身、相关永久设备、材料以及承包人的施工设备是保险的核心内容。保险的施工设备范围由承包人根据施工设备的损失和损坏对工程施工的影响程度等因素进行确定，可在《专用合同条款》中进行明确约定。
18.4　持续保险 合同当事人应与保险人保持联系，使保险人能够随时了解工程实施中的变动，并确保按保险合同条款要求持续保险。		本款为新增条款。 《建设工程施工合同（示范文本）》（GF—2013—0201）增加18.4款对持续保险要求的约定。 在项目建设过程中，承包人应注意及时对保险金额进行调整。若工期存在延误情况，应及时续保，以便使建设项目在工程建设的整个期间都处在保险期内。

《建设工程施工合同（示范文本）》（GF—2013—0201）第二部分　通用合同条款	《建设工程施工合同（示范文本）》（GF—1999—0201）第二部分　通用条款	对照解读
18.5　保险凭证 合同当事人应及时向另一方当事人提交其已投保的各项保险的凭证和保险单复印件。		本款为新增条款。 《建设工程施工合同（示范文本）》（GF—2013—0201）增加18.5款对保险凭证要求的约定。 承包人应在合理期限内，向发包人提交前述投保保险生效的证据和保险单副本，以便发包人核查其投保的各项保险条件是否符合约定，并作为审批支付保险费用的凭据。
18.6　未按约定投保的补救		本款为新增条款。 《建设工程施工合同（示范文本）》（GF—2013—0201）增加18.6款未按约定投保的补救措施及责任承担的约定。
18.6.1　发包人未按合同约定办理保险，或未能使保险持续有效的，则承包人可代为办理，所需费用由发包人承担。发包人未按合同约定办理保险，导致未能得到足额赔偿的，由发包人负责补足。		18.6.1款是关于发包人未按约定办理保险时承包人享有的权利约定。发包人未按合同约定办理某项保险，或未能使保险持续有效时，承包人享有的补救措施，即可代为办理，代为办理所需费用由发包人承担，因此承包人未能得到足额赔偿的则由发包人负责补足。
18.6.2　承包人未按合同约定办理保险，或未能使保险持续有效的，则发包人可代为办理，所需费用由承包人承担。承包人未按合同约定办理保险，导致未能得到足额赔偿的，由承包人负责补足。		18.6.2款是关于承包人未按约定办理保险时发包人享有的权利约定。承包人未按约定办理某项保险，或未能使保险持续有效时发包人享有的补救措施，即可代为办理，代为办理所需费用由承包人承担，因此发包人未能得到足额赔偿的则由承包人负责补足。

《建设工程施工合同（示范文本）》（GF—2013—0201）第二部分　通用合同条款	《建设工程施工合同（示范文本）》（GF—1999—0201）第二部分　通用条款	对照解读
18.7　通知义务 除专用合同条款另有约定外，发包人变更除工伤保险之外的保险合同时，应事先征得承包人同意，并通知监理人；承包人变更除工伤保险之外的保险合同时，应事先征得发包人同意，并通知监理人。		本款已作修改。 《建设工程施工合同（示范文本）》（GF—2013—0201）增加对保险合同条款变动要求的约定。承包人如因保险项目增减或施工期限延长及缩短等需要变动保险条款时，应事先征得发包人同意，并通知监理人后再及时通知保险人，办理保险条款变动手续。当保险人对保险条款作出变动时，承包人也应在收到通知后立即通知发包人和监理人。
保险事故发生时，投保人应按照保险合同规定的条件和期限及时向保险人报告。发包人和承包人应当在知道保险事故发生后及时通知对方。	**40.5**　保险事故发生时，发包人承包人有责任尽力采取必要的措施，防止或者减少损失。	本款是投保人报告义务的约定。当保险事故发生时，投保人应按保险单的约定及时向保险人进行报告；承发包双方也应在知道保险事故后及时通知相对方，以采取必要措施，防止或减少因保险事故而导致的损失。
19. 索赔 **19.1　承包人的索赔** 根据合同约定，承包人认为有权得到追加付款和（或）延长工期的，应按以下程序向发包人提出索赔：	**36. 索赔** **36.1**　当一方向另一方提出索赔时，要有正当索赔理由，且有索赔事件发生时的有效证据。 **36.2**　发包人未能按合同约定履行自己的各项义务或发生错误以及应由发包人承担责任的其他情况，造成工期延误和（或）承包人不能	本款已作修改。 索赔是工程实践中较为常见的情形。索赔是合同双方的权利。由于一方不履行或不完全履行合同义务而使另一方遭受损失时，受损方有权提出索赔要求。在工程实践中常见的是工期索赔和费用索赔。 本款是关于承包人向发包人提出索赔的程序约定。《建设工程施工合同（示范文本）》（GF—2013—0201）增加约定“索赔的适用范围”，即只要“承包人认为有权得到追加付款和（或）延长工期的”，就可以按合同约定的

《建设工程施工合同（示范文本）》（GF—2013—0201）第二部分 通用合同条款	《建设工程施工合同（示范文本）》（GF—1999—0201）第二部分 通用条款	对照解读
	及时得到合同价款及承包人的其他经济损失，承包人可按下列程序以书面形式向发包人索赔：	索赔程序提出索赔。但也同时增加设置了另一个前提条件，即“根据合同约定”，这又相对限制了索赔的适用范围。
（1）承包人应在知道或应当知道索赔事件发生后28天内，向监理人递交索赔意向通知书，并说明发生索赔事件的事由；承包人未在前述28天内发出索赔意向通知书的，丧失要求追加付款和（或）延长工期的权利；	（1）索赔事件发生后28天内，向工程师发出索赔意向通知；	第（1）项《建设工程施工合同（示范文本）》（GF—2013—0201）增加约定“承包人的逾期索赔权”，即承包人应在知道或应当知道索赔事件后28天内向监理人提交索赔意向通知书，逾期不提出视为放弃索赔。此约定的目的是确保工程索赔的及时性，同时便于合同当事人及时进行索赔证据的收集与评估。应引起承包人的高度重视，并据此加强工程合同的签证和索赔管理工作。实践中还有一种情况是，当事人约定了索赔期限，但没有约定过期不能索赔，这种情况下索赔时效为发生索赔事件后两年。 “28天”是否属于除斥期间（除斥期间是指法律规定某种民事实体权利存在的期间。权利人在此期间内不行使相应的民事权利，则在该法定期间届满时导致该民事权利的消灭），因法官对此的理解不同，我国司法实践中曾经出现过不同判例。但是承发包双方对此必须要有清醒的认识，不可存有侥幸心理。

《建设工程施工合同（示范文本）》（GF—2013—0201）第二部分　通用合同条款	《建设工程施工合同（示范文本）》（GF—1999—0201）第二部分　通用条款	对照解读
（2）承包人应在发出索赔意向通知书后28天内，向监理人正式递交索赔报告；索赔报告应详细说明索赔理由以及要求追加的付款金额和（或）延长的工期，并附必要的记录和证明材料；	（2）发出索赔意向通知后28天内，向工程师提出延长工期和（或）补偿经济损失的索赔报告及有关资料；	第（2）项是承包人提交正式索赔报告的程序，期限是在发出索赔意向通知书后28天内。注意与第（1）项提交索赔意向通知书的区别，索赔意向通知书可只载明发生索赔事件的事由；而索赔报告则要详细说明索赔的理由、索赔的具体项目及计算依据、相对应的记录和证明材料等。 承包人提交第（1）项索赔意向通知书和第（2）项索赔报告的对象均为监理人。
（3）索赔事件具有持续影响的，承包人应按合理时间间隔继续递交延续索赔通知，说明持续影响的实际情况和记录，列出累计的追加付款金额和（或）工期延长天数；	（5）当该索赔事件持续进行时，承包人应当阶段性向工程师发出索赔意向，在索赔事件终了后28天内，向工程师送交索赔的有关资料和最终索赔报告。索赔答复程序与（3）、（4）规定相同。	第（3）项如有些索赔事件具有持续影响时，承包人还应在此影响结束后合理时间内提交延续索赔通知和延续记录，以便监理人和发包人及时知晓情况，尽快处理。
（4）在索赔事件影响结束后28天内，承包人应向监理人递交最终索赔报告，说明最终要求索赔的追加付款金额和（或）延长的工期，并附必要的记录和证明材料。		第（4）项承包人应在索赔事件影响结束后28天内，向监理人提交最终索赔报告。 承包人应注重加强以下签证及索赔的风险控制： （1）加强工程签证和工程索赔的签约管理；工程签证要及时，在施工过程中随时发生随时进行签证，应做到一次一签证，一事一签证，及时处理。签证最好一式数份，各方至少保存一份原件，避免自行修改，为最终结算提供真实可靠的凭据。尤其是对于隐蔽工程的签证，一旦缺少将难以获得其工程变更价款，因此隐蔽工程的签证要以图纸为依据，标明被隐

《建设工程施工合同（示范文本）》（GF—2013—0201）第二部分 通用合同条款	《建设工程施工合同（示范文本）》（GF—1999—0201）第二部分 通用条款	对照解读
		蔽部位、桩入土深度、基坑开挖验槽记录、基础换填、材质、宽度记录、钢筋验收记录等。对于需在施工现场临时签证的，争取在第一时间内完成签证，不能等事后再补签，以免发生漏签，更要避免把各个索赔事件进行累加后再签证的情况。 （2）加强组织管理：由于索赔需要项目多个部门的配合，才能获得索赔所需的各类数据，因此良好的组织管理是索赔成功的组织保障。 （3）加强文档管理：文档管理是工程索赔成功的基础。承包人提出索赔要求时就必须进行大量的索赔取证工作，以充分的证据来证明自己拥有索赔的权利。完善高效的文档管理可以为及时、准确、全面、有条理地解决索赔提供分析资料和证据，用以证明索赔事件的存在和影响以及索赔要求的合理性和合法性。 （4）索赔报告的编写：索赔报告是关乎索赔成功与否的一份重要文件，要求索赔报告必须描述全面、逻辑严谨、计算准确、证据充分可靠。承包人在编写索赔报告时应特别周密、审慎地论证和阐述，充分地提供证据资料，对索赔计算反复核对校正。索赔报告的具体内容因索赔事件的性质、特点和复杂程度不同而有所不同，但索赔报告通常应包括总论、合同引证部分、索赔款额计算部分、工期延长计算部分和证据部分。

《建设工程施工合同（示范文本）》（GF—2013—0201）第二部分　通用合同条款	《建设工程施工合同（示范文本）》（GF—1999—0201）第二部分　通用条款	对照解读
		（5）深入研究获得签证和索赔的方法和实际效果，友好协商和谋求调解是最重要和最有效的方法。 实践中发包人与承包人往往会因为索赔方面法律知识的匮乏，过程管理的失控而导致索赔时的被动局面，因此有必要聘请专业律师或机构加强索赔管理工作，以最大限度维护自己的利益及减少工程索赔成本。
19.2　对承包人索赔的处理 对承包人索赔的处理如下： （1）监理人应在收到索赔报告后14天内完成审查并报送发包人。监理人对索赔报告存在异议的，有权要求承包人提交全部原始记录副本；	（3）工程师在收到承包人送交的索赔报告和有关资料后，于28天内给予答复，或要求承包人进一步补充索赔理由和证据；	本款已作修改。 本款是关于监理人和发包人对承包人索赔的处理程序约定。《建设工程施工合同（示范文本）》（GF—2013—0201）将《建设工程施工合同（示范文本）》（GF—1999—0201）中监理人完成审核的时间由“28天”缩短为“14天”。 根据第（1）项的约定，监理人在收到承包人提交的索赔报告后，应认真研究和查验承包人提交的记录和证明材料，且可向承包人提出质疑，必要时可要求承包人提交全部原始记录副本。
（2）发包人应在监理人收到索赔报告或有关索赔的进一步证明材料后的28天内，由监理人向承包人出具经发包人签认的索赔处理结果。发包人逾期答复的，则视为认可承包人的索赔要求；	（4）工程师在收到承包人送交的索赔报告和有关资料后28天内未予答复或未对承包人作进一步要求，视为该项索赔已经认可；	第（2）项约定了发包人的“默示条款”。发包人应根据承包人提交的索赔及上述记录等资料，仔细分析并及时作出初步处理意见，并在收到索赔报告或进一步索赔证明材料后28天内将索赔处理结果通过监理人答复承包人；未在此期限内答复的，视为认可承包人提出的索赔。

《建设工程施工合同（示范文本）》（GF—2013—0201）第二部分 通用合同条款	《建设工程施工合同（示范文本）》（GF—1999—0201）第二部分 通用条款	对照解读
（3）承包人接受索赔处理结果的，索赔款项在当期进度款中进行支付；承包人不接受索赔处理结果的，按照第20条〔争议解决〕约定处理。		《建设工程施工合同（示范文本）》（GF—2013—0201）增加第（3）项的约定，承包人接受监理人的索赔处理结果，发包人应按时结算索赔款项；承包人不接受时，可按争议解决条款的约定执行。
19.3 发包人的索赔 根据合同约定，发包人认为有权得到赔付金额和（或）延长缺陷责任期的，监理人应向承包人发出通知并附有详细的证明。 发包人应在知道或应当知道索赔事件发生后28天内通过监理人向承包人提出索赔意向通知书，发包人未在前述28天内发出索赔意向通知书的，丧失要求赔付金额和（或）延长缺陷责任期的权利。发包人应在发出索赔意向通知书后28天内，通过监理人向承包人正式递交索赔报告。	**36.3** 承包人未能按合同约定履行自己的各项义务或发生错误，给发包人造成经济损失，发包人可按36.2款确定的时限向承包人提出索赔。	本款已作修改。 本款是关于发包人向承包人提出索赔的程序约定。 为公平地处理合同双方之间的索赔争议，《建设工程施工合同（示范文本）》（GF—2013—0201）增加约定发包人与承包人平等的索赔权利，以及相同的索赔程序。发包人亦引起高度重视，及时行使权利。
19.4 对发包人索赔的处理 对发包人索赔的处理如下： （1）承包人收到发包人提交的索赔报告后，应及时审查索赔报告的内容、查验发包人证明材料；		本款为新增条款。 《建设工程施工合同（示范文本）》（GF—2013—0201）增加19.4款关于承包人对发包人人索赔的处理程序约定。 根据第（1）项的约定，承包人在收到发包人提交的索赔报告后，应及时进行审查，尽快做出初步处理意见。

《建设工程施工合同（示范文本）》（GF—2013—0201）第二部分　通用合同条款	《建设工程施工合同（示范文本）》（GF—1999—0201）第二部分　通用条款	对照解读
（2）承包人应在收到索赔报告或有关索赔的进一步证明材料后28天内，将索赔处理结果答复发包人。如果承包人未在上述期限内作出答复的，则视为对发包人索赔要求的认可；		第（2）项承包人应在收到发包人提交的索赔报告或进一步索赔证明材料后28天内将索赔处理结果答复发包人；未在此期限内答复的，视为认可发包人提出的索赔。
（3）承包人接受索赔处理结果的，发包人可从应支付给承包人的合同价款中扣除赔付的金额或延长缺陷责任期；发包人不接受索赔处理结果的，按第20条〔争议解决〕约定处理。		第（3）项对于承包人的索赔处理结果，不存在异议的部分，发包人可从应支付给承包人的合同价款中扣除赔付的金额或延长缺陷责任期；而发包人不接受承包人的索赔处理结果的，则按争议解决条款的约定执行。
19.5　提出索赔的期限		本款为新增条款。 《建设工程施工合同（示范文本）》（GF—2013—0201）增加19.5款关于承包人申请索赔的最终期限的约定。 为了督促承包人及时行使索赔权利，本款对承包人申请索赔的最终期限作了限制约定。
（1）承包人按第14.2款〔竣工结算审核〕约定接收竣工付款证书后，应被视为已无权再提出在工程接收证书颁发前所发生的任何索赔。		根据第（1）项的约定，承包人在工程接收证书颁发前，可向发包人就工程接收证书颁发前所发生的任何索赔事件提出索赔。
（2）承包人按第14.4款〔最终结清〕提交的最终结清申请单中，只限于提出工程接收证书颁发后发生的索赔。提出索赔的期限自接受最终结清证书时终止。		根据第（2）项的约定，承包人在接受最终结清证书之前，可向发包人就工程接收证书颁发后所发生的索赔事件提出索赔。 承包人提出索赔的期限自接受发包人最终结清证书之时终止。

《建设工程施工合同（示范文本）》（GF—2013—0201）第二部分 通用合同条款	《建设工程施工合同（示范文本）》（GF—1999—0201）第二部分 通用条款	对照解读
20. 争议解决 **20.1 和解** 合同当事人可以就争议自行和解，自行和解达成协议的经双方签字并盖章后作为合同补充文件，双方均应遵照执行。	**37. 争议** **37.1** 发包人承包人在履行合同时发生争议，可以和解或者要求有关主管部门调解。	本款已作修改。 本款是关于双方和解解决争议的约定。 《建设工程施工合同（示范文本）》（GF—2013—0201）增加合同当事人自行和解达成协议的经双方法定代表人或其授权代表签字并加盖公章后作为合同补充文件的约定。 建设工程合同争议，特别是发包人和承包人之间因工期、质量、造价等产生的争议，在工程建设领域中时常发生。争议解决方式的选择是问题的关键。争议解决的方式有：和解、调解、争议评审、仲裁和诉讼。和解成本低、效率高，有利于促进和谐，提高争议解决效果，宜优先采用。
20.2 调解 合同当事人可以就争议请求建设行政主管部门、行业协会或其他第三方进行调解，调解达成协议的，经双方签字并盖章后作为合同补充文件，双方均应遵照执行。		本款为新增条款。 《建设工程施工合同（示范文本）》（GF—2013—0201）增加20.2款关于双方调解解决争议的约定。 建设工程施工合同争议的调解可以是行政主管部门、行业协会或请求其他第三方进行调解，及时调解争议有利于工程的顺利进行。经调解达成协议的，经双方法定代表人或其授权代表签字并加盖公章后作为合同补充文件。
20.3 争议评审 合同当事人在专用合同条款中约定采取争议评审方式解决争议以及评审规则，并按下列约定执行：		本款为新增条款。 《建设工程施工合同（示范文本）》（GF—2013—0201）增加20.3款“争议评审”一种新的争议解决机制。

《建设工程施工合同（示范文本）》（GF—2013—0201）第二部分　通用合同条款	《建设工程施工合同（示范文本）》（GF—1999—0201）第二部分　通用条款	对照解读
20.3.1　争议评审小组的确定 合同当事人可以共同选择一名或三名争议评审员，组成争议评审小组。除专用合同条款另有约定外，合同当事人应当自合同签订后 28 天内，或者争议发生后 14 天内，选定争议评审员。 选择一名争议评审员的，由合同当事人共同确定；选择三名争议评审员的，各自选定一名，第三名成员为首席争议评审员，由合同当事人共同确定或由合同当事人委托已选定的争议评审员共同确定，或由专用合同条款约定的评审机构指定第三名首席争议评审员。 除专用合同条款另有约定外，评审员报酬由发包人和承包人各承担一半。		20.3.1 款是关于争议评审小组成员选定机制的程序约定。 建设工程争议评审是指在工程开始或进行中，由当事人选择独立的评审专家，就当事人之间发生的争议及时提出解决建议或者作出决定的争议解决方式。争议评审是以“细致分割”方式实时解决争议，及时化解争议，防止争议扩大造成工程拖延、损失和浪费，保障工程顺利进行。 承发包双方可以约定自合同签订后 28 天内或争议发生后 14 天内确定评审小组。 承发包双方可以约定从政府部门或者仲裁机构或人民法院指定的有关专家库中选定评审小组成员，以此增强评审成员的专业度。争议评审小组成员的报酬原则是由各自承担，承发包双方也可在《专用合同条款》中进一步作出明确约定。
20.3.2　争议评审小组的决定 合同当事人可在任何时间将与合同有关的任何争议共同提请争议评审小组进行评审。争议评审小组应秉持客观、公正原则，充分听取合同当事人的意见，依据相关法律、规范、标准、案例经验及商业惯例等，自收到争议评审申请报告后 14 天内作出书面决定，并说明理由。合同当事人可以在专用合同条款中对本项事项另行约定。		20.3.2 款是关于获得争议评审小组决定的程序约定。 首先，申请方应向争议评审小组提交书面的评审申请报告，并同时将评审申请报告提交被申请方和监理人。评审申请报告应当包括：（1）争议的相关情况和争议要点；（2）提交评审解决的争议事项和具体的评审请求；（3）对争议的处理意见及所依据的文件、图纸及其他证明材料。

《建设工程施工合同（示范文本）》（GF—2013—0201）第二部分 通用合同条款	《建设工程施工合同（示范文本）》（GF—1999—0201）第二部分 通用条款	对照解读
20.3.3 争议评审小组决定的效力 争议评审小组作出的书面决定经合同当事人签字确认后，对双方具有约束力，双方应遵照执行。 任何一方当事人不接受争议评审小组决定或不履行争议评审小组决定的，双方可选择采用其他争议解决方式。		争议评审小组应在收到争议评审申请报告后14天内作出公平合理、独立公正地评审决定。 承发包双方应特别注意对20.3.3款的理解，接受了争议评审小组的书面决定后，就应遵照执行。另外，在仲裁或诉讼中，争议评审小组的决定在满足证据规则的前提下可能会被作为裁判的依据。 为预防、减少、及时解决建设工程合同争议，北京仲裁委员会于2009年1月20日第五届北京仲裁委员会第四次会议讨论通过《建设工程争议评审规则》，自2009年3月1日起施行；中国国际经济贸易仲裁委员会/中国国际商会于2010年1月27日通过《建设工程争议评审规则（试行）》，自2010年5月1日起试行。同时还相应制定了《评审专家守则》、《建设工程争议评审专家名单》、《建设工程争议评审收费办法》。
20.4 仲裁或诉讼 因合同及合同有关事项产生的争议，合同当事人可以在专用合同条款中约定以下一种方式解决争议： （1）向约定的仲裁委员会申请仲裁； （2）向有管辖权的人民法院起诉。	当事人不愿和解、调解或者和解、调解不成的，双方可以在专用条款内约定以下一种方式解决争议： 第一种解决方式：双方达成仲裁协议，向约定的仲裁委员会申请仲裁； 第二种解决方式：向有管辖权的人民法院	本款未作修改。 本款是关于双方以仲裁或诉讼方式解决争议的约定。 在目前的法律制度下，仲裁和诉讼不可兼得，或仲裁或诉讼，只能选择其一。如果选择仲裁方式解决争议，必须有双方明确、有效的约定。

《建设工程施工合同（示范文本）》（GF—2013—0201）第二部分　通用合同条款	《建设工程施工合同（示范文本）》（GF—1999—0201）第二部分　通用条款	对照解读
	起诉。	当前，通过仲裁来解决建设工程合同纠纷已成为承发包双方愿意选择的重要纠纷解决途径。承发包双方选择仲裁解决纠纷的优势有：仲裁机构、仲裁员均由双方选定；仲裁不公开；最主要的还是仲裁审理期限要比诉讼审限短，可以达到尽快结案的目的。 仲裁、诉讼各自都有不同的优点，承发包双方可根据工程实际情况约定作出选择。
20.5　争议解决条款效力 合同有关争议解决的条款独立存在，合同的变更、解除、终止、无效或者被撤销均不影响其效力。		本款为新增条款。 《建设工程施工合同（示范文本）》（GF—2013—0201）增加20.5款关于争议解决条款效力的约定。 《中华人民共和国合同法》第五十七条规定，合同无效、被撤销或者终止的，不影响合同中独立存在的有关解决争议方法条款的效力。
	37.2　发生争议后，除非出现下列情况的，双方都应继续履行合同，保持施工连续，保护好已完工程： （1）单方违约导致合同确已无法履行，双方协议停止施工； （2）调解要求停止施工，且为双方接受； （3）仲裁机构要求停止施工； （4）法院要求停止施工。	《建设工程施工合同（示范文本）》（GF—2013—0201）在此删除了《建设工程施工合同（示范文本）》（GF—1999—0201）关于本款的约定。

《建设工程施工合同（示范文本）》（GF—2013—0201）第二部分 通用合同条款	《建设工程施工合同（示范文本）》（GF—1999—0201）第二部分 通用条款	对照解读
	45. 合同生效与终止 **45.1** 双方在协议书中约定合同生效方式。 **45.2** 除本通用条款第 34 条外，发包人承包人履行合同全部义务，竣工结算价款支付完毕，承包人向发包人交付竣工工程后，本合同即告终止。 **45.3** 合同的权利义务终止后，发包人承包人应当遵循诚实信用原则，履行通知、协助、保密等义务。	《建设工程施工合同（示范文本）》（GF—2013—0201）在此删除了《建设工程施工合同（示范文本）》（GF—1999—0201）关于合同生效与终止的约定，而是在《合同协议书》中相应进行了明确。
	46. 合同份数 **46.1** 本合同正本两份，具有同等效力，由发包人承包人分别保存一份。 **46.2** 本合同副本份数，由双方根据需要在专用条款内约定。	《建设工程施工合同（示范文本）》（GF—2013—0201）在此删除了《建设工程施工合同（示范文本）》（GF—1999—0201）关于合同份数的约定，而是在《合同协议书》中相应进行了明确。
	47. 补充条款 双方根据有关法律、行政法规规定，结合工程实际经协商一致后，可对本通用条款内容具体化、补充或修改，在专用条款内约定。	《建设工程施工合同（示范文本）》（GF—2013—0201）在此删除了《建设工程施工合同（示范文本）》（GF—1999—0201）关于补充条款的约定，而是赋予承发包双方在《专用合同条款》中进一步明确。

备注

第三部分

《建设工程施工合同（示范文本）》（GF—2013—0201）

“专用合同条款”

与

《建设工程施工合同（示范文本）》（GF—1999—0201）

“专用条款”

对照解读

《建设工程施工合同（示范文本）》（GF—2013—0201）第三部分 专用合同条款	《建设工程施工合同（示范文本）》（GF—1999—0201）第三部分 专用条款	对照解读
1. 一般约定	**一、词语定义及合同文件**	本款已作修改。 以下是用于补充和细化《通用合同条款》的相关内容，使用时应注意与《通用合同条款》存在对应关系。
1.1 词语定义	1. 词语定义＿＿＿＿＿＿。	1.1 款“词语定义”是合同专用词语的定义，在《专用合同条款》内通常无需重新解释。合同协议书、通用合同条款、专用合同条款中的词语均具有同样的含义。
1.1.1 合同 **1.1.1.10** 其他合同文件包括：＿＿＿＿＿＿＿＿＿＿＿＿。		1.1.1 款是关于合同项下对“其他合同文件”范围的补充约定。 《建设工程施工合同（示范文本）》（GF—2013—0201）增加 1.1.1.10 款中的“其他合同文件”是指经承发包双方约定的除了合同协议书、中标通知书（如果有）、投标函及其附录（如果有）、专用合同条款及其附件、通用合同条款、技术标准和要求、图纸、已标价工程量清单或预算书以外的与工程施工有关的具有合同约束力的文件或书面协议。 承发包双方可根据工程的具体特点和特殊要求，将构成其他合同文件的名称在本条款中列明。合同履行过程中有关工程的洽商、变更等书面协议或文件属于其他合同文件，如施工组织设计文件或发包人委托造价咨询签订的委托造价咨询合同也构成其他合同文件。其他合同文件构成合同的组成部分。

《建设工程施工合同（示范文本）》（GF—2013—0201）第三部分　专用合同条款	《建设工程施工合同（示范文本）》（GF—1999—0201）第三部分　专用条款	对照解读
1.1.2　合同当事人及其他相关方 **1.1.2.4**　监理人： 名　　称：＿＿＿＿＿＿＿＿； 资质类别和等级：＿＿＿＿＿＿＿＿； 联系电话：＿＿＿＿＿＿＿＿； 电子信箱：＿＿＿＿＿＿＿＿； 通信地址：＿＿＿＿＿＿＿＿。		1.1.2款是关于承发包双方及其他相关方项下对监理人、设计人的补充约定。 《建设工程施工合同（示范文本）》（GF—2013—0201）增加1.1.2.4款中的“监理人”是受发包人委托按照法律规定进行工程监督管理的法人或其他组织，不是自然人。本款明确填写监理人的名称、资质类别、等级以及通信方式等内容。 《建设工程施工合同（示范文本）》（GF—2013—0201）着重突出了监理人的地位，更加体现了监理人的重要性，旨在建立“以监理人为工程文件传递核心”的合同管理模式。属于国家强制监理的项目，监理人应当具有相应的监理资质；不属于国家强制监理的项目，监理人无需具有监理资质，可以由发包人委托的项目管理人担负合同中监理人的职责。 根据我国相关法律规定，下列工程必须实行监理：国家重点建设工程；大中型公用事业工程；成片开发的住宅小区工程；利用外国政府或者国际组织贷款、援助资金的工程；国家规定必须实行监理的其他工程。所谓大中型公用事业工程是指项目总投资3000万元以上的市政项目，科教文化项目，体育旅游商业项目，卫生社会福利项目等。住宅项目是指5万平方米以上的小区，高层住宅和结构复杂的多层住宅也必须实行监理。

《建设工程施工合同（示范文本）》（GF—2013—0201）第三部分 专用合同条款	《建设工程施工合同（示范文本）》（GF—1999—0201）第三部分 专用条款	对照解读
1.1.2.5 设计人： 名　　称：______________； 资质类别和等级：__________； 联系电话：______________； 电子信箱：______________； 通信地址：______________。		从事建设工程监理活动的企业，应当取得工程监理企业资质，并在工程监理企业资质证书许可的范围内从事工程监理活动。工程监理企业资质分为综合资质、专业资质和事务所资质。其中，专业资质按照工程性质和技术特点划分为若干工程类别。综合资质、事务所资质不分级别。专业资质分为甲级、乙级；其中，房屋建筑、水利水电、公路和市政公用专业资质可设立丙级。 《建设工程施工合同（示范文本）》（GF—2013—0201）增加1.1.2.5款中的“设计人”是受发包人委托负责工程设计并具备相应工程设计资质的法人或其他组织。本款明确填写设计人的名称、资质类别、等级以及通信方式等内容。设计人应在其工程设计资质范围内承接建设工程设计工作。 《建设工程勘察设计资质管理规定》第六条规定，工程设计资质分为工程设计综合资质、工程设计行业资质、工程设计专业资质和工程设计专项资质。工程设计综合资质只设甲级；工程设计行业资质、工程设计专业资质、工程设计专项资质设甲级、乙级。根据工程性质和技术特点，个别行业、专业、专项资质可以设丙级，建筑工程专业资质可以设丁级。

《建设工程施工合同（示范文本）》（GF—2013—0201）第三部分　专用合同条款	《建设工程施工合同（示范文本）》（GF—1999—0201）第三部分　专用条款	对照解读
		取得工程设计综合资质的企业，可以承接各行业、各等级的建设工程设计业务；取得工程设计行业资质的企业，可以承接相应行业相应等级的工程设计业务及本行业范围内同级别的相应专业、专项（设计施工一体化资质除外）工程设计业务；取得工程设计专业资质的企业，可以承接本专业相应等级的专业工程设计业务及同级别的相应专项工程设计业务（设计施工一体化资质除外）；取得工程设计专项资质的企业，可以承接本专项相应等级的专项工程设计业务。
1.1.3　工程和设备		1.1.3 款是关于工程和设备项下的补充约定。
1.1.3.7　作为施工现场组成部分的其他场所包括：________。		《建设工程施工合同（示范文本）》（GF—2013—0201）增加 1.1.3.7 款中的“施工现场”是指用于工程施工的场所，本款可补充约定作为施工现场组成部分的其他场所范围，如填写临建用地、组装用地及仓储用地等，并附用地图纸，用地图纸上应标明用地界限和坐标。
1.1.3.9　永久占地包括：________。		《建设工程施工合同（示范文本）》（GF—2013—0201）增加 1.1.3.9 款中的“永久占地”是指为实施工程需要永久占用的土地，如填写绿化占地、地面停车场占地等范围，并附占地图纸，占地图纸上应标明占地界限和坐标。

《建设工程施工合同（示范文本）》（GF—2013—0201）第三部分　专用合同条款	《建设工程施工合同（示范文本）》（GF—1999—0201）第三部分　专用条款	对照解读
1.1.3.10　临时占地包括：______________。		《建设工程施工合同（示范文本）》（GF—2013—0201）增加1.1.3.10款中的“临时占地”是指为实施工程需要临时占用的土地，如填写修建临时施工道路的占地范围，包括图纸中可供承包人使用的临时占地范围和发包人为实施合同需要的临时占地范围。
	3. 语言文字和适用法律、标准及规范 **3.1**　本合同除使用汉语外，还使用______语言文字。	《建设工程施工合同（示范文本）》（GF—2013—0201）在此删除了《建设工程施工合同（示范文本）》（GF—1999—0201）关于语言文字的补充约定。
1.3　法律 适用于合同的其他规范性文件：______________。	**3.2**　适用法律和法规需要明示的法律、行政法规：______________。	本款未作修改。 本款是供承发包双方认为需要在法律、行政法规、中央军事委员会的规范性文件、部门规章，以及工程所在地的地方法规、自治法规（包括民族自治地方的自治条例和单行条例）、单行条例和地方政府规章以外，填写双方协商一致特别约定本工程适用的其他法律文件的名称。 需要注意的是，即使双方没有在《专用合同条款》中约定适用法律、行政法规、中央军事委员会的规范性文件、部门规章，以及工程所在地的地方法规、自治法规（包括民族自治地方的自治条例和单行条例）、单行条例和地方政府规章的名称，合同的履行也应当按照法律、行政法规、地方性法规的规定执行。

《建设工程施工合同（示范文本）》（GF—2013—0201）第三部分　专用合同条款	《建设工程施工合同（示范文本）》（GF—1999—0201）第三部分　专用条款	对照解读
1.4　标准和规范 **1.4.1**　适用于工程的标准规范包括：________________。	**3.3　适用标准、规范** 适用标准、规范的名称：________。	本款已作修改。 本款是关于适用于工程标准和规范的补充约定。适用工程的标准和规范的范围，包括国家标准、行业标准、工程所在地的地方性标准，以及相应的规范和规程等。如承发包双方对适用于工程的标准和规范有特别要求的，可在此补充约定。
1.4.2　发包人提供国外标准、规范的名称：________； 发包人提供国外标准、规范的份数：________；	发包人提供标准、规范的时间：________。	《建设工程施工合同（示范文本）》（GF—2013—0201）增加1.4.2款关于发包人提供国外标准、规范相关事宜的约定。如发包人要求使用国外标准和规范的，发包人应负责提供原文版本和中文译本，并提供国外标准和规范的具体名称。发包人要求使用的国外标准和规范不得低于国内的强制性标准和规范。承发包双方应在此约定提供标准规范的名称、份数和时间。
发包人提供国外标准、规范的名称：________。		此条款与前述条款内容重复且欠缺提供时间条款，似为《建设工程施工合同（示范文本）》（GF—2013—0201）的文字错误，建议修订时予以更正。
1.4.3　发包人对工程的技术标准和功能要求的特殊要求：________。	国内没有相应标准、规范时的约定：________。	《建设工程施工合同（示范文本）》（GF—2013—0201）增加1.4.3款关于发包人对工程的技术标准和功能要求有特殊要求时的约定。发

《建设工程施工合同（示范文本）》（GF—2013—0201）第三部分 专用合同条款	《建设工程施工合同（示范文本）》（GF—1999—0201）第三部分 专用条款	对照解读
		包人对工程的技术标准、功能要求高于或严于现行国家、行业或地方标准的，应当在本款中予以明确。除本款另有约定外，应视为承包人在签订合同前已充分预见前述技术标准和功能要求的复杂程度，签约合同价中已包含由此产生的费用。
1.5 合同文件的优先顺序 合同文件组成及优先顺序为：________。	**2. 合同文件及解释顺序** 合同文件组成及解释顺序：________。	本款未作修改。 本款是供承发包双方对组成合同的文件排列顺序的调整或补充有新约定时填写所需。 《通用合同条款》已经排列了合同文件的优先顺序，即《合同协议书》优先于《中标通知书》；《中标通知书》优先于《投标函》及《投标函附录》；《投标函》及《投标函附录》优先于《专用合同条款》及其附件；《专用合同条款》及其附件优先于《通用合同条款》；《通用合同条款》优先于技术标准和要求；技术标准和要求优先于图纸；图纸优先于已标价工程量清单或预算书；已标价工程量清单或预算书优先于其他合同文件。如承发包双方认为确有必要，可根据工程具体情况，在此改变并另行约定合同文件的组成及优先解释顺序。鉴于涉及意思表示时间先后与文件性质确认等问题，如无专业律师指导，建议承发包双方应尽量避免对《通用合同条款》约定的合同文件组成及优先解释顺序作出调整。

《建设工程施工合同（示范文本）》（GF—2013—0201）第三部分 专用合同条款	《建设工程施工合同（示范文本）》（GF—1999—0201）第三部分 专用条款	对照解读
1.6 图纸和承包人文件	**4. 图纸**	本款已作修改。 实践中发包人在进行招标时往往施工图纸仅能达到初步设计深度，发包人应重视图纸的提供，最好提供具备施工图深度的图纸。建议发包人在签订合同前，应当完成施工图设计文件。
1.6.1 图纸的提供 发包人向承包人提供图纸的期限：________________________；	**4.1** 发包人向承包人提供图纸日期和套数：________________。 发包人对图纸的保密要求：________。 使用国外图纸的要求及费用承担：______。	本款分别填写发包人提供图纸的期限、数量和具体内容。不同的工程项目对图纸的需要情况各不相同，发包人向承包人提供图纸的期限应与承包人的施工组织设计相匹配。为了防止发包人不及时提供图纸，本款对发包人提供图纸的期限作出明确约定。需要注意的是，《通用合同条款》对发包人提供图纸的最晚时间作了限制，即约定了发包人至迟不得晚于开工通知载明的开工日期前14天向承包人提供图纸，填写时应当予以注意避免突破此时限要求。
发包人向承包人提供图纸的数量：________________________；		例如，发包人向承包人提供的施工图纸在一般情况下可约定为六套。
发包人向承包人提供图纸的内容：________________________。		为了防止发包人提供的图纸内容不全面，影响工程质量以及进度等情形，本款明确要求填写发包人向承包人提供图纸的内容，承发包双方应根据工程的具体特点和要求，对图纸种类及内容进行细化。

《建设工程施工合同（示范文本）》（GF—2013—0201）第三部分 专用合同条款	《建设工程施工合同（示范文本）》（GF—1999—0201）第三部分 专用条款	对照解读
1.6.4 承包人文件		《建设工程施工合同（示范文本）》（GF—2013—0201）增加1.6.4款需要由承包人提供文件的范围、期限、数量以及形式。
需要由承包人提供的文件，包括：________________________________；		与施工有关的文件通常需要承包人根据其施工经验和技术能力来进行编制，承发包双方可结合工程特点及技术要求，如填写施工组织设计、工程进度计划、专项施工方案、必要的加工图和大样图等。
承包人提供的文件的期限为：__________；		承包人提供文件的期限，如填写承包人应在签订合同协议书之日起7天内向监理人提供，并由监理人报送发包人，但承包人至迟应在工程或相应工程部位施工前向监理人提供由承包人提供的文件，以保证工程顺得实施。
承包人提供的文件的数量为：__________；		承包人提供文件的数量，如填写“六套”。
承包人提供的文件的形式为：__________；		承包人提供文件的形式，可以是打印的纸质文件，也可以是电子版本。
发包人审批承包人文件的期限：________。		发包人审批承包人文件的期限，如填写“收到承包人报送的文件之日起7天内”。
1.6.5 现场图纸准备		《建设工程施工合同（示范文本）》（GF—2013—0201）增加1.6.5款关于现场图纸准备的补充约定。

《建设工程施工合同（示范文本）》（GF—2013—0201）第三部分　专用合同条款	《建设工程施工合同（示范文本）》（GF—1999—0201）第三部分　专用条款	对照解读
关于现场图纸准备的约定：______。		通常作为工程的实施单位由承包人在施工现场保存一套完整的图纸和承包人文件，当然考虑到不同的工程复杂情况，也可以约定由监理人在现场保存一套供工程检查时使用的图纸和承包人文件。
1.7　联络 **1.7.1**　发包人和承包人应当在______天内将与合同有关的通知、批准、证明、证书、指示、指令、要求、请求、同意、意见、确定和决定等书面函件送达对方当事人。		本款为新增条款。 1.7.1款补充填写送达时间，如填写发包人和承包人应当在3天内将与合同有关的通知、批准、证明、证书、指示、指令、要求、请求、同意、意见、确定和决定等书面函件送达对方当事人。
1.7.2　发包人接收文件的地点： ______； 发包人指定的接收人为： ______。 承包人接收文件的地点： ______； 承包人指定的接收人为： ______。 监理人接收文件的地点： ______； 监理人指定的接收人为： ______。		1.7.2款承发包双方、监理人根据实际情况对各自接收文件的地点进行明确约定并填写，以便各方通讯联系，有利于提高建设工程项目各方的工作效率。 为确保送达有效，承发包双方以及合同其他相关方可增加约定：“除合同另有约定外，任何与本合同有关的通知、批准、证明、证书、指示、要求、请求、同意、意见、确定和决定等或其他通讯往来应当采用书面形式并送达至以下列明的地址或书面通知的其他地址。除合同另有约定外，任何面呈之通知或其他通讯往来递交并得到签收时视为送达；任何以特快专递方式发出的通知或其他通讯往来在投邮后3个

《建设工程施工合同（示范文本）》（GF—2013—0201）第三部分 专用合同条款	《建设工程施工合同（示范文本）》（GF—1999—0201）第三部分 专用条款	对照解读
		工作日视为送达；任何以邮寄方式发出的通知或其他通讯往来在投邮后7个工作日视为送达；任何以传真方式发出的通知或其他通讯往来在发出时视为送达。任何写上本合同列明的地址邮寄的信件及任何附有收件人已收取传真的传真报告，将视为任何有关通知或其他通讯往来已根据本合同被妥善传递及发出： 发包人接收文件的地址：________ 邮政编码：________ 收件人：________ 联系电话：________ 传真：________ 电子信箱：________ 承包人接收文件的地址：________ 邮政编码：________ 收件人：________ 联系电话：________ 传真：________ 电子信箱：________ 监理人接收文件的地址：________ 邮政编码：________ 收件人：________ 联系电话：________ 传真：________ 电子信箱：________”。

《建设工程施工合同（示范文本）》（GF—2013—0201）第三部分　专用合同条款	《建设工程施工合同（示范文本）》（GF—1999—0201）第三部分　专用条款	对照解读
1.10　交通运输 **1.10.1　出入现场的权利** 关于出入现场的权利的约定：________________。		本款为新增条款。 1.10.1 款是关于办理出入现场权利相关手续的补充约定。 承发包双方可根据实际需要，将取得出入施工现场所需权利以及修建相关交通设施的权利的手续办理约定交由更为专业的承包人负责，但因此增加的费用应由发包人承担。
1.10.3　场内交通 关于场外交通和场内交通的边界的约定：________________。		1.10.3 款是关于对场内交通和场外交通边界的补充约定。 通常场外交通设施及满足工程施工所需的场内道路和交通设施由发包人负责并承担相关费用，而施工所需的其他场内临时道路和交通设施则由承包人负责并承担相关费用，因此对场外交通和场内交通的边界进行明确约定，对发包人、承包人的权利和义务作出明确的划分具有重要的意义。，因此承发包双方应根据工程项目的不同情况，在此条款中就发包人应提供的场内交通设施的技术参数和具体条件作出清晰、明确的约定。
关于发包人向承包人免费提供满足工程施工需要的场内道路和交通设施的约定：________________。		发包人除应向承包人提供场内交通设施的技术参数和具体条件外，还应向承包人免费提供满足工程施工需要的场内道路和交通设施。承发包双方可根据项目具体情况，约定发包人提供场内道路和交通设施的具体范围。

《建设工程施工合同（示范文本）》（GF—2013—0201）第三部分 专用合同条款	《建设工程施工合同（示范文本）》（GF—1999—0201）第三部分 专用条款	对照解读
1.10.4 超大件和超重件的运输 运输超大件或超重件所需的道路和桥梁临时加固改造费用和其他有关费用由________承担。		1.10.4 款是关于超大件和超重件运输所发生的相关费用承担的约定。鉴于《通用合同条款》约定了由承包人负责运输的超大件或超重件，应由承包人负责向交通管理部门办理申请手续，发包人给予协助。运输超大件或超重件所需的道路和桥梁临时加固改造费用和其他有关费用，由承包人承担。如双方商定该费用由发包人承担的，此处应作出修改，填写“发包人”。
1.11 知识产权 **1.11.1** 关于发包人提供给承包人的图纸、发包人为实施工程自行编制或委托编制的技术规范以及反映发包人关于合同要求或其他类似性质的文件的著作权的归属：________。 关于发包人提供的上述文件的使用限制的要求：________。 **1.11.2** 关于承包人为实施工程所编制文件的著作权的归属：________。		本款为新增条款。 1.11.1 款如果约定发包人提供给承包人的图纸、发包人为实施工程自行编制或委托编制的技术规范以及反映发包人关于合同要求或其他类似性质的文件的著作权属于发包人，此处直接填写“发包人”。 通常未经发包人书面同意，承包人不得擅自使用发包人提供给承包人的图纸、发包人为实施工程自行编制或委托编制的技术规范以及反映发包人关于合同要求或其他类似性质的文件。但为了实施工程的需要，承包人可因实施工程的运行、调试、维修、改造等目的而复制、使用前述属于发包人的文件，但不能用于与合同无关的事项。发包人如还有其他使用限制要求时，在本款中应作出明确约定。 1.11.2 款如果约定承包人为实施工程所编制的文件除署名权以外的著作权属于发包人，此

《建设工程施工合同（示范文本）》（GF—2013—0201）第三部分　专用合同条款	《建设工程施工合同（示范文本）》（GF—1999—0201）第三部分　专用条款	对照解读
关于承包人提供的上述文件的使用限制的要求：＿＿＿＿＿＿＿＿。		处直接填写“发包人”。 通常未经发包人书面同意，承包人不得擅自使用为实施工程所编制的文件。但为了实施工程的需要，承包人可因实施工程的运行、调试、维修、改造等目的而复制、使用前述属于发包人的文件，但不能用于与合同无关的事项。
1.11.4　承包人在施工过程中所采用的专利、专有技术、技术秘密的使用费的承担方式：＿＿＿＿＿＿＿＿。		1.11.4 款承包人在施工过程中，对于技术相对复杂的工程，需要采用特殊的专利、专有技术或技术秘密需向第三方支付的使用费用，如约定由发包人承担，此处直接填写“发包人”。
1.13　工程量清单错误的修正 出现工程量清单错误时，是否调整合同价格：＿＿＿＿＿＿＿＿。		本款为新增条款。 1.13 款是关于工程量清单错误时调整合同价格的补充约定。 根据《通用合同条款》的相关约定，除非出现“工程量清单存在缺项、漏项的”和“工程量清单偏差超出专用合同条款约定的工程量偏差范围的”以及“未按照国家现行计量规范强制性规定计量的”这三种情形，发包人提供的工程量清单，应被认为是准确的和完整的。否则只能在《专用合同条款》另有约定时发包人才应予修正，并相应调整合同价格。 如果承发包双方同意出现工程量清单出现任何错误构成调整合同价格的理由，此处应填写“是”或“应调整合同价格”。

《建设工程施工合同（示范文本）》（GF—2013—0201）第三部分　专用合同条款	《建设工程施工合同（示范文本）》（GF—1999—0201）第三部分　专用条款	对照解读
允许调整合同价格的工程量偏差范围：______________。		出现工程量清单错误不必然导致合同价格变更。双方可以约定允许调整合同价格的工程量偏差范围，如填写：“工程量偏差超过10%，则调整的原则为：当工程量增加10%以上时，增加部分的工程量综合单价应予调低；当工程量减少10%以上时，减少后剩余部分的工程量综合单价应予调高”。
2. 发包人 **2.2　发包人代表** 发包人代表：__________ 姓　　名：__________； 身份证号：__________； 职　　务：__________； 联系电话：__________； 电子信箱：__________； 通信地址：__________。 发包人对发包人代表的授权范围如下：______________。	**8. 发包人工作**	本款为新增条款。 2.2款是关于发包人派驻施工现场的发包人代表相关信息及授权范围的补充约定。 发包人代表是由发包人任命并派驻施工现场在发包人授权范围内行使发包人权利的人，发包人代表属于发包人的委托代理人。承发包双方应在本补充条款内对发包人代表的姓名、职务、联系方式及授权范围等作出明确约定。 发包人代表应在发包人的授权范围内负责处理在合同履行过程中与发包人有关的具体事务，发包人代表在授权范围内的行为由发包人承担法律责任。 由于发包人代表基于职务行为取得相应的职权，因此应注意其超越发包人授权而签认的工程签证对发包人在法律上产生的拘束力。若承包人主张该签证有效，这时只有当发包人举证证明承包人知道或者应当知道其代表的代理行为超越权限时，才能对抗承包人的主张。我国《合同法》第五十条规定：“法人或者其他组

《建设工程施工合同（示范文本）》（GF—2013—0201）第三部分 专用合同条款	《建设工程施工合同（示范文本）》（GF—1999—0201）第三部分 专用条款	对照解读
		织的法定代表人、负责人超越权限订立的合同，除相对人知道或者应当知道其超越权限的以外，该代表行为有效。” 建议将发包人代表的签名式样附后并增加一项约定：“签名式样如下：__________”，以免因出现代签等情形时发生争议。
2.4 施工现场、施工条件和基础资料的提供 **2.4.1 提供施工现场** 关于发包人移交施工现场的期限要求：__________。 **2.4.2 提供施工条件** 关于发包人应负责提供施工所需要的条件，包括：__________。	**8.1** 发包人应按约定的时间和要求完成以下工作： （1）施工场地具备施工条件的要求及完成的时间：__________； （2）将施工所需的水、电、电讯线路接至施工场地的时间、地点和供应要求：__________； （3）施工场地与公共道路的通道开通时间和要求：__________；	本款已作修改。 2.4.1款应写明发包人提供施工现场的具体时间。 根据不同项目具体情况，填写发包人提供施现场的时间。发包人提供施工现场的时间最好留有余量，以保证承包人进场做好开工的前期准备工作，如填写施工现场应当在监理人发出开工通知中载明的开工日期前14天移交承包人，除本条款另有约定外，发包人至迟应于开工日期前7天将施工现场移交承包人。 本款应写明发包人提供施工所需具备的各项条件： 《通用合同条款》约定了发包人应负责提供施工所需要的条件，包括：（1）将施工用水、电力、通讯线路等施工所必需的条件接至施工现场内；（2）保证向承包人提供正常施工所需要的进入施工现场的交通条件；（3）协调处理施工现场周围地下管线和邻近建筑物、构筑物、古树名木的保护工作，并承担相关费用；

《建设工程施工合同（示范文本）》（GF—2013—0201）第三部分　专用合同条款	《建设工程施工合同（示范文本）》（GF—1999—0201）第三部分　专用条款	对照解读
	（4）工程地质和地下管线资料的提供时间：________； （5）由发包人办理的施工所需证件、批件的名称和完成时间：________； （6）水准点与座标控制点交验要求：____； （7）图纸会审和设计交底时间：________； （8）协调处理施工场地周围地下管线和邻近建筑物、构筑物（含文物保护建筑）、古树名木的保护工作：________； （9）双方约定发包人应做的其他工作：________； **8.2　发包人委托承包人办理的工作** ________。	（4）按照专用合同条款约定应提供的其他设施和条件。承发包双方可进一步约定： 施工用水：应写明供水、排水接驳位置、管径、接通时间； 电力：应写明供电电压、是否安装变压器、变压器的规格、数量、接驳位置及接通时间； 通讯线路：应写明电话线、网线等的接入线路条数、接驳位置及接通时间； 道路：应写明负责开通道路的时间、起止地点、路面标准和要求； 其他设施：如施工场地应达到的平整程度要求；如开工后发现有约定的障碍尚未清除等情况时应由谁处理，费用如何承担等。 施工现场条件的约定应尽量详尽，避免因现场条件不满足而影响开工。建议将现场条件涉及的各项工作的名称、内容、要求和完成的时间约定明确。通常是发包人须完成现场道路、用地许可、拆迁及补偿等工作后，承包人进入并接收施工现场。
2.5　资金来源证明及支付担保 发包人提供资金来源证明的期限要求：________。		本款为新增条款。 2.5款应写明发包人向承包人提供资金来源证明及支付担保的期限与形式。 《通用合同条款》约定了发包人应在收到承包人要求提供资金来源证明的书面通知后28天内，向承包人提供能够按照合同约定支付合同价款的相应资金来源证明。本款可以对上述时

《建设工程施工合同（示范文本）》（GF—2013—0201）第三部分　专用合同条款	《建设工程施工合同（示范文本）》（GF—1999—0201）第三部分　专用条款	对照解读
发包人是否提供支付担保：__________。 发包人提供支付担保的形式：__________。		限进行修改，如填写发包人应在收到承包人要求提供资金来源证明的书面通知后14天内，向承包人提供能够按照合同约定支付合同价款相应的资金来源证明。 《通用合同条款》约定了发包人要求承包人提供履约担保的，发包人应当向承包人提供支付担保。但是双方可以在本款中约定豁免发包人的此项义务，即在此处填写“否”或“不提供”；如承发包双方根据工程实际情况确定需要发包人提供支付担保的，此处应填写：“是”或“提供”。 发包人提供支付担保的形式，可以采用银行保函或是担保公司担保等形式，承发包双方在此应当予以明确。
3. 承包人 **3.1　承包人的一般义务** （5）承包人提交的竣工资料的内容：__________。	**9. 承包人工作** **9.1**　承包人应按约定时间和要求，完成以下工作： （1）需由设计资质等级和业务范围允许的承包人完成的设计文件提交时间：__________； （2）应提供计划、报表的名称及完成时间：__________； （3）承担施工安全保卫工作及非夜间施工照明的责任和要求：__________；	本款已作修改。 本款是关于承包人一般义务的补充约定。 竣工资料通常包括：建设工程前期法定程序文件和综合管理资料。综合管理资料包括工程质量控制资料和工程质量评定资料。其中工程质量控制资料包括：验收资料、施工技术管理资料、产品质量证明文件、施工质量试验报告、检测报告、施工记录等；竣工验收资料包括验收证明文件、竣工图等。

《建设工程施工合同（示范文本）》（GF—2013—0201）第三部分 专用合同条款	《建设工程施工合同（示范文本）》（GF—1999—0201）第三部分 专用条款	对照解读
承包人需要提交的竣工资料套数：________。 承包人提交的竣工资料的费用承担：________。 承包人提交的竣工资料移交时间：________。 承包人提交的竣工资料形式要求：________。 （6）承包人应履行的其他义务：________。	（4）向发包人提供的办公和生活房屋及设施的要求：________； （5）需承包人办理的有关施工场地交通、环卫和施工噪音管理等手续：________； （6）已完工程成品保护的特殊要求及费用承担：________； （7）施工场地周围地下管线和邻近建筑物、构筑物（含文物保护建筑）、古树名木的保护要求及费用承担：________； （8）施工场清洁卫生的要求：________； （9）双方约定承包人应做的其他工作：________。	承包人提交的竣工资料的内容通常包括：（1）施工技术管理文件；（2）产品质量证明文件；（3）检验和检测报告；（4）施工记录；（5）检验批质量验收记录；（6）竣工图等。 承包人需要提交的竣工资料套数，如填写“六套”。 承包人提交竣工资料的费用如约定由承包人承担的，此处直接填写“承包人”。 承包人向发包人移交竣工资料的时间，如填写“承包人应在竣工验收合格后28天内向发包人移交竣工资料”。 承包人向发包人提交竣工资料的形式要求，如填写“除提供纸质文件外，还应提供相关信息电子文件及影像文件”。 在第（6）项中，承发包双方还可协商一致，填写承包人应履行的其他义务。如为他人提供方便的义务，如填写：“承包人应当对在施工现场或者附近实施与合同工程有关的其他工作的独立承包人履行管理、协调、配合、照管和服务义务，由此发生的费用由总监理工程师按第4.4款商定或确定”。
3.2 项目经理 **3.2.1** 项目经理： 姓　　名：________；	**7. 项目经理** 姓名：________，职务：________。	本款已作修改。 《建设工程施工合同（示范文本）》（GF—2013—0201）重点加强了对承包人项目经理任

《建设工程施工合同（示范文本）》（GF—2013—0201）第三部分 专用合同条款	《建设工程施工合同（示范文本）》（GF—1999—0201）第三部分 专用条款	对照解读
身份证号：________； 建造师执业资格等级：________； 建造师注册证书号：________； 建造师执业印章号：________； 安全生产考核合格证书号：________； 联系电话：________； 电子信箱：________； 通信地址：________。		资格职及违约责任的补充约定。 项目经理是由承包人任命并派驻施工现场，在承包人授权范围内负责合同履行并按照法律规定具有相应资格的项目负责人。通常项目经理的业绩、资质、个人能力等是评标打分的重要依据，项目经理的选派对项目能否顺利组织实施有着非常关键性的作用。因此本款对承包人项目经理任职资格、任职时间、授权范围、更换程序都作了较严格的约定。 项目经理的姓名、身份证号码、建造师执业资格等级、注册证书号、执业印章号及安全生产考核合格证书号，联系电话，电子信箱，通信地址均应填写详细、完整，建议与原件核对无误后留存复印件。
承包人对项目经理的授权范围如下：________。		承包人应根据工程实际情况确定项目经理的授权范围，如填写代表承包人行使本合同约定的权利，履行本合同约定的义务。项目经理在承包人授权范围内行使权利，项目经理在授权范围内的行为后果由承包人承担。
关于项目经理每月在施工现场的时间要求：________。		以下是《建设工程施工合同（示范文本）》（GF—2013—0201）增加的补充条款： 为了能及时对项目施工进行全面的管理，项目经理应常驻施工现场，项目经理每月在施工现场的时间要求，如填写“项目经理每月在施工现场的时间不得少于20天”。

《建设工程施工合同（示范文本）》（GF—2013—0201）第三部分　专用合同条款	《建设工程施工合同（示范文本）》（GF—1999—0201）第三部分　专用条款	对照解读
承包人未提交劳动合同，以及没有为项目经理缴纳社会保险证明的违约责任：______________。		项目经理应是承包人正式聘用的员工，承包人应向发包人提交项目经理与承包人之间签订的劳动合同，以及承包人为项目经理缴纳社会保险的有效证明。如违反此约定的，承包人应承担违约责任，如填写“向发包人交纳违约金10000元”或约定具体的违约金计算方法。
项目经理未经批准，擅自离开施工现场的违约责任：______________。		项目经理应常驻施工现场，确需离开施工现场时，应事先通知监理人，取得发包人的书面同意，并提交临时代行其职责人员的注册执业资格及管理经验等证明资料。如违反此约定的，承包人应承担违约责任，如填写“向发包人交纳违约金5000元”或约定具体的违约金计算方法。
3.2.3　承包人擅自更换项目经理的违约责任：______________。		3.2.3款项目经理通常是发包人确认的人选，未经发包人的书面同意，承包人不得擅自更换项目经理。如承包人擅自更换项目经理的，应承担违约责任，如填写向发包人“交纳违约金10000元”或约定具体的违约金计算方法。
3.2.4　承包人无正当理由拒绝更换项目经理的违约责任：______________。		3.2.4款发包人有权以书面通知的形式通知承包人更换其认为不称职的项目经理，承包人应提交改进报告，如发包人收到改进报告后仍要求承包人更换的，承包人应予以更换。如承包人无正当理由拒绝更换项目经理的，应承担违约责任，如填写“向发包人交纳违约金10000元”或约定具体的违约金计算方法。

《建设工程施工合同（示范文本）》（GF—2013—0201）第三部分　专用合同条款	《建设工程施工合同（示范文本）》（GF—1999—0201）第三部分　专用条款	对照解读
3.3　承包人人员 **3.3.1**　承包人提交项目管理机构及施工现场管理人员安排报告的期限：________。		本款为新增条款。 3.3.1 款填写承包人向监理人提交承包人项目管理机构及施工现场人员安排报告的期限，如填写"承包人应在接到监理人发出的开工通知之日起3日内提交项目管理机构及施工现场管理人员安排报告"。
3.3.3　承包人无正当理由拒绝撤换主要施工管理人员的违约责任：________。		3.3.3 款当承包人主要施工管理人员不能按合同约定履行职责及义务的，发包人有权要求承包人予以撤换。承包人无正当理由拒绝撤换的，应承担违约责任，如填写"向发包人交纳违约金2000元"或约定具体的违约金计算方法。
3.3.4　承包人主要施工管理人员离开施工现场的批准要求：________。		3.3.4 款承包人的主要施工管理人员应常驻施工现场，《通用合同条款》约定了承包人的主要施工管理人员离开施工现场每月累计不超过5天的，应报监理人同意；离开施工现场每月累计超过5天的，应通知监理人，并征得发包人书面同意。主要施工管理人员离开施工现场前应指定一名有经验的人员临时代行其职责，该人员应具备履行相应职责的资格和能力，且应征得监理人或发包人的同意。 承发包双方可根据项目具体实施情况，对承包人主要施工管理人员离开施工现场的批准要求作出不同于《通用合同条款》或更详细的约定。

《建设工程施工合同（示范文本）》（GF—2013—0201）第三部分　专用合同条款	《建设工程施工合同（示范文本）》（GF—1999—0201）第三部分　专用条款	对照解读
3.3.5　承包人擅自更换主要施工管理人员的违约责任：________________。 承包人主要施工管理人员擅自离开施工现场的违约责任：________________。		3.3.5款承包人派驻到施工现场的主要施工管理人员应相对稳定，承包人需要更换主要施工管理人员时，应书面通知监理人，并征得发包人的书面同意。如承包人擅自更换主要施工管理人员的，应承担违约责任，如填写“向发包人交纳违约金3000元”或约定具体的违约金计算方法。 承包人的主要施工管理人员应常驻施工现场，如确需离开施工现场的，应按约定程序履行审批手续。未经监理人或发包人同意擅自离开施工现场的，应承担违约责任，如填写“向发包人交纳违约金1000元”或约定具体的违约金计算方法。
3.5　分包 **3.5.1　分包的一般约定** 禁止分包的工程包括：________。 主体结构、关键性工作的范围：________。	**十一、其他** **38. 工程分包**	本款已作修改。 《建设工程施工合同（示范文本）》（GF—2013—0201）增加3.5.1款对分包的补充限制约定。为了保障工程施工的质量和安全，承包人不得将其承包的全部工程转包给第三人；不得将其承包的全部工程肢解后以分包的名义转包给第三人；不得将工程主体结构、关键性工作和双方约定的禁止分包的专业工程分包给第三人；不得以劳务分包的名义转包或违法分包工程。对于禁止分包的工程和主体结构、关键性工作的范围，承发包双方应根据工程项目具体情况经协商一致后在此作出明确约定。

《建设工程施工合同（示范文本）》 （GF—2013—0201） 第三部分　专用合同条款	《建设工程施工合同（示范文本）》 （GF—1999—0201） 第三部分　专用条款	对照解读
3.5.2　分包的确定 允许分包的专业工程包括：＿＿＿＿＿＿。 其他关于分包的约定：＿＿＿＿＿＿。	**38.1**　本工程发包人同意承包人分包的工程：＿＿＿＿＿＿。 分包施工单位为：＿＿＿＿＿＿。	本款是对分包工程的确定约定。 允许分包的专业工程应是法律及合同约定的非主体和非关键性工程，承发包双方可根据工程项目具体情况对允许分包的专业工程在此作出明确约定。 “其他关于分包的约定”如填写双方认为还需要明确的事项。建议约定承包人保证分包的工作不得再次分包。
3.5.4　分包合同价款 关于分包合同价款支付的约定：＿＿＿＿＿＿＿＿＿＿＿＿。		《建设工程施工合同（示范文本）》（GF—2013—0201）增加3.5.4款对分包合同价款的补充约定。 分包合同价款的支付如填写“分包工程价款由承包人与分包人进行结算”。发包人未经承包人同意不得以任何形式向分包人支付相关分包合同项下的任何工程款项。因发包人未经承包人同意直接向分包人支付相关分包合同项下的任何工程款项而影响承包人工作的，所造成的承包人费用增加和（或）延误的工期由发包人承担。
3.6　工程照管与成品、半成品保护 承包人负责照管工程及工程相关的材料、工程设备的起始时间：＿＿＿＿＿＿。		本款为新增条款。 3.6款是关于工程照管与成品、半成品保护起始时间的补充约定。 承包人负责照管工程及工程相关的材料、工程设备的起始时间，如填写从监理人发出开工通知中载明的开工日期之日起由承包人承担照管责任。

《建设工程施工合同（示范文本）》（GF—2013—0201）第三部分　专用合同条款	《建设工程施工合同（示范文本）》（GF—1999—0201）第三部分　专用条款	对照解读
3.7　履约担保	**41. 担保** **41.3**　本工程双方约定担保事项如下： （1）发包人向承包人提供履约担保，担保方式为：________。担保合同作为本合同附件。	本款已作修改。 《建设工程施工合同（示范文本）》（GF—2013—0201）在此删除了《建设工程施工合同（示范文本）》（GF—1999—0201）中关于发包人向承包人提供履约担保的补充约定。
承包人是否提供履约担保：________。		本款是关于承包人提交履约担保的补充约定。如发包人需要承包人提供履约担保的，在此处填写“是”或“提供”；如果发包人不需要承包人提供履约担保的，在此处填写“否”或“不提供”。
承包人提供履约担保的形式、金额及期限的：________。	（2）承包人向发包人提供履约担保，担保方式为：________。担保合同作为本合同附件。 （3）双方约定的其他担保事项：________。	提供履约担保的形式、金额及期限均应在此明确填写。对于履约担保，不同的保函开立机构承担保证责任的差别较大，因此，不论是承包人还是发包人，均应严格审查保函开立机构；如有必要，可在招标文件、投标文件或合同中明确指定保函开立机构，或提出明确要求。还应严格审查保函的内容，因为保函的内容直接关系到保函受益人的索赔权利。 履约担保应在合同签订前由承包人提交给发包人，履约担保的格式按照发包人在招标文件中规定的格式填写。 履约担保的金额用以补偿发包人因承包人违约造成的损失，其担保额度可视项目合同的具体情况而定，如填写“签约合同价的10%”。

《建设工程施工合同（示范文本）》（GF—2013—0201）第三部分 专用合同条款	《建设工程施工合同（示范文本）》（GF—1999—0201）第三部分 专用条款	对照解读
		履约担保的有效期，如填写履约担保的有效期应当自本合同生效之日起至发包人签发并由监理人向承包人出具工程接收证书之日止。如果承包人无法获得一份不带具体截止日期的担保，履约担保中应当有“变更工程竣工日期的，保证期间按照变更后的竣工日期做相应调整”或类似约定的条款。
4. 监理人 **4.1 监理人的一般规定** 关于监理人的监理内容：________。 关于监理人的监理权限：________。		本款为新增条款。 4.1款是关于监理人的监理内容和监理权限的补充约定。 监理人在实施建设工程监理前，应与发包人签订书面的《建设工程委托监理合同》，合同中应包括监理人对建设工程质量、造价、进度进行全面控制和管理的条款，对监理人的监理内容作出清晰、明确的约定。 监理人监理的内容除应符合合同约定外，还应符合国家现行的有关强制性标准、规范的规定。 监理人的监理权限，应写明监理人需要得到发包人的特别授权才能行使的职权。如对承包人合同约定的义务提出变更的权利；如监理人有权发出开工指示、停工指示、复工指示等。 凡是在合同中描述为“监理人有权……”的，均视为这些权利已经获得发包人的批准，需要特别授权的除外；对只需要监理人签字的文

《建设工程施工合同（示范文本）》（GF—2013—0201）第三部分 专用合同条款	《建设工程施工合同（示范文本）》（GF—1999—0201）第三部分 专用条款	对照解读
关于监理人在施工现场的办公场所、生活场所的提供和费用承担的约定：______________________。		件，也应视为已获得发包人的同意。但是，监理人无权免除或增加承发包双方的合同权益，亦无权修改合同。 监理人在行使发包人批准的权利时，可向承包人出示授权文件或证明，这样可以尽量避免表见代理行为的发生。 承包人、发包人、监理人应很好地区分并协调监理人“基于法律规定赋予的权利”和“基于发包人授权赋予的权利”，如果在监理人和发包人的权限分配中存在突破合同相对性的情形，可能容易引发承发包双方甚至是发包人和监理人之间的争议。 监理人在施工现场的办公场所、生活场所的提供和费用承担，如填写“由承包人负责提供监理人在施工现场的办公场所和生活场所，由此发生的费用则由发包人承担”。
4.2 监理人员 总监理工程师： 姓　　名：______________； 职　　务：______________； 监理工程师执业资格证书号：________； 联系电话：______________； 电子信箱：______________； 通信地址：______________；	**二、双方一般权利和义务** **5. 工程师** **5.2 监理单位委派的工程师** 姓名：________， 职务：________， 发包人委托的职权：________， 需要取得发包人批准才能行使的职权：________。	本款已作修改。 《建设工程施工合同（示范文本）》（GF—2013—0201）将《建设工程施工合同（示范文本）》（GF—1999—0201）中约定的“监理单位委托的工程师”表述为“总监理工程师”，将“发包人派驻的工程师”表述为“发包人代表”，并对其作了更为细致的补充约定。 总监理工程师是由监理人任命并派驻施工现场进行工程监理的总负责人，是监理人的代表，

《建设工程施工合同（示范文本）》（GF—2013—0201）第三部分　专用合同条款	《建设工程施工合同（示范文本）》（GF—1999—0201）第三部分　专用条款	对照解读
关于监理人的其他约定：________。	**5.3　发包人派驻的工程师** 姓名：________， 职务：________， 职权：________。 **5.6**　不实行监理的，工程师的职权：________。	具有重要的地位，在《通用合同条款》中有十二处涉及总监理工程师商定或确定的事项。总监理工程师应具备监理工程师执业资格，还需具备与工程规模和标准相适应的监理执业经验。 总监理工程师的姓名，职务，执业资格证书号码，联系电话，电子信箱及通信地址应填写详细、完整，建议留存复印件。 如对监理人还有其他特别要求的，可在此进行约定。
4.4　商定或确定 在发包人和承包人不能通过协商达成一致意见时，发包人授权监理人对以下事项进行确定： （1）________； （2）________； （3）________。		本款为新增条款。 4.4 款是对总监理工程师商定或确定的补充约定。 当承发包双方发生争议时，总监理工程师应当会同承发包双方尽量通过协商达成一致，不能达成一致的，由总监理工程师按照合同约定审慎做出公正的确定。总监理工程师在发包人委托的工程范围内行使职权，主要有四类职权：（1）对发包人或设计单位的建议权；（2）对承包人的施工进度、质量、安全、造价的监督权；（3）处于独立地位的组织协调权；（4）经发包人特别授权的职权。对于“经发包人特别授权的职权”应由发包人根据项目实际情况谨慎授予。

《建设工程施工合同（示范文本）》（GF—2013—0201）第三部分 专用合同条款	《建设工程施工合同（示范文本）》（GF—1999—0201）第三部分 专用条款	对照解读
5. 工程质量 **5.1 质量要求** **5.1.1** 特殊质量标准和要求：________。 关于工程奖项的约定：________。		本款为新增条款。 5.1 款是关于对工程质量的特殊标准或要求的补充约定。 5.1.1 款为了保障建设工程质量和人民生命财产安全，工程质量标准必须符合现行国家有关工程施工质量验收规范和标准的要求，如《建筑工程施工质量验收统一标准》、《建筑装饰装修工程质量验收规范》等。 承发包双方根据工程项目具体情况，如对工程质量有特殊要求时，可在此进行补充约定，但该补充约定的标准或要求不得低于国家标准中的强制性标准。如补充约定了高于国家标准的特殊质量标准和要求，则工程应按补充约定的该特殊标准和要求进行验收。 承发包双方可根据工程项目具体情况，在此约定承包人达到何种工程奖项，以及达到后的奖励办法。
5.3 隐蔽工程检查 **5.3.2** 承包人提前通知监理人隐蔽工程检查的期限的约定：________。		本款为新增条款。 5.3.2 款工程隐蔽部位经承包人自检确认具备覆盖条件，在隐蔽以前，承包人应通知监理人对隐蔽工程进行检查，具体期限以给监理人一定的准备时间为限，如填写“承包人应在检查前 48 小时以书面形式通知监理人检查”。

《建设工程施工合同（示范文本）》 （GF—2013—0201） 第三部分　专用合同条款	《建设工程施工合同（示范文本）》 （GF—1999—0201） 第三部分　专用条款	对照解读
监理人不能按时进行检查时，应提前______小时提交书面延期要求。 关于延期最长不得超过：______小时。		为了确保工程能按期进行，当监理人不能按时进行检查时，应提前以书面形式向承包人提出延期检查的要求，如填写在检查前“24小时内提出”。 为了防止监理人故意拖延时间不进行检查，需要对其提出延期的时限作限制约定，如填写延期最长不得超过24小时。 建议将“关于延期最长不得超过”修改为“延期最长不得超过”。
6. 安全文明施工与环境保护 **6.1　安全文明施工** **6.1.1**　项目安全生产的达标目标及相应事项的约定：______________。	**五、安全施工**	本款为新增条款。 6.1款是关于安全文明施工的补充约定。 6.1.1款是关于承包人安全生产达标目标及要求的约定。 承包人除应遵守安全生产法律及法规的规定外，还应遵守双方更为严格的安全生产达标目标及要求的约定。如填写：杜绝重大伤亡事故，重伤事故；达到安全文明工地合格要求；机电设备漏电保护装置安全有效率达到100%；塔吊等起重设备、限位装置安全有效率达到100%；施工现场安全达标合格率达到100%，优良率达到90%以上；安全管理人员及特种作业人员要全部经过专业培训，持证上岗要达到100%；工人入场三级安全教育要达到100%等。

《建设工程施工合同（示范文本）》（GF—2013—0201）第三部分　专用合同条款	《建设工程施工合同（示范文本）》（GF—1999—0201）第三部分　专用条款	对照解读
6.1.4　关于治安保卫的特别约定：________________。		6.1.4 款为了维护施工现场的社会治安，承包人是具体工程的实施者，承发包双方可协商一致约定由承包人负责统一管理施工现场的治安保卫事项，履行合同工程的治安保卫职责。但由此增加的费用和（或）延误的工期由发包人承担。
关于编制施工场地治安管理计划的约定：________________。		考虑到承包人是具体工程的实施者，承发包双方也可协商一致约定由承包人负责编制施工场地治安管理计划，制定应对突发治安事件紧急预案。
6.1.5　文明施工 合同当事人对文明施工的要求：________________。		6.1.5 款是关于对承包人文明施工要求的补充约定。 承发包双方可根据项目具体特点，协商一致对承包人的文明施工提出具体的要求，还可约定文明施工处罚制度和奖励制度。
6.1.6　关于安全文明施工费支付比例和支付期限的约定：________________。		为了给承包人的安全文明施工提供资金保障，6.1.6 款应对于安全文明施工费的支付期限和支付比例作出明确约定。根据 2013 年 7 月 1 日起实施的《建设工程工程量清单计价规范》（GB 50500—2013）第 10.2.2 款的规定，发包人应在工程开工后的 28 天内预付不低于当年施工进度计划的安全文明施工费总额的 60%，其余部分应按照提前安排的原则进行分解，并应与进度款同期支付。

《建设工程施工合同（示范文本）》 （GF—2013—0201） 第三部分　专用合同条款	《建设工程施工合同（示范文本）》 （GF—1999—0201） 第三部分　专用条款	对照解读
7. 工期和进度 **7.1　施工组织设计** **7.1.1**　合同当事人约定的施工组织设计应包括的其他内容：________。	**三、施工组织设计和工期** **10. 进度计划**	本款已作修改。 7.1 款是关于施工组织设计的补充约定。 7.1.1 款是关于对施工组织设计内容的补充约定。 《通用合同条款》第 7.1.1 款对施工组织设计应包括的内容作了一般性约定。施工组织设计应围绕编制依据、工程概况、施工部署、施工进度计划、施工准备与资源配置计划、主要施工方法、施工现场平面布置及主要施工管理计划等进行编制。为了满足不同工程的实施需求，以及发包人对工程的施工组织设计有特别要求的，承发包双方均可以协商一致约定施工组织设计应包括的其他内容。如填写施工管理机构及劳动力组织；季节性施工的技术组织保证措施等。 对于危险性较大的分部分项工程，承包人在施工组织设计中应依据《危险性较大的分部分项工程安全管理办法》等相关规定，编制危险性较大的分部分项工程的专项施工方案；对于超过一定规模的危险性较大的分部分项工程，承包人还应组织专家对此专项方案进行论证。
7.1.2　施工组织设计的提交和修改 承包人提交详细施工组织设计的期限的约定：________。	**10.1**　承包人提供施工组织设计（施工方案）和进度计划的时间：________。	本款是关于施工组织设计提交与修改的补充约定。 为了发包人和监理人有足够的时间对承包人提交的施工组织设计进行审核，对于承包人提

《建设工程施工合同（示范文本）》（GF—2013—0201）第三部分 专用合同条款	《建设工程施工合同（示范文本）》（GF—1999—0201）第三部分 专用条款	对照解读
发包人和监理人在收到详细的施工组织设计后确认或提出修改意见的期限：__________。	工程师确认的时间：__________。 **10.2** 群体工程中有关进度计划的要求：__________。	交详细施工组织设计的期限，如填写承包人应在合同签订后14天内提交详细的施工组织设计，但至迟不得晚于监理人发出开工通知中载明的开工日期前7天。 为了确保项目的顺利开工及实施，发包人和监理人在收到承包人报送的详细施工组织设计后也应及时作出确认或提出修改意见，以便承包人对施工组织设计中存在的问题进行修改，如填写发包人和监理人在收到详细的施工组织设计后确认或提出修改意见的期限：自发包人和监理人收到承包人报送的详细施工组织设计后7天内。
7.2 施工进度计划 **7.2.2 施工进度计划的修订** 发包人和监理人在收到修订的施工进度计划后确认或提出修改意见的期限：__________。		本款为新增条款。 7.2.2款是关于施工进度计划修订的补充约定。 为了承包人能尽快按照发包人和监理人确认的施工进度计划组织实施工程，发包人和监理人在收到承包人修订后的施工进度计划后应及时作出确认或提出修改意见，如填写发包人和监理人在收到修订的施工进度计划后确认或提出修改意见的期限：自发包人和监理人收到承包人报送修订施工进度计划后7天内。
7.3 开工 **7.3.1 开工准备**		本款为新增条款。 7.3.1款是关于对开工准备的补充约定。

《建设工程施工合同（示范文本）》（GF—2013—0201）第三部分　专用合同条款	《建设工程施工合同（示范文本）》（GF—1999—0201）第三部分　专用条款	对照解读
关于承包人提交工程开工报审表的期限：____________。		《通用合同条款》约定承包人应在合同签订后14天内，但至迟不得晚于开工通知载明的开工日期前7天，向监理人提交详细的施工组织设计，并由监理人报送发包人。如有必要，承包人通过监理人向发包人报送工程开工报审表的期限可以在本条款中另行约定。
关于发包人应完成的其他开工准备工作及期限：____________。		发包人应完成的开工准备工作包括但不限于：（1）获得项目立项许可；（2）办理建设用地规划许可证；（3）办理土地使用证；（4）办理建设工程规划许可证；（5）办理征地拆迁；（6）施工图设计图纸审批；（7）办理建设工程施工许可证；（8）建设项目资金的落实；（9）向承包人提供施工现场；（10）向承包人提供施工现场基础资料；（11）完成《通用合同条款》约定的其他施工条件。 发包人完成开工准备工作的期限，以不影响工程开工为前提，如填写发包人应在合同约定的计划开工日期前完成开工准备的各项工作；如确实在计划开工日期前无法全部完成开工准备的某项工作或几项工作的，应提前以书面形式通知承包人，以便承包人采取有效措施，减少因此可能造成的延误开工损失。因发包人未能完成开工准备工作导致开工延误的，应承担由此增加的费用和（或）延误的工期，还应向承包人支付合理利润。

《建设工程施工合同（示范文本）》（GF—2013—0201）第三部分 专用合同条款	《建设工程施工合同（示范文本）》（GF—1999—0201）第三部分 专用条款	对照解读
关于承包人应完成的其他开工准备工作及期限：________。 **7.3.2 开工通知** 因发包人原因造成监理人未能在计划开工日期之日起____天内发出开工通知的，承包人有权提出价格调整要求，或者解除合同。		承包人应完成的开工准备工作包括但不限于：（1）编制施工组织设计；（2）进行图纸审查及深化；（3）签订材料采购合同；（4）签订工程设备采购和（或）租赁合同；（5）拟定劳动力、材料、工程设备的进场计划；（6）修建合同约定应由其修建的临时设施；（7）修建合同约定应由其修建的施工道路等。 承包人完成开工准备工作的期限，也应在合同约定的计划开工日期前完成。因承包人未能完成开工准备工作导致开工延误的，应自行承担由此增加的费用，延误的工期不予顺延。 7.3.2 款是关于开工通知的补充约定。 如因发包人原因造成监理人超过合理的期限不能发出开工通知的，将导致承包人无法按照合同约定的计划组织实施工程，也将导致承包人费用的增加，因此赋予承发包双方对延误发出开工通知的期限作出明确约定，如填写因发包人原因造成监理人未能在计划开工日期之日起 60 天内发出开工通知的，承包人有权提出价格调整要求，或者解除合同。
7.4 测量放线 **7.4.1** 发包人通过监理人向承包人提供测量基准点、基准线和水准点及其书面资料的期限：________。		本款为新增条款。 7.4.1 款是关于测量放线的补充约定。 《通用合同条款》约定了发包人应在至迟不得晚于开工通知载明的开工日期前 7 天通过监理人向承包人提供测量基准点、基准线和水准

《建设工程施工合同（示范文本）》（GF—2013—0201）第三部分　专用合同条款	《建设工程施工合同（示范文本）》（GF—1999—0201）第三部分　专用条款	对照解读
		点及其书面资料。但是本款可以对上述时限另行作出约定。为了避免对工程实施造成的不利影响，给予承包人足够时间根据其专业知识和经验对发包人提供的资料进行复核，发包人应尽早通过监理人向承包人提供测量基准点、基准线和水准点及其书面资料。
7.5　工期延误 **7.5.1　因发包人原因导致工期延误** （7）因发包人原因导致工期延误的其他情形：________________。	**13.　工期延误** **13.1**　双方约定工期顺延的其他情况：________________。	本款已作修改。 《建设工程施工合同（示范文本）》（GF—2013—0201）对因发包人原因和因承包人原因导致工期延误的情形和责任作了进一步的补充约定。 7.5.1 款是关于因发包人原因导致工期延误情形的补充约定。 《通用合同条款》列举了六种在合同履行过程中导致工期延误和（或）费用增加的情形：（1）发包人未能按合同约定提供图纸或所提供图纸不符合合同约定的；（2）发包人未能按合同约定提供施工现场、施工条件、基础资料、许可、批准等开工条件的；（3）发包人提供的测量基准点、基准线和水准点及其书面资料存在错误或疏漏的；（4）发包人未能在计划开工日期之日起 7 天内同意下达开工通知的；（5）发包人未能按合同约定日期支付工程预付款、进度款或竣工结算款的；（6）监理人未按合同约定发出指示、批准等文件的。鉴于实践中可能存在除上述六种情形以外导致工期延误的

《建设工程施工合同（示范文本）》（GF—2013—0201）第三部分 专用合同条款	《建设工程施工合同（示范文本）》（GF—1999—0201）第三部分 专用条款	对照解读
		其他情形，本处应填写承发包双方同意列入因发包人原因造成工期延误的其他情形，如填写发包人未能按合同约定完成检验、审批、发出指示、批准等影响承包人施工关键线路的情形等。
7.5.2 因承包人原因导致工期延误 因承包人原因造成工期延误，逾期竣工违约金的计算方法为：________。 因承包人原因造成工期延误，逾期竣工违约金的上限：________。		7.5.2 款是关于因承包人原因导致工期延误情形的补充约定。 因承包人原因造成工期延误，逾期竣工违约金的计算方法，如填写“10000 元/天”或“签约合同价格的1‰/天”。 逾期竣工违约金的计算标准填写时必须做到标准、规范、要素齐全、数字正确、字迹清晰、避免涂改；涉及金额的数字应使用中文大写或同时使用大小写（可注明“以大写为准”）。 因承包人原因造成工期延误，逾期竣工违约金最高限额，如填写“最高不超过签约合同价格的5%”。
7.6 不利物质条件 不利物质条件的其他情形和有关约定：________。		本款为新增条款。 7.6 款是关于不利物质条件的补充约定。 承发包双方可根据工程性质、地理特点等实际情况，协商一致对属于不利物质条件的情形作出明确约定，如填写：地质勘察过程中未发现的特殊岩层构造；意外发现的地下管道；异常的地下水位等情形。

《建设工程施工合同（示范文本）》（GF—2013—0201）第三部分 专用合同条款	《建设工程施工合同（示范文本）》（GF—1999—0201）第三部分 专用条款	对照解读
7.7 异常恶劣的气候条件 发包人和承包人同意以下情形视为异常恶劣的气候条件： （1）______； （2）______； （3）______。		本款为新增条款。 7.7 款是关于异常恶劣气候条件的补充约定。 承发包双方可根据工程性质、地理特点等实际情况，协商一致对属于异常恶劣气候条件的情形作出明确约定，如填写： （1）24 小时内降雨量大于 50mm 的暴雨； （2）风速达到 8 级的台风灾害； （3）日气温超过 38℃的高温大于 3 天； （4）日气温低于 -20℃的严寒大于 3 天； （5）造成工程损坏的冰雹和大雪灾害：日降雪量 10mm 及以上； （6）其他异常恶劣气候灾害。
7.9 提前竣工的奖励 **7.9.2** 提前竣工的奖励：______。		本款为新增条款。 7.9.2 款填写提前竣工的奖励办法，如填写“每提前一天奖励 10000 元”或“每提前一天奖励签约合同价格的 1‰”。
8. 材料与设备	**七、材料设备供应** **27. 发包人供应** **27.4** 发包人供应的材料设备与一览表不符时，双方约定发包人承担责任如下： （1）材料设备单价与一览表不符：______； （2）材料设备的品种、规格、型号、质量等级与一览表不符：______； （3）承包人可代为调剂串换的材料：______；	本款已作修改。 《建设工程施工合同（示范文本）》（GF—2013—0201）在此删除了《建设工程施工合同（示范文本）》（GF—1999—0201）关于发包人供应的材料与工程设备不符的责任承担约定以及结算方法的补充约定，而是在《通用合同条款》中进行了明确。

《建设工程施工合同（示范文本）》（GF—2013—0201）第三部分 专用合同条款	《建设工程施工合同（示范文本）》（GF—1999—0201）第三部分 专用条款	对照解读
	（4）到货地点与一览表不符：______； （5）供应数量与一览表不符：______； （6）到货时间与一览表不符：______； **27.6** 发包人供应材料设备的结算方法：______；	
	28. 承包人采购材料设备 **28.1** 承包人采购材料设备的约定：______。	《建设工程施工合同（示范文本）》（GF—2013—0201）在此删除了《建设工程施工合同（示范文本）》（GF—1999—0201）关于承包人采购材料与工程设备的补充约定，而是在《通用合同条款》中进行了明确。
8.4 材料与工程设备的保管与使用 **8.4.1** 发包人供应的材料设备的保管费用的承担：______。		《建设工程施工合同（示范文本）》（GF—2013—0201）增加8.4款关于材料与工程设备的保管与使用的补充约定。 根据《通用合同条款》的约定，发包人供应的材料和工程设备，承包人清点后由承包人妥善保管，保管费用由发包人承担，但已标价工程量清单或预算书已经列支的除外。承发包双方也可以在本款另行约定该费用由承包人承担。 无论是发包人供应的材料与工程设备还是承包人采购的材料与工程设备，清点以后均由承包人妥善保管，但保管费用由发包人承担，如承发包双方协商一致约定由承包人承担的，此处应填写“承包人”。

《建设工程施工合同（示范文本）》（GF—2013—0201）第三部分 专用合同条款	《建设工程施工合同（示范文本）》（GF—1999—0201）第三部分 专用条款	对照解读
8.6 样品 **8.6.1 样品的报送与封存** 需要承包人报送样品的材料或工程设备，样品的种类、名称、规格、数量要求：________________。		本款为新增条款。 8.6.1款是关于样品报送与封存的补充约定。 通常样品是用来确认材料和工程设备的特征及用途，为了保证材料和工程设备的质量，承发包双方可根据工程实际情况，协商一致对需要承包人报送品的材料和工程设备的种类、名称、规格、数量等在此予以明确。
8.8 施工设备和临时设施 **8.8.1 承包人提供的施工设备和临时设施** 关于修建临时设施费用承担的约定：________________。		本款为新增条款。 8.8.1款是关于承包人提供的施工设备和临时设施的补充约定。 《通用合同条款》约定了承包人应自行承担修建临时设施的费用，需要临时占地的，应由发包人办理申请手续并承担相应费用。承发包双方也可以在本款另行约定该费用由发包人承担。 为保证工程实施的顺利进行，承包人应按合同进度计划的要求，及时配置施工设备和修建临时设施。通常约定由承包人自行承担修建临时设施的费用；如果约定由发包人提供施工设备或临时设施的，由发包人承担修建临时设施的费用。

《建设工程施工合同（示范文本）》（GF—2013—0201）第三部分 专用合同条款	《建设工程施工合同（示范文本）》（GF—1999—0201）第三部分 专用条款	对照解读
9. 试验与检验 **9.1 试验设备与试验人员** **9.1.2 试验设备** 施工现场需要配置的试验场所：______________。 施工现场需要配备的试验设备：______________。 施工现场需要具备的其他试验条件：______________。		本款为新增条款。 9.1 款是关于试验设备与试验人员的补充约定。 9.1.2 款是关于试验设备的补充约定。 承发包双方可根据工程实际情况约定由承包人在施工现场组织建立相宜的试验场所。 承发包双方可根据工程实际情况约定由承包人在施工现场配备相宜的试验设备。承包人配置的试验设备要符合相应试验规程的要求并经过具有资质的检测单位检测，且在正式使用该试验设备之前，需要经过监理人与承包人共同校定。 承发包双方还可根据工程实际情况约定由承包人在施工现场提供其他试验条件，如制定施工现场试验管理制度、检测试验方案及计划等。
9.4 现场工艺试验 现场工艺试验的有关约定：______________。		本款为新增条款。 9.4 款是关于现场工艺试验的补充约定。 承发包双方可根据工程实际情况约定承包人具体的工艺试验要求，对于特殊的、大型的现场工艺试验，应编制专项工艺试验措施计划，报监理人审查。

《建设工程施工合同（示范文本）》 （GF—2013—0201） 第三部分　专用合同条款	《建设工程施工合同（示范文本）》 （GF—1999—0201） 第三部分　专用条款	对照解读
10. 变更 **10.1　变更的范围** 关于变更的范围的约定：＿＿＿＿＿＿。	八、工程变更	本款为新增条款。 10.1 款是关于变更范围的补充约定。 《通用合同条款》第 10.1 款第（1）至（5）项对变更范围作了一般性约定，即合同履行过程中发生以下情形的，应按照约定进行变更：（1）增加或减少合同中任何工作，或追加额外的工作；（2）取消合同中任何工作，但转由他人实施的工作除外；（3）改变合同中任何工作的质量标准或其他特性；（4）改变工程的基线、标高、位置和尺寸；（5）改变工程的时间安排或实施顺序。除上述情形外，承发包双方还可根据项目具体实施情况，结合合同履行过程中的特殊情形，协商一致在此约定应当进行变更的其他范围。 对于《通用合同条款》第 10.1 款第（2）项，为维护合同公平，发包人在签约后擅自取消合同中的工作，转由发包人或其他人实施而使承包人遭受损失时，则构成违约行为，发包人应赔偿承包人包括合理利润在内的损失，并承担由此导致的其他责任。
10.4　变更估价 **10.4.1　变更估价原则** 关于变更估价的约定：＿＿＿＿＿＿。		本款为新增条款。 10.4.1 款是关于变更估价原则的补充约定。 《通用合同条款》第 10.4.1 款明确了变更估价的三原则，即：（1）已标价工程量清单或预

《建设工程施工合同（示范文本）》（GF—2013—0201）第三部分 专用合同条款	《建设工程施工合同（示范文本）》（GF—1999—0201）第三部分 专用条款	对照解读
		算书有相同项目的，按照相同项目单价认定；（2）已标价工程量清单或预算书中无相同项目，但有类似项目的，参照类似项目的单价认定；（3）变更导致实际完成的变更工程量与已标价工程量清单或预算书中列明的该项目工程量的变化幅度超过15%的，或已标价工程量清单或预算书中无相同项目及类似项目单价的，按照合理的成本与利润构成的原则，由承发包双方按照《通用合同条款》第4.4款〔商定或确定〕确定变更工作的单价。除上述情形外，承发包双方还可根据项目具体实施情况，在此对变更估价的其他情形作出明确的约定。
10.5　承包人的合理化建议 监理人审查承包人合理化建议的期限：____________________。 发包人审批承包人合理化建议的期限：____________________。		本款为新增条款。 10.5款是关于承包人合理化建议的补充约定。 《通用合同条款》约定了监理人应在收到承包人提交的合理化建议后7天内审查完毕并报送发包人，发现其中存在技术上的缺陷，应通知承包人修改。发包人应在收到监理人报送的合理化建议后7天内审批完毕。 承包人提出的合理化建议，应包括建议的具体内容、技术方案、附图说明及理由，以及对合同价格和工期的影响。为给予监理人足够时间审查，以发现其中存在技术上的缺陷，对于监理人审查承包人合理化建议的期限可以由承发包双方会同监理人另行协商重新确定期限，

《建设工程施工合同（示范文本）》（GF—2013—0201）第三部分　专用合同条款	《建设工程施工合同（示范文本）》（GF—1999—0201）第三部分　专用条款	对照解读
		如填写监理人应在收到承包人提交的合理化建议后 14 天内审查完毕并报送发包人；发包人审批承包人合理化建议的期限，如填写在收到监理人报送的合理化建议后 7 天内审批完毕。
承包人提出的合理化建议降低了合同价格或者提高了工程经济效益的奖励的方法和金额为：________________。		承包人提出合理化建议的具体奖励方法和金额，如填写承包人提出的合理化建议降低了合同价格或者提高了工程经济效益的，发包人按所节约成本 5% 或增加收益的 20% 奖励承包人。
10.7　暂估价 暂估价材料和工程设备的明细详见附件 11：《暂估价一览表》。		本款为新增条款。 10.7 款是关于暂估价的补充约定。 暂估价专业分包工程、服务、材料和工程设备的明细由承发包双方在本合同附件 11 中进行明确约定。
10.7.1　依法必须招标的暂估价项目 对于依法必须招标的暂估价项目的确认和批准采取第______种方式确定。		10.7.1 款是关于对依法必须招标的暂估价项目的补充约定。 《通用合同条款》第 10.7.1 款对于依法必须招标的暂估价项目的确认和批准约定了两种方式，第 1 种方式为由承包人组织招标，发包人审批招标方案、中标候选人等的方式；第 2 种方式为由发包人和承包人共同招标的方式。承发包双方在此可根据项目具体情况作出选择。如选择第 1 种方式，则直接填写第 1 种。
10.7.2　不属于依法必须招标的暂估价项目 对于不属于依法必须招标的暂估价项目的		10.7.2 款是关于对不属于依法必须招标的暂估价项目的补充约定。

《建设工程施工合同（示范文本）》（GF—2013—0201）第三部分 专用合同条款	《建设工程施工合同（示范文本）》（GF—1999—0201）第三部分 专用条款	对照解读
确认和批准采取第______种方式确定。		《通用合同条款》第10.7.2款对于不属于依法必须招标的暂估价项目的确认和批准约定了三种方式： 第1种方式：对于不属于依法必须招标的暂估价项目，按本项约定确认和批准：（1）承包人应根据施工进度计划，在签订暂估价项目的采购合同、分包合同前28天向监理人提出书面申请。监理人应当在收到申请后3天内报送发包人，发包人应当在收到申请后14天内给予批准或提出修改意见，发包人逾期未予批准或提出修改意见的，视为该书面申请已获得同意；（2）发包人认为承包人确定的供应商、分包人无法满足工程质量或合同要求的，发包人可以要求承包人重新确定暂估价项目的供应商、分包人；（3）承包人应当在签订暂估价合同后7天内，将暂估价合同副本报送发包人留存。 第2种方式：承包人按照第10.7.1项〔依法必须招标的暂估价项目〕约定的第1种方式确定暂估价项目。 第3种方式：承包人直接实施的暂估价项目。 承发包双方在此可根据项目具体情况作出选择。如选择第1种方式，则直接填写第1种。
第3种方式：承包人直接实施的暂估价项目 承包人直接实施的暂估价项目的约定：______________________________。		如果承包人具备实施暂估价项目的资格和条件的，承发包双方可协商一致后，约定由承包人直接实施暂估价项目，此时承发包双方应在此处对承包人自行实施的暂估价项目的具体事项进行明确约定，尤其要对价格作出明确的约定。

《建设工程施工合同（示范文本）》 （GF—2013—0201） 第三部分　专用合同条款	《建设工程施工合同（示范文本）》 （GF—1999—0201） 第三部分　专用条款	对照解读
10.8　暂列金额 合同当事人关于暂列金额使用的约定： ______________________________。		本款为新增条款。 10.8 款是关于暂列金额使用的补充约定。 暂列金额应按照发包人的要求使用，发包人的要求应通过监理人向承包人发出，发包人的要求应在此作出具体、明确的约定。
11. 价格调整 **11.1　市场价格波动引起的调整** 市场价格波动是否调整合同价格的约定： ______________________________。 因市场价格波动调整合同价格，采用以下第______种方式对合同价格进行调整： 第 1 种方式：采用价格指数进行价格调整。 关于各可调因子、定值和变值权重，以及基本价格指数及其来源的约定：____________； 第 2 种方式：采用造价信息进行价格调整。 （2）关于基准价格的约定：____________		本款为新增条款。 11.1 款是关于市场价格波动引起的合同价格调整的补充约定。 市场价格波动超过了合同约定的范围，承发包双方是否同意调整合同价格，如同意调整，则在此处直接填写“是”。 因市场价格波动调整合同价格，《通用合同条款》第 11.1 款约定了三种方式，承发包双方可协商一致选择一种方式对合同价格进行调整，如选择第 1 种方式，则在此处直接填写第 1 种。 第 1 种方式，采用价格指数进行价格调整。 对于招标订立的合同，价格调整公式中的各可调因子、定值和变值权重，以及基本价格指数及其来源在投标函附录价格指数和权重表中进行约定；对于非招标订立的合同，承发包双方应在此处对前述数值进行明确的约定。 第 2 种方式，采用造价信息进行价格调整。 第（2）项基准价格原则上应当按照省级或

《建设工程施工合同（示范文本）》（GF—2013—0201）第三部分　专用合同条款	《建设工程施工合同（示范文本）》（GF—1999—0201）第三部分　专用条款	对照解读
专用合同条款①承包人在已标价工程量清单或预算书中载明的材料单价低于基准价格的：专用合同条款合同履行期间材料单价涨幅以基准价格为基础超过______%时，或材料单价跌幅以已标价工程量清单或预算书中载明材料单价为基础超过______%时，其超过部分据实调整。 ②承包人在已标价工程量清单或预算书中载明的材料单价高于基准价格的：专用合同条款合同履行期间材料单价跌幅以基准价格为基础超过______%时，材料单价涨幅以已标价工程量清单或预算书中载明材料单价为基础超过______%时，其超过部分据实调整。 ③承包人在已标价工程量清单或预算书中载明的材料单价等于基准单价的：专用合同条款合同履行期间材料单价涨跌幅以基准单价为基础超过±______%时，其超过部分据实调整。 第3种方式：其他价格调整方式：______。		行业建设主管部门或其授权的工程造价管理机构发布的信息价编制。 《通用合同条款》第11.1款第2种方式第（2）项约定的涨跌风险幅度为5%，如承发包双方对此有其他约定时，可在此处填写具体的涨跌风险幅度范围。 除按照前述价格指数和造价信息价格两种方式调整合同价格外，承发包双方也可在此另行约定其他价格调整方式。
12. 合同价格、计量与支付 **12.1　合同价格形式**	**六、合同价款与支付** **23. 合同价款及调整** **23.2**　本合同价款采用______方式确定。	本款已作修改。 《建设工程施工合同（示范文本）》（GF—2013—0201）将《建设工程施工合同（示范文本）》（GF—1999—0201）中约定的三种合同价格形式由“固定价格合同、可调价格合同和成本加酬金合同”修改为“单价合同、总价合同和其他价格形式”。

《建设工程施工合同（示范文本）》（GF—2013—0201）第三部分　专用合同条款	《建设工程施工合同（示范文本）》（GF—1999—0201）第三部分　专用条款	对照解读
1. 单价合同。 综合单价包含的风险范围：________。 风险费用的计算方法：________。 风险范围以外合同价格的调整方法：________。	（1）采用固定价格合同，合同价款中包括的风险范围：________。 风险费用的计算方法：________。 风险范围以外合同价款调整方法：________。	第1种单价合同形式，单价合同是指承发包双方约定以工程量清单及其综合单价进行合同价格计算、调整和确认的建设工程施工合同，在约定的范围内合同单价不作调整。 在工程实施过程中，常常因为风险范围约定不明确，造成结算时的价格争议，因此承发包双方应对综合单价所包含的风险范围，风险费用计算方法以及风险范围外合同价格的调整方法作出明确的约定。 承发包双方在确定合同价款的风险范围时，应充分考虑市场环境和生产要素价格变化对合同价款的影响，并且尽量将风险费用计算方法和风险范围以外合同价款的调整方法进行细化，对于发生概率较高或者是一旦发生将造成较大损失的风险，应尽量纳入可以调整合同价款的范围。 综合单价包含的风险范围在实践中主要包括投标报价时人工、材料、机械台班单价与工程实施时的差异等。承发包双方应在此处约定综合单价包含的风险范围和风险费用的计算方法，并约定风险范围以外的合同价格的调整方法，其中因市场价格波动引起的调整按第11.1款〔市场价格波动引起的调整〕约定执行。 设计变更、现场签证、材料价差等均可导致风险范围以外合同价格的调整。采用工程量清

《建设工程施工合同（示范文本）》（GF—2013—0201）第三部分　专用合同条款	《建设工程施工合同（示范文本）》（GF—1999—0201）第三部分　专用条款	对照解读
		单计价的工程，应在合同中明确风险内容及其范围、幅度，并明确约定风险范围及幅度。变化幅度的确认应以工程造价信息中的市场信息价格为依据，没有造价信息价格，按承发包双方共同确认的市场价格为准。
2. 总价合同。 总价包含的风险范围：__________。 风险费用的计算方法：__________。 风险范围以外合同价格的调整方法：__________。	（2）采用可调价格合同，合同价款调整方法：__________。	第2种总价合同形式，总价合同是指承发包双方约定以施工图、已标价工程量清单或预算书及有关条件进行合同价格计算、调整和确认的建设工程施工合同，在约定的范围内合同总价不作调整。 承发包双方应在此处约定总价包含的风险范围和风险费用的计算方法，并约定风险范围以外的合同价格的调整方法，其中因市场价格波动引起的调整按第11.1款〔市场价格波动引起的调整〕、因法律变化引起的调整按第11.2款〔法律变化引起的调整〕约定执行。
3. 其他价格方式：__________。	（3）采用成本加酬金合同，有关成本和酬金的约定：__________。 **23.3**　双方约定合同价款的其他调整因素：__________。	第3种其他价格形式，如成本加酬金或定额计价形式。如承发包双方约定选择此价格形式时，应对具体的合同价格计算和确定等内容作出明确约定。

《建设工程施工合同（示范文本）》（GF—2013—0201）第三部分　专用合同条款	《建设工程施工合同（示范文本）》（GF—1999—0201）第三部分　专用条款	对照解读
12.2　预付款 **12.2.1　预付款的支付** 预付款支付比例或金额：______。	**24. 工程预付款** 发包人向承包人预付工程款的时间和金额或占合同价款总额的比例：______。	本款已作修改。 本款是关于预付款支付的补充约定。 发包人向承包人预付工程款的额度一般为签约合同价的10%。材料、设备预付款比例（主要材料）一般应为70%~75%，最低不少于60%。
预付款支付期限：______。		预付款的支付期限如填写“在合同签订之日起14日内支付”或“在开工通知载明的开工日期14天前支付”。需要注意的是，预付款至迟应在开工通知载明的开工日期7天前支付。
预付款扣回的方式：______。	扣回工程款的时间、比例：______。	此处应明确填写预付款在进度付款中扣回的时间和额度，如填写每次在支付进度付款中等额扣回，直至全部扣完为止。
12.2.2　预付款担保 承包人提交预付款担保的期限：______。		《建设工程施工合同（示范文本）》（GF—2013—0201）增加12.2.2款关于预付款担保的补充约定。 《通用合同条款》约定了发包人要求承包人提供预付款担保的，承包人应在发包人支付预付款7天前提供预付款担保，但是承发包双方也可以在此作出不同约定以改变承包人提交预付款担保的期限，如填写承包人应在收到发包人预付款的当日向发包人提交预付款担保。

《建设工程施工合同（示范文本）》（GF—2013—0201）第三部分 专用合同条款	《建设工程施工合同（示范文本）》（GF—1999—0201）第三部分 专用条款	对照解读
预付款担保的形式为：________。		预付款担保的形式可采用银行保函、担保公司担保等形式，承发包双方可协商一致选择一种方式。
12.3 计量 **12.3.1 计量原则** 工程量计算规则：________。	**25. 工程量确认**	本款已作修改。 《建设工程施工合同（示范文本）》（GF—2013—0201）增加12.3.1款关于工程量计量原则的补充约定。承发包双方可协商一致约定，工程量计算规则执行国家标准《建设工程工程量清单计价规范》（GB 50500—2013）。承包人实际完成的工程量按约定的工程量计算规则和有合同约束力的图纸进行计量。
12.3.2 计量周期 关于计量周期的约定：________。		《建设工程施工合同（示范文本）》（GF—2013—0201）增加12.3.2款关于计量周期的补充约定。《通用合同条款》约定了工程量的计量按月进行。承发包双方可协商一致约定，本合同的计量周期为月，每月25日为当月计量截止日期（不含当日）和下月计量起始日期（含当日）。 承发包双方也可以在此作出不同约定，工程量的计量不按月进行。
12.3.3 单价合同的计量		《建设工程施工合同（示范文本）》（GF—2013—0201）增加12.3.3款关于单价合同计量的补充约定。

《建设工程施工合同（示范文本）》（GF—2013—0201）第三部分　专用合同条款	《建设工程施工合同（示范文本）》（GF—1999—0201）第三部分　专用条款	对照解读
关于单价合同计量的约定：＿＿＿＿＿＿。	**25.1**　承包人向工程师提交已完工程量报告的时间：＿＿＿＿＿＿＿＿＿＿。	《通用合同条款》第12.3.3款对单价合同的计量方式和程序作了一般性约定：（1）承包人应于每月25日向监理人报送上月20日至当月19日已完成的工程量报告，并附具进度付款申请单、已完成工程量报表和有关资料。（2）监理人应在收到承包人提交的工程量报告后7天内完成对承包人提交的工程量报表的审核并报送发包人，以确定当月实际完成的工程量。监理人对工程量有异议的，有权要求承包人进行共同复核或抽样复测。承包人应协助监理人进行复核或抽样复测，并按监理人要求提供补充计量资料。承包人未按监理人要求参加复核或抽样复测的，监理人复核或修正的工程量视为承包人实际完成的工程量。（3）监理人未在收到承包人提交的工程量报表后的7天内完成审核的，承包人报送的工程量报告中的工程量视为承包人实际完成的工程量，据此计算工程价款。 承发包双方可针对不同项目的具体情况，在此另行作出不同的约定。
12.3.4　总价合同的计量 关于总价合同计量的约定：＿＿＿＿＿＿。		《建设工程施工合同（示范文本）》（GF—2013—0201）增加12.3.4款关于总价合同计量的补充约定。 《通用合同条款》第12.3.4款对按月计量支付总价合同的计量方式和程序作了一般性约

《建设工程施工合同（示范文本）》（GF—2013—0201）第三部分　专用合同条款	《建设工程施工合同（示范文本）》（GF—1999—0201）第三部分　专用条款	对照解读
		定：（1）承包人应于每月25日向监理人报送上月20日至当月19日已完成的工程量报告，并附具进度付款申请单、已完成工程量报表和有关资料。（2）监理人应在收到承包人提交的工程量报告后7天内完成对承包人提交的工程量报表的审核并报送发包人，以确定当月实际完成的工程量。监理人对工程量有异议的，有权要求承包人进行共同复核或抽样复测。承包人应协助监理人进行复核或抽样复测并按监理人要求提供补充计量资料。承包人未按监理人要求参加复核或抽样复测的，监理人审核或修正的工程量视为承包人实际完成的工程量。（3）监理人未在收到承包人提交的工程量报表后的7天内完成复核的，承包人提交的工程量报告中的工程量视为承包人实际完成的工程量。 对于未采纳按月计量支付的项目或采取按月计量支付的合同但是有其他具体情况的，承发包双方可以在此另行作出不同的约定。
12.3.5　总价合同采用支付分解表计量支付的，是否适用第12.3.4项〔总价合同的计量〕约定进行计量：________。		《建设工程施工合同（示范文本）》（GF—2013—0201）增加12.3.5款关于总价合同采用支付分解表计量支付时的补充约定。总价合同采用支付分解表计量支付的，可以按照总价合同的计量约定进行计量，但合同价款按照支付分解表进行支付。

《建设工程施工合同（示范文本）》（GF—2013—0201）第三部分　专用合同条款	《建设工程施工合同（示范文本）》（GF—1999—0201）第三部分　专用条款	对照解读
		总价合同采用支付分解表计量支付的，如约定适用第12.3.4项〔总价合同的计量〕程序进行计量的，则直接在此填写“适用”或“是”即可。
12.3.6　其他价格形式合同的计量 其他价格形式的计量方式和程序：________________。		《建设工程施工合同（示范文本）》（GF—2013—0201）增加12.3.6款关于其他价格形式合同计量的补充约定。 如承发包双方约定选择其他价格形式合同的，则应在此对具体的计量方式和程序作出明确约定。
12.4　工程进度款支付	**26. 工程款（进度款）支付**	本款已作修改。 《建设工程施工合同（示范文本）》（GF—2013—0201）对工程进度款的审核与支付作了更细致的补充约定。
12.4.1　付款周期 关于付款周期的约定：________。		《建设工程施工合同（示范文本）》（GF—2013—0201）增加12.4.1款关于付款周期的补充约定。 通常付款周期与计量周期保持一致，即按月计量时，付款周期为按月进行支付。
12.4.2　进度付款申请单的编制 关于进度付款申请单编制的约定：____。		《建设工程施工合同（示范文本）》（GF—2013—0201）增加12.4.2款关于进度付款申请单编制的补充约定。 《通用合同条款》第12.4.2款对进度付款申

《建设工程施工合同（示范文本）》（GF—2013—0201）第三部分 专用合同条款	《建设工程施工合同（示范文本）》（GF—1999—0201）第三部分 专用条款	对照解读
		请单应包括的内容作了一般性约定，如承发包双方对进度付款申请单的内容需要调整或有其他特别要求的，应在此作出明确约定。
12.4.3 进度付款申请单的提交		《建设工程施工合同（示范文本）》（GF—2013—0201）增加12.4.3款关于进度付款申请单提交的补充约定。
（1）单价合同进度付款申请单提交的约定：________________。		第（1）项单价合同进度付款申请单提交的时间，如填写承包人应于每月25日向监理人提交单价合同的进度付款申请单，并附上已完成工程量报表和有关资料。
（2）总价合同进度付款申请单提交的约定：________________。		第（2）项总价合同进度付款申请单提交的时间，总价合同按月计量支付的，如填写承包人应于每月25日向监理人提交总价合同的进度付款申请单，并附上已完成工程量报表和有关资料。
（3）其他价格形式合同进度付款申请单提交的约定：________________。		第（3）项如承发包双方约定采用其他价格形式合同的，也应对进度付款申请单的提交时间和内容作出明确约定。
12.4.4 进度款审核和支付		《建设工程施工合同（示范文本）》（GF—2013—0201）增加12.4.4款关于进度款审核和支付的补充约定。

《建设工程施工合同（示范文本）》（GF—2013—0201）第三部分　专用合同条款	《建设工程施工合同（示范文本）》（GF—1999—0201）第三部分　专用条款	对照解读
（1）监理人审查并报送发包人的期限：________。 发包人完成审批并签发进度款支付证书的期限：________。		为了预防监理人和发包人怠于对进度款的审查和批复，有必要对监理人和发包人审查和批复时间作出限制，《通用合同条款》约定了监理人应在收到承包人进度付款申请单以及相关资料后7天内完成审查并报送发包人，发包人应在收到后7天内完成审批并签发进度款支付证书。发包人逾期未完成审批且未提出异议的，视为已签发进度款支付证书。 发包人和监理人对承包人的进度付款申请单有异议的，有权要求承包人修正和提供补充资料，承包人应提交修正后的进度付款申请单。监理人应在收到承包人修正后的进度付款申请单及相关资料后7天内完成审查并报送发包人，发包人应在收到监理人报送的进度付款申请单及相关资料后7天内，向承包人签发无异议部分的临时进度款支付证书。存在争议的部分，按照争议解决的约定处理。 发包人应在进度款支付证书或临时进度款支付证书签发后14天内完成支付。 考虑到工程项目的实际情况，承发包双方可会同监理人在此对上述时限进行修改。
（2）发包人支付进度款的期限：________。 发包人逾期支付进度款的违约金的计算方式：________。	双方约定的工程款（进度款）支付的方式和时间：________。	为了预防发包人逾期支付进度款，有必要对发包人支付进度款的期限作出限制，以及对逾期支付进度款的违约责任明确约定。《通用合同条款》约定了发包人逾期支付进度款的，应按

《建设工程施工合同（示范文本）》（GF—2013—0201）第三部分 专用合同条款	《建设工程施工合同（示范文本）》（GF—1999—0201）第三部分 专用条款	对照解读
		照中国人民银行发布的同期同类贷款基准利率支付违约金。承发包双方可在此对上述违约金的计算方式另行作出约定。
12.4.6 支付分解表的编制 2. 总价合同支付分解表的编制与审批：________。		《建设工程施工合同（示范文本）》（GF—2013—0201）增加12.4.6款关于支付分解表编制的补充约定。 《通用合同条款》约定承包人应根据施工进度计划约定的施工进度计划、签约合同价和工程量等因素对总价合同按月进行分解，编制支付分解表。承包人应当在收到监理人和发包人批准的施工进度计划后7天内，将支付分解表及编制支付分解表的支持性资料报送监理人。监理人应在收到支付分解表后7天内完成审核并报送发包人。发包人应在收到经监理人审核的支付分解表后7天内完成审批，经发包人批准的支付分解表为有约束力的支付分解表。发包人逾期未完成支付分解表审批的，也未及时要求承包人进行修正和提供补充资料的，则承包人提交的支付分解表视为已经获得发包人批准。 如承发包双方对上述期限与程序及内容有特别约定的，可在此进行补充约定。
3. 单价合同的总价项目支付分解表的编制与审批：________。		《通用合同条款》约定单价合同的总价项目，由承包人根据施工进度计划和总价项目的

《建设工程施工合同（示范文本）》（GF—2013—0201）第三部分　专用合同条款	《建设工程施工合同（示范文本）》（GF—1999—0201）第三部分　专用条款	对照解读
		总价构成、费用性质、计划发生时间和相应工程量等因素按月进行分解，形成支付分解表，其编制与审批参照总价合同支付分解表的编制与审批执行。 如承发包双方对上述期限与程序及内容有特别约定的，可在此进行补充约定。
13. 验收和工程试车 **13.1　分部分项工程验收** **13.1.2**　监理人不能按时进行验收时，应提前______小时提交书面延期要求。 关于延期最长不得超过：______小时。	**17. 隐蔽工程和中间验收** **17.1**　双方约定中间验收部位：____________________。	本款已作修改。 13.1款是关于分部分项工程验收的补充约定。 分部分项工程的验收资料应当作为竣工资料的组成部分。鉴于“分部分项工程未经验收的，不得进入下一道工序的施工”，因此监理人不能按约定时间进行验收时，应提前向承包人提交书面的延期要求，以便承包人提前作好延期验收的各项安排。 《通用合同条款》约定了分部分项工程经承包人自检合格并具备验收条件的，承包人应提前48小时通知监理人进行验收。监理人不能按时进行验收的，应在验收前24小时向承包人提交书面延期要求，但延期不能超过48小时。监理人未按时进行验收，也未提出延期要求的，承包人有权自行验收，监理人应认可验收结果。 为了不影响工程的顺利实施，《通用合同条款》约定了监理人提出延期的时间最长不得超过48小时。 承发包双方可结合工程实际情况，对上述时限要求另行作出约定。

《建设工程施工合同（示范文本）》（GF—2013—0201）第三部分　专用合同条款	《建设工程施工合同（示范文本）》（GF—1999—0201）第三部分　专用条款	对照解读
13.2　竣工验收 **13.2.2　竣工验收程序** 关于竣工验收程序的约定：______。	九、竣工验收与结算 **32. 竣工验收** **32.1**　承包人提供竣工图的约定：______。 **32.6**　中间交工工程的范围和竣工时间：______。	本款已作修改。 本款是关于竣工验收程序的补充约定。 《通用合同条款》第13.2.2款对竣工验收程序进行了明确约定，如承发包双方对竣工验收程序有特别要求时，可在此另行约定。
发包人不按照本项约定组织竣工验收、颁发工程接收证书的违约金的计算方法：______。		为敦促发包人及时组织竣工验收和颁发工程接收证书，此处违约责任如填写每逾期一天应支付一定金额或比例的违约金。
13.2.5　移交、接收全部与部分工程 承包人向发包人移交工程的期限：______。		《建设工程施工合同（示范文本）》（GF—2013—0201）增加13.2.5款关于移交、接收全部与部分工程的补充约定。 为了能让工程尽早发挥效益，承包人应尽早向发包人移交全部或部分工程，《通用合同条款》约定了承发包双方应当在颁发工程接收证书后7天内完成工程的移交。 承发包双方可结合工程实际情况，对上述时限要求另行作出约定。
发包人未按本合同约定接收全部或部分工程的，违约金的计算方法为：______。		为敦促发包人及时按本合同约定接收全部或部分工程，此处违约责任如填写每逾期一天应支付一定金额或比例的违约金。
承包人未按时移交工程的，违约金的计算方法为：______。		为敦促承包人及时按本合同约定移交工程，此处违约责任如填写每逾期一天应支付一定金额或比例的违约金。

《建设工程施工合同（示范文本）》（GF—2013—0201）第三部分　专用合同条款	《建设工程施工合同（示范文本）》（GF—1999—0201）第三部分　专用条款	对照解读
13.3　工程试车 **13.3.1　试车程序** 工程试车内容：__________。	**19. 工程试车**	本款已作修改。 13.3.1 款是关于试车程序的补充约定。 工程需要试车的，承发包双方应根据工程项目具体情况并结合承包人的承包范围，对工程试车内容作出明确的约定。
（1）单机无负荷试车费用由________承担；	**19.5**　试车费用的承担：__________。	第（1）项单机无负荷试车由承包人组织试车，试车费用如约定由承包人承担的，则填写“承包人”；如约定由发包人承担的，则填写“发包人”。
（2）无负荷联动试车费用由________承担。		第（2）项无负荷联动试车由发包人组织试车，试车费用如约定由承包人承担的，则填写“承包人”；如约定由发包人承担的，则填写“发包人”。
13.3.3　投料试车 关于投料试车相关事项的约定：__________ __________。		《建设工程施工合同（示范文本）》（GF—2013—0201）增加 13.3.3 款关于投料试车的补充约定。 如需进行投料试车的，承发包双方应对相关事项作出明确约定。发包人应在工程竣工验收后组织投料试车；发包人如要求在工程竣工验收前进行或需要承包人配合时，应征得承包人同意，并承担因此给承包人增加的费用。

《建设工程施工合同（示范文本）》（GF—2013—0201）第三部分　专用合同条款	《建设工程施工合同（示范文本）》（GF—1999—0201）第三部分　专用条款	对照解读
13.6　竣工退场 **13.6.1　竣工退场** 承包人完成竣工退场的期限：________________________。		本款为新增条款。 13.6.1 款是关于竣工退场期限的补充约定。 在颁发工程接收证书后，承包人完成施工现场的清理工作后，从施工现场撤离的期限，如填写在颁发工程接收证书之日起28天内。
14. 竣工结算 **14.1　竣工付款申请** 承包人提交竣工付款申请单的期限：________________________。 竣工付款申请单应包括的内容：________________________。		本款为新增条款。 14.1 款是关于竣工付款申请的补充约定。 《通用合同条款》约定了承包人应在工程竣工验收合格后28天内向发包人和监理人提交竣工结算申请单，并提交完整的结算资料，有关竣工结算申请单的资料清单和份数等要求由承发包双方在专用合同条款中约定。 承发包双方可根据工程项目的性质及规模等在此另行协商约定承包人提交竣工结算申请单的期限。 竣工结算申请单通常包括有竣工结算合同总价、已支付的工程价款、应扣回的预付款、应扣留的质量保证金、应支付的竣工付款金额等内容。如《通用合同条款》未能表述完整，承发包双方可在此补充约定。
14.2　竣工结算审核 发包人审批竣工付款申请单的期限：________________________。		本款为新增条款。 14.2 款是关于竣工结算审核的补充约定。 发包人对竣工结算申请单的审批直接影响竣工付款，因此有必要对发包人审批竣工结算申

《建设工程施工合同（示范文本）》（GF—2013—0201）第三部分　专用合同条款	《建设工程施工合同（示范文本）》（GF—1999—0201）第三部分　专用条款	对照解读
		请单的期限作限制约定。《通用合同条款》约定了监理人应在收到竣工结算申请单后14天内完成核查并报送发包人。发包人应在收到监理人提交的经审核的竣工结算申请单后14天内完成审批，并由监理人向承包人签发经发包人签认的竣工付款证书。监理人或发包人对竣工结算申请单有异议的，有权要求承包人进行修正和提供补充资料，承包人应提交修正后的竣工结算申请单。 发包人在收到承包人提交竣工结算申请书后28天内未完成审批且未提出异议的，视为发包人认可承包人提交的竣工结算申请单，并自发包人收到承包人提交的竣工结算申请单后第29天起视为已签发竣工付款证书。 发包人应在签发竣工付款证书后的14天内，完成对承包人的竣工付款。发包人逾期支付的，按照中国人民银行发布的同期同类贷款基准利率支付违约金；逾期支付超过56天的，按照中国人民银行发布的同期同类贷款基准利率的两倍支付违约金。 承发包双方可结合工程实际情况，对上述时限要求在此另行作出约定。
发包人完成竣工付款的期限：______________________。		为了防范发包人拖延结算时间，有必要对发包人完成竣工付款的期限作限制约定，如填写发包人应在签发竣工付款证书后的14天内，完成对承包人的竣工付款。

《建设工程施工合同（示范文本）》（GF—2013—0201）第三部分 专用合同条款	《建设工程施工合同（示范文本）》（GF—1999—0201）第三部分 专用条款	对照解读
关于竣工付款证书异议部分复核的方式和程序：______。		《通用合同条款》约定了承包人对发包人签认的竣工付款证书有异议的，对于有异议部分应在收到发包人签认的竣工付款证书后7天内提出异议，并由承发包双方按照专用合同条款约定的方式和程序进行复核，或按照第20条〔争议解决〕约定处理。对于无异议部分，发包人应签发临时竣工付款证书，并按本款第（2）项完成付款。承包人逾期未提出异议的，视为认可发包人的审批结果。承发包双方可在此进一步明确约定关于竣工付款证书异议部分复核的方式和程序。
14.4 最终结清 **14.4.1 最终结清申请单** 承包人提交最终结清申请单的份数：______。 承包人提交最终结算申请单的期限：______。		本款为新增条款。 14.4.1是关于最终结清申请单的补充约定。 承包人向发包人提交最终结清申请单的份数，如填写六份。 此条款似为《建设工程施工合同（示范文本）》（GF—2013—0201）的文字错误，应为“承包人提交最终结清申请单的期限”。 《通用合同条款》约定了承包人应在缺陷责任期终止证书颁发后7天内，按专用合同条款约定的份数向发包人提交最终结清申请单，并提供相关证明材料。 承发包双方可结合工程实际情况，对上述时限要求在此另行作出约定。
14.4.2 最终结清证书和支付		14.4.2款是关于最终结清证书和支付的补充约定。

《建设工程施工合同（示范文本）》（GF—2013—0201）第三部分 专用合同条款	《建设工程施工合同（示范文本）》（GF—1999—0201）第三部分 专用条款	对照解读
（1）发包人完成最终结清申请单的审批并颁发最终结清证书的期限：________。		为了敦促承发包双方能及时完成最终结清事项，有必要对发包人审批最终结清申请单和颁发最终结清证书的期限作限制约定，《通用合同条款》约定了发包人应在收到承包人提交的最终结清申请单后14天内完成审批并向承包人颁发最终结清证书。发包人逾期未完成审批，又未提出修改意见的，视为发包人同意承包人提交的最终结清申请单，且自发包人收到承包人提交的最终结清申请单后15天起视为已颁发最终结清证书。 承发包双方可结合工程实际情况，对上述时限要求在此另行作出约定。
（2）发包人完成支付的期限：________。		为了敦促发包人尽快完成支付，《通用合同条款》约定了发包人应在颁发最终结清证书后7天内完成支付。发包人逾期支付的，按照中国人民银行发布的同期同类贷款基准利率支付违约金；逾期支付超过56天的，按照中国人民银行发布的同期同类贷款基准利率的两倍支付违约金。 承发包双方可结合工程实际情况，对上述时限要求在此另行作出约定。
15. 缺陷责任期与保修 **15.2 缺陷责任期** 缺陷责任期的具体期限：________。		本款为新增条款。 15.2款是关于缺陷责任期限的补充约定。 缺陷责任期自实际竣工日期起计算，承发包双方可根据工程项目的具体情况，约定缺陷责任期的具体期限，如填写缺陷责任期为12个月。缺陷责任期最长不得超过24个月。

《建设工程施工合同（示范文本）》（GF—2013—0201）第三部分 专用合同条款	《建设工程施工合同（示范文本）》（GF—1999—0201）第三部分 专用条款	对照解读
15.3 质量保证金 关于是否扣留质量保证金的约定：________________。		本款为新增条款。 15.3 款是关于质量保证金的补充约定。 我国法律并未对承包人提供质量保证金作强制性要求，如果承发包双方经协商一致确定需要扣留质量保证金的，则在此处直接填写需要扣留质量保证金。
15.3.1 承包人提供质量保证金的方式 质量保证金采用以下第______种方式： （1）质量保证金保函，保证金额为：____；		15.3.1 款是关于承包人提供质量保证金方式的补充约定。 承发包双方约定需要扣留质量保证金的，应在此选择一种方式，如选择第（1）种方式时，应填写具体的保证金额，如填写保证金额为结算合同价格的 5% 或填写签约合同价格的 5%。
（2）______% 的工程款；		如选择第（2）种方式时，应填写扣留质量保证金占工程款的比例，如填写 5% 的工程款。
（3）其他方式：________________。		如选择第（3）种方式时，承发包双方应就采用其他方式的具体形式作出明确约定。
15.3.2 质量保证金的扣留 质量保证金的扣留采取以下第____种方式： （1）在支付工程进度款时逐次扣留，在此		15.3.2 款是关于质量保证金扣留的补充约定。 质量保证金的扣留有三种方式，承发包双方经协商一致选择一种方式。如约定选择第（1）

《建设工程施工合同（示范文本）》（GF—2013—0201）第三部分　专用合同条款	《建设工程施工合同（示范文本）》（GF—1999—0201）第三部分　专用条款	对照解读
情形下，质量保证金的计算基数不包括预付款的支付、扣回以及价格调整的金额； （2）工程竣工结算时一次性扣留质量保证金； （3）其他扣留方式：________。 关于质量保证金的补充约定：________________。		种方式时，则直接在横线上填写（1）；如约定选择第（3）种方式时，则直接在横线上填写（3），并对其他扣留方式作出明确约定。 如承发包双方对质量保证金的扣留还有其他要求时，一并在此进行明确约定。
15.4　保修 **15.4.1　保修责任** 工程保修期为：________。 **15.4.3　修复通知** 承包人收到保修通知并到达工程现场的合理时间：________。		本款为新增条款。 15.4.1 款是关于工程保修期的补充约定。 承发包双方可根据工程项目的具体情况，在此对分部分项工程的保修期作出明确约定，但约定的保修期不得低于法定最低保修年限。 15.4.3 款是关于修复通知的补充约定。 在保修期内，对于承包人收到保修通知后到达工程现场履行保修责任的合理时间，可参考以下范例填写：（1）发包人在使用过程中，发现已接收的工程存在缺陷或损坏的，属于保修范围、内容的项目，承包人应当在接到发包人书面保修通知之日起3天内到达工程现场并修复缺陷或损坏；（2）情况紧急，需要承包人立即修复缺陷或损坏的，承包人应在接到发包人口头通知后，立即到达工程现场并修复缺陷或损坏。

《建设工程施工合同（示范文本）》（GF—2013—0201）第三部分　专用合同条款	《建设工程施工合同（示范文本）》（GF—1999—0201）第三部分　专用条款	对照解读
16. 违约 **16.1　发包人违约**	**十、违约、索赔和争议** **35. 违约**	本款已作修改。 《建设工程施工合同（示范文本）》（GF—2013—0201）对发包人违约情形及违约责任作了进一步的补充约定。
16.1.1　发包人违约的情形 发包人违约的其他情形：________。		《通用合同条款》第16.1.1款约定了属于发包人违约的八种情形，承发包双方还可协商一致在此另行补充其他常见的或易产生争议的属于发包人违约的情形，如将发包人拖延、拒绝批准付款申请和支付凭证导致付款延误的情形一并纳入发包人违约的情形。
16.1.2　发包人违约的责任 发包人违约责任的承担方式和计算方法：	**35.1**　本合同中关于发包人违约的具体责任如下：	16.1.2款是关于发包人违约责任的补充约定。《通用合同条款》第16.1.2款约定了因发包人违约应承担的违约责任，即发包人应承担因其违约给承包人增加的费用和（或）延误的工期，并支付承包人合理的利润。承发包双方也可以在此逐项约定发包人具体的违约行为应承担的违约责任和违约金计算方法：
（1）因发包人原因未能在计划开工日期前7天内下达开工通知的违约责任：________。	本合同通用条款第24条约定发包人违约应承担的违约责任：________。	第（1）项因发包人原因未能在计划开工日期前7天内下达开工通知的违约责任，如填写发包人应承担因其违约给承包人增加的费用和（或）延误的工期，并向承包人支付违约金。

《建设工程施工合同（示范文本）》（GF—2013—0201）第三部分　专用合同条款	《建设工程施工合同（示范文本）》（GF—1999—0201）第三部分　专用条款	对照解读
（2）因发包人原因未能按合同约定支付合同价款的违约责任：________。	本合同通用条款第26.4款约定发包人违约应承担的违约责任：________。	第（2）项因发包人原因未能按合同约定支付合同价款的违约责任，如填写发包人应承担因其违约给承包人增加的费用和（或）延误的工期，并向承包人支付违约金。
（3）发包人违反第10.1款〔变更的范围〕第（2）项约定，自行实施被取消的工作或转由他人实施的违约责任：________。	本合同通用条款第33.3款约定发包人违约应承担的违约责任：________。	第（3）项发包人自行实施被取消的工作或转由他人实施的违约责任，如填写发包人应承担因其违约给承包人增加的费用和（或）延误的工期，并向承包人支付违约金。
（4）发包人提供的材料、工程设备的规格、数量或质量不符合合同约定，或因发包人原因导致交货日期延误或交货地点变更等情况的违约责任：________。		第（4）项发包人提供的材料、工程设备的规格、数量或质量不符合合同约定，或因发包人原因导致交货日期延误或交货地点变更等情况的违约责任，如填写发包人应承担因其违约给承包人增加的费用和（或）延误的工期，并向承包人支付违约金。
（5）因发包人违反合同约定造成暂停施工的违约责任：________。		第（5）项因发包人违反合同约定造成暂停施工的违约责任，如填写发包人应承担因其违约给承包人增加的费用和（或）延误的工期，并向承包人支付违约金。
（6）发包人无正当理由没有在约定期限内发出复工指示，导致承包人无法复工的违约责任：________。		第（6）项发包人无正当理由没有在约定期限内发出复工指示，导致承包人无法复工的违约责任，如填写发包人应承担因其违约给承包人增加的费用和（或）延误的工期，并向承包人支付违约金。

《建设工程施工合同（示范文本）》（GF—2013—0201）第三部分 专用合同条款	《建设工程施工合同（示范文本）》（GF—1999—0201）第三部分 专用条款	对照解读
（7）其他：______________。	双方约定的发包人其他违约责任：______________。	第（7）项如填写因发包人拖延、拒绝批准付款申请和支付凭证导致付款延误的违约责任，发包人应承担因其违约给承包人增加的费用和（或）延误的工期，并向承包人支付违约金。
16.1.3 因发包人违约解除合同 承包人按16.1.1项〔发包人违约的情形〕约定暂停施工满______天后发包人仍不纠正其违约行为并致使合同目的不能实现的，承包人有权解除合同。		《建设工程施工合同（示范文本）》（GF—2013—0201）增加16.1.3款关于因发包人违约解除合同的补充约定。 当发包人出现违约的情形时，承包人可向发包人发出通知，要求发包人采取有效措施纠正其违约行为。如果发包人在收到承包人通知后28天内仍不纠正违约行为的，承包人有权暂停相应部分工程施工，并通知监理人。在承包人暂停施工一定期限后发包人仍不纠正其违约行为，致使承包人合同目的不能实现的，承包人有权解除合同。因暂停施工将会给工程及承包人带来损失，因此暂停施工的期限不宜过长。
16.2 承包人违约 **16.2.1 承包人违约的情形** 承包人违约的其他情形：______________。		本款已作修改。 《建设工程施工合同（示范文本）》（GF—2013—0201）对承包人违约情形及违约责任作了进一步的补充约定。 16.2.1款是关于承包人违约情形的补充约定。《通用合同条款》第16.2.1款约定了属于承包人违约的八种情形，承发包双方还可协商一

《建设工程施工合同（示范文本）》（GF—2013—0201）第三部分　专用合同条款	《建设工程施工合同（示范文本）》（GF—1999—0201）第三部分　专用条款	对照解读
		致在此另行补充其他常见的或易产生争议的属于承包人违约的情形。
16.2.2　承包人违约的责任 承包人违约责任的承担方式和计算方法：____________。	**35.2**　本合同中关于承包人违约的具体责任如下： 本合同通用条款第14.2款约定承包人违约承担的违约责任：____________。 本合同通用条款第15.1款约定承包人违约应承担的违约责任：____________。 双方约定的承包人其他违约责任：____________。	本款是关于承包人违约责任的补充约定。《通用合同条款》第16.2.2款约定了因承包人违约应承担的违约责任，即承包人应承担因其违约行为而增加的费用和（或）延误的工期。 承发包双方也可以在此约定承包人具体的违约行为应承担的违约责任和违约金计算方法，如填写承包人应承担因其违约而增加的费用和（或）延误的工期，并按签约合同价格的2%向发包人支付违约金。
16.2.3　因承包人违约解除合同 关于承包人违约解除合同的特别约定：____________。		《建设工程施工合同（示范文本）》（GF—2013—0201）增加16.2.3款关于因承包人违约解除合同的补充约定。 《通用合同条款》约定了出现承包人明确表示或者以其行为表明不履行合同主要义务的违约情况时，或监理人发出整改通知后，承包人在指定的合理期限内仍不纠正违约行为并致使合同目的不能实现的，发包人有权解除合同。 如承发包双方对承包人违约解除合同有特别约定的，可协商一致在此予以明确约定以改变《通用合同条款》的上述处理约定。

《建设工程施工合同（示范文本）》（GF—2013—0201）第三部分 专用合同条款	《建设工程施工合同（示范文本）》（GF—1999—0201）第三部分 专用条款	对照解读
发包人继续使用承包人在施工现场的材料、设备、临时工程、承包人文件和由承包人或以其名义编制的其他文件的费用承担方式：______________。		因承包人违约解除合同后，为了继续完成工程的需要，发包人可继续使用承包人在施工现场的材料、设备、临时工程、承包人文件和由承包人或以其名义编制的其他文件，其费用如约定由发包人承担的，此处填写“发包人”。
17. 不可抗力 **17.1　不可抗力的确认** 除通用合同条款约定的不可抗力事件之外，视为不可抗力的其他情形：__________。	**39. 不可抗力** **39.1**　双方关于不可抗力的约定： ______________。	本款已作修改。 本款是关于不可抗力范围的补充约定。 承发包双方在此如填写除《通用合同条款》第17.1款约定以外的（承发包双方在签订合同时不可预见，在合同履行过程中不可避免且不能克服的自然灾害和社会性突发事件，如地震、海啸、瘟疫、骚乱、戒严、暴动、战争）其他视为不可抗力的情形，如填写不可抗力是指承包人和发包人在订立合同时不可预见，在工程施工过程中不可避免发生并不能克服的自然灾害和社会突发事件。包括但不限于：（1）国家权威部门发布且被界定为灾害的瘟疫、地震、洪水、风灾、雪灾等；（2）战争；（3）离子辐射或放射性污染；（4）以音速或超音速飞行的飞机或其他飞行装置产生的压力波，飞行器坠落；（5）动乱、暴乱、骚乱或混乱，但完全局限在承包人及其分包人、聘用人员内部的事件除外；（6）因适用法律的变更或任何适用的后继法律的颁布所导致本合同的履行不再合法。

《建设工程施工合同（示范文本）》（GF—2013—0201）第三部分　专用合同条款	《建设工程施工合同（示范文本）》（GF—1999—0201）第三部分　专用条款	对照解读
17.4　因不可抗力解除合同 合同解除后，发包人应在商定或确定发包人应支付款项后______天内完成款项的支付。		本款为新增条款。 17.4 款是关于因不可抗力解除合同时的补充约定。 《通用合同条款》约定了因不可抗力解除合同后，发包人应在商定或确定应支付款项后 28 天内完成支付。但是发包人和承包人可以在此约定改变上述时限，例如支付款项的时限如填写发包人应在商定或确定发包人应支付款项后 14 天内完成款项的支付。
18. 保险 **18.1　工程保险** 关于工程保险的特别约定：______。	**40. 保险** **40.6**　本工程双方约定投保内容如下： （1）发包人投保内容：______。 发包人委托承包人办理的保险事项： ______。 （2）承包人投保内容：______。	本款已修改。 本款是关于工程保险的补充约定。 除发包人应投保建筑工程一切险或安装工程一切险外，承发包双方对投保其他工程保险或有其他特别约定时，应在此处填写明确。如发包人委托承包人投保的，应对投保内容、保险费率、保险金额及保险期限作出明确约定。 （1）投保内容，应填写具体投保的标的和投保的责任范围，其中责任范围应填写保险责任范围和责任免除范围； （2）保险费率，是应缴纳保险费与保险金额的比率（费率 = 保险费/保险金额）。保险费率是保险人按单位保险金额向投保人收取保险费的标准； （3）保险金额，是指一个保险合同项下保险公司承担赔偿或给付保险金责任的最高限额，即投保人对保险标的的实际投保金额；同时又是

《建设工程施工合同（示范文本）》（GF—2013—0201）第三部分 专用合同条款	《建设工程施工合同（示范文本）》（GF—1999—0201）第三部分 专用条款	对照解读
		保险公司收取保险费的计算基础； （4）保险期限，也称“保险期间”，指保险合同的有效期限，即保险合同双方当事人履行权利和义务的起讫时间。由于保险期限一方面是计算保险费的依据之一，另一方面又是保险人和被保险人双方履行权利和义务的责任期限，实践中保险条款通常约定保险期限为约定起保日的零时开始到约定期满日24小时止。
18.3 其他保险 关于其他保险的约定：________。 承包人是否应为其施工设备等办理财产保险：________。		本款为新增条款。 18.3款是关于其他保险的补充约定。 承发包双方还可协商一致对其他保险作出约定，如约定投保第三者责任险，保险费率可由承包人与发包人同意的保险人商定，相关保险费可约定由发包人或承包人承担。 如承包人为其施工设备、进场材料和工程设备等办理保险时，此处直接填写“是”。
18.7 通知义务 关于变更保险合同时的通知义务的约定：________。		本款为新增条款。 18.7款是关于通知义务的补充约定。 《通用合同条款》约定发包人变更工伤保险之外的保险合同时，应事先征得承包人同意，并通知监理人；承包人变更除工伤保险之外的保险合同时，应事先征得发包人同意，并通知监理人。承发包双方可根据投保的险种，对变更保险后的通知义务在此作出另外的约定。

《建设工程施工合同（示范文本）》（GF—2013—0201）第三部分　专用合同条款	《建设工程施工合同（示范文本）》（GF—1999—0201）第三部分　专用条款	对照解读
20. 争议解决 **20.3　争议评审** 合同当事人是否同意将工程争议提交争议评审小组决定：________________。		本款为新增条款。 20.3 款是关于争议评审的补充约定。 承发包双方如约定采取争议评审方式解决争议的，则直接在此处填写“同意”或“是”。
20.3.1　争议评审小组的确定 争议评审小组成员的确定：__________。		20.3.1 款是关于争议评审小组确定的补充约定。 承发包双方可以共同选择一名或三名争议评审员，组成争议评审小组。选择一名争议评审员的，由承发包双方共同确定；选择三名争议评审员的，各自选定一名，第三名成员为首席争议评审员，由承发包双方共同确定或由承发包双方委托已选定的争议评审员共同确定，或由专用合同条款约定的评审机构指定第三名首席争议评审员。
选定争议评审员的期限：__________。		《通用合同条款》约定承发包双方应当自合同签订后 28 天内，或者争议发生后 14 天内，选定争议评审员。承发包双方也可以在此对上述时限另行约定。
争议评审小组成员的报酬承担方式：________________。		争议评审小组成员的所有报酬和因履行评审小组成员职责而发生的所有交通、食宿等实际费用，通常由发包人和承包人平均分担。《通用合同条款》约定评审员报酬由发包人和承包人各承担一半。承发包双方也可以在此对评审员报酬以及其他实际发生的费用分担另行作出约定。

《建设工程施工合同（示范文本）》（GF—2013—0201）第三部分　专用合同条款	《建设工程施工合同（示范文本）》（GF—1999—0201）第三部分　专用条款	对照解读
其他事项的约定：________。		关于确定争议评审小组的未尽事宜，可在此处填写。承发包双方还可就争议评审过程中的其他要求在此一并做出明确约定。
20. 3. 2　争议评审小组的决定 合同当事人关于本项的约定：________________。		20. 3. 2 款是关于争议评审小组决定的补充约定。 承发包双方还可就申请争议评审小组解决争议时的其他特殊要求在此进行明确。北京仲裁委员会《建设工程争议评审规则》和中国国际经济贸易仲裁委员会《建设工程争议评审规则（试行）》对争议评审小组的决定及评审程序等作了详细的规定，承发包双方可作为参考。
20. 4　仲裁或诉讼 因合同及合同有关事项发生的争议，按下列第______种方式解决： （1）向____________仲裁委员会申请仲裁；	**37. 争议** **37. 1**　双方约定，在履行合同过程中产生争议时： （1）请__________调解； （2）采取第__________种方式解决，并约定向__________仲裁委员会提请仲裁或向__________人民法院提起诉讼。	本款已作修改。 本款是关于通过仲裁或诉讼解决争议的方式的补充约定。 此处的仲裁和诉讼只能选择一种方式，并在横线上选择填写（1）或（2）。 如选择第（1）种以仲裁方式解决争议时，应填写具体的仲裁委员会名称，如填写中国国际经济贸易仲裁委员会或北京仲裁委员会。 推荐使用以下示范仲裁条款： 示范仲裁条款（一）凡因本合同引起的或与本合同有关的任何争议，均应提交中国国际经济贸易仲裁委员会，按照申请仲裁时该会现行有效的仲裁规则进行仲裁。仲裁裁决是终局的，对双方均有约束力。

《建设工程施工合同（示范文本）》（GF—2013—0201）第三部分　专用合同条款	《建设工程施工合同（示范文本）》（GF—1999—0201）第三部分　专用条款	对照解读
（2）向________人民法院起诉。		示范仲裁条款（二）凡因本合同引起的或与本合同有关的任何争议，均应提交中国国际经济贸易仲裁委员会________分会（仲裁中心），按照仲裁申请时中国国际经济贸易仲裁委员会现行有效的仲裁规则进行仲裁。仲裁裁决是终局的，对双方均有约束力。 示范仲裁条款（三）因本合同引起的或与本合同有关的任何争议，均提请北京仲裁委员会按照该会仲裁规则进行仲裁。仲裁裁决是终局的，对双方均有约束力。 如选择第（2）种方式解决争议时，应在原告住所地、被告住所地、合同履行地、合同签订地和标的物所在地等与争议有实际联系的地点选择其一填写。 如若承发包双方既没有填写仲裁机构，也没有填写管辖法院，一旦发生纠纷，且协商不成，只能向该工程所在地法院或被告住所地法院提起诉讼。
	46. 合同份数 **46.1**　双方约定合同副本份数：________。	《建设工程施工合同（示范文本）》（GF—2013—0201）在此删除了《建设工程施工合同（示范文本）》（GF—1999—0201）关于合同份数的补充约定，而是在《通用合同条款》中进行了明确。

《建设工程施工合同（示范文本）》（GF—2013—0201）第三部分　专用合同条款	《建设工程施工合同（示范文本）》（GF—1999—0201）第三部分　专用条款	对照解读
	47. 补充条款______________。	《建设工程施工合同（示范文本）》（GF—2013—0201）在此删除了《建设工程施工合同（示范文本）》（GF—1999—0201）关于补充条款的约定，而是赋予承发包双方在《专用合同条款》中对应《通用合同条款》作进一步的补充约定。

备注

第四部分

《建设工程施工合同（示范文本）》（GF—2013—0201）

“附件”

与

《建设工程施工合同（示范文本）》（GF—1999—0201）

“附件”

对照解读

《建设工程施工合同（示范文本）》（GF—2013—0201）第四部分 附件	《建设工程施工合同（示范文本）》（GF—1999—0201）第四部分 附件	对照解读
附件： **协议书附件：** 附件1：承包人承揽工程项目一览表	**附件：** 附件1：承包人承揽工程项目一览表	《建设工程施工合同（示范文本）》（GF—2013—0201）与《建设工程施工合同（示范文本）》（GF—1999—0201）相比，在附件1“承包人承揽工程项目一览表”中，将“跨度（米）”修改为“生产能力”，将“工程造价”修改为“合同价格”。
专用合同条款附件： 附件2：发包人供应材料设备一览表	附件2：发包人供应材料设备一览表	附件2“发包人供应材料设备一览表”内容相同，未作修改。
附件3：工程质量保修书	附件3：房屋建筑工程质量保修书	在附件3中，由于《建设工程施工合同（示范文本）》（GF—2013—0201）推荐适用于房屋建筑工程、土木工程、线路管道和设备安装工程、装修工程等建设工程，因此将《建设工程施工合同（示范文本）》（GF—1999—0201）文件名称由“房屋建筑工程质量保修书”修改为“工程质量保修书”，并增加对“缺陷责任期”的约定。
附件4：主要建设工程文件目录 附件5：承包人用于本工程施工的机械设备表 附件6：承包人主要施工管理人员表 附件7：分包人主要施工管理人员表 附件8：履约担保格式 附件9：预付款担保格式 附件10：支付担保格式 附件11：暂估价一览表		《建设工程施工合同（示范文本）》（GF—2013—0201）增加提供了下列附件： 附件4：“主要建设工程文件目录”； 附件5：“承包人用于本工程施工的机械设备表”； 附件6：“承包人主要施工管理人员表”； 附件7：“分包人主要施工管理人员表”； 附件8：“履约担保格式”； 附件9：“预付款担保格式”； 附件10：“支付担保格式”； 附件11：“暂估价一览表”。 在下述附件的对照解读中，主要对工程质量保修书、履约担保、预付款担保及支付担保作对照和解读，其余表格只作对比。

《建设工程施工合同（示范文本）》（GF—2013—0201）

附件 1：

承包人承揽工程项目一览表

单位工程名称	建设规模	建筑面积（平方米）	结构形式	层数	生产能力	设备安装内容	合同价格（元）	开工日期	竣工日期

《建设工程施工合同（示范文本）》（GF—1999—0201）

附件1：

承包人承揽工程项目一览表

单位工程名称	建设规模	建筑面积（平方米）	结构	层数	跨度（米）	设备安装内容	工程造价（元）	开工日期	竣工日期

《建设工程施工合同（示范文本）》（GF—2013—0201）

附件 2：

发包人供应材料设备一览表

序号	材料、设备品种	规格型号	单位	数量	单价（元）	质量等级	供应时间	送达地点	备注

《建设工程施工合同（示范文本）》（GF—1999—0201）

附件2：

发包人供应材料设备一览表

序号	材料、设备品种	规格型号	单位	数量	单价	质量等级	供应时间	送达地点	备注

《建设工程施工合同（示范文本）》 （GF—2013—0201） 第四部分 附件	《建设工程施工合同（示范文本）》 （GF—1999—0201） 第四部分 附件	对照解读
附件3： **工程质量保修书** 发包人（全称）：__________ 承包人（全称）：__________	**附件3：** **房屋建筑工程质量保修书** 发包人（全称）：__________ 承包人（全称）：__________	《建设工程施工合同（示范文本）》（GF—2013—0201）推荐适用于房屋建筑工程、土木工程、线路管道和设备安装工程、装修工程等建设工程，因此《建设工程施工合同（示范文本）》（GF—2013—0201）将《建设工程施工合同（示范文本）》（GF—1999—0201）文件名称由“房屋建筑工程质量保修书”修改为“工程质量保修书”。 我国实行建设工程质量保修制度。 《建筑法》第六十二条第一款规定，建筑工程实行质量保修制度。 《建设工程质量管理条例》第三十九条规定，建设工程实行质量保修制度。建设工程承包单位在向建设单位提交工程竣工验收报告时，应当向建设单位出具质量保修书。质量保修书中应当明确建设工程的保修范围、保修期限和保修责任等。 发包人、承包人的名称均应完整、准确地写在对应的位置内，不可填写简称。注意名称应与《合同协议书》及合同签字盖章处所加盖的公章内容一致。
发包人和承包人根据《中华人民共和国建筑法》和《建设工程质量管理条例》，经协商一致就__________（工程全称）签订工程质量保修书。	发包人、承包人根据《中华人民共和国建筑法》、《建设工程质量管理条例》和《房屋建筑工程质量保修办法》，经协商一致，对__________（工程全称）签定工程质量保修书。	本款已作修改。 如上款所述，《建设工程施工合同（示范文本）》（GF—2013—0201）推荐适用于房屋建筑工程、土木工程、线路管道和设备安装工程、

《建设工程施工合同（示范文本）》（GF—2013—0201）第四部分　附件	《建设工程施工合同（示范文本）》（GF—1999—0201）第四部分　附件	对照解读
		装修工程等建设工程，因此在本款删除了《建设工程施工合同（示范文本）》（GF—1999—0201）中的《房屋建筑工程质量保修办法》之法律根据。 本款是说明性条款。此部分主要说明工程质量保修书签订的背景，即承发包双方签订工程质量保修书的宗旨及依据。本款中的工程全称应与《合同协议书》中约定的内容一致。
一、工程质量保修范围和内容 承包人在质量保修期内，按照有关法律规定和合同约定，承担工程质量保修责任。 质量保修范围包括地基基础工程、主体结构工程，屋面防水工程、有防水要求的卫生间、房间和外墙面的防渗漏，供热与供冷系统，电气管线、给排水管道、设备安装和装修工程，以及双方约定的其他项目。具体保修的内容，双方约定如下：________________。	**一、工程质量保修范围和内容** 承包人在质量保修期内，按照有关法律、法规、规章的管理规定和双方约定，承担本工程质量保修责任。 质量保修范围包括地基基础工程、主体结构工程，屋面防水工程、有防水要求的卫生间、房间和外墙面的防渗漏，供热与供冷系统，电气管线、给排水管道、设备安装和装修工程，以及双方约定的其他项目。具体保修的内容，双方约定如下：________________。	本款未作修改。 本款是关于工程质量保修范围和内容的约定。 《建筑法》第六十二条第二款规定，建筑工程的保修范围应当包括地基基础工程、主体结构工程、屋面防水工程和其他土建工程，以及电气管线、上下水管线的安装工程，供热、供冷系统工程等项目；保修的期限应当按照保证建筑物合理寿命年限内正常使用，维护使用者合法权益的原则确定。具体的保修范围和最低保修期限由国务院规定。 承发包双方应根据工程项目的具体情况，将具体的保修内容在此填写完整。
二、质量保修期 根据《建设工程质量管理条例》及有关规定，工程的质量保修期如下： 1. 地基基础工程和主体结构工程为设计文件规定的工程合理使用年限；	**二、质量保修期** 双方根据《建设工程质量管理条例》及有关规定，约定本工程的质量保修期如下： 1. 地基基础工程和主体结构工程为设计文件规定的该工程合理使用年限；	本款未作修改。 本款是关于工程质量保修期的约定。 《建设工程质量管理条例》第四十条规定，在正常使用条件下，建设工程的最低保修期限为：

《建设工程施工合同（示范文本）》（GF—2013—0201）第四部分　附件	《建设工程施工合同（示范文本）》（GF—1999—0201）第四部分　附件	对照解读
2. 屋面防水工程、有防水要求的卫生间、房间和外墙面的防渗为______年； 3. 装修工程为______年； 4. 电气管线、给排水管道、设备安装工程为______年； 5. 供热与供冷系统为______个采暖期、供冷期； 6. 住宅小区内的给排水设施、道路等配套工程为______年； 7. 其他项目保修期限约定如下：______________。 质量保修期自工程竣工验收合格之日起计算。	2. 屋面防水工程、有防水要求的卫生间、房间和外墙面的防渗漏为______年； 3. 装修工程为______年； 4. 电气管线、给排水管道、设备安装工程为______年； 5. 供热与供冷系统为______个采暖期、供冷期； 6. 住宅小区内的给排水设施、道路等配套工程为______年； 7. 其他项目保修期限约定如下：______________。 质量保修期自工程竣工验收合格之日起计算。	（1）基础设施工程、房屋建筑的地基基础工程和主体结构工程，为设计文件规定的该工程的合理使用年限； （2）屋面防水工程、有防水要求的卫生间、房间和外墙面的防渗漏，为5年； （3）供热与供冷系统，为2个采暖期、供冷期； （4）电气管线、给排水管道、设备安装和装修工程，为2年。 其他项目的保修期限由发包方与承包方约定。 建设工程的保修期，自竣工验收合格之日起计算。 承发包双方可根据工程项目的具体情况，对保修期限作出明确。承发包双方约定的保修期限可以高于但是不能低于法定最低保修年限。 在工程保修期内，承包人应当根据相关法律规定以及合同约定承担工程保修责任。
三、缺陷责任期 工程缺陷责任期为______个月，缺陷责任期自工程竣工验收合格之日起计算。单位工程先于全部工程进行验收，单位工程缺陷责任期自单位工程验收合格之日起算。 缺陷责任期终止后，发包人应退还剩余的质量保证金。		本款为新增条款。 本款是关于工程缺陷责任期的约定。 承发包双方可根据工程项目的具体情况，在此约定具体的缺陷责任期限，如填写12个月。缺陷责任期最长不得超过24个月。《通用合同条款》第15.2.1款区别不同情形对缺陷责任期的起算时间作了明确。缺陷责任期届满后，发包人应退还质量保证金。

《建设工程施工合同（示范文本）》（GF—2013—0201）第四部分 附件	《建设工程施工合同（示范文本）》（GF—1999—0201）第四部分 附件	对照解读
		《建设工程质量保证金管理暂行办法》第二条第三款规定，缺陷责任期一般为六个月、十二个月或二十四个月，具体可由承发包双方在合同中约定。
四、质量保修责任	**三、质量保修责任**	本款已作修改。 本款是关于工程质量保修责任的约定。 《建设工程质量管理条例》第四十一条规定，建设工程在保修范围和保修期限内发生质量问题的，施工单位应当履行保修义务，并对造成的损失承担赔偿责任。
1. 属于保修范围、内容的项目，承包人应当在接到保修通知之日起 7 天内派人保修。承包人不在约定期限内派人保修的，发包人可以委托他人修理。	1. 属于保修范围、内容的项目，承包人应当在接到保修通知之日起 7 天内派人保修。承包人不在约定期限内派人保修的，发包人可以委托他人修理。	第 1 款是关于承包人保修责任的约定。 在保修期内，属于保修范围和内容的项目，发包人如果发现工程存在缺陷或损坏需要保修时，应以书面形式通知承包人予以保修。承包人接到保修通知之日起 7 天内应派人履行保修义务；如承包人不及时派人保修的，发包人可以委托第三方进行保修，则保修费用由承包人承担。
2. 发生紧急事故需抢修的，承包人在接到事故通知后，应当立即到达事故现场抢修。	2. 发生紧急抢修事故的，承包人在接到事故通知后，应当立即到达事故现场抢修。	第 2 款是关于发生紧急事故时承包人的保修责任约定。 如发生情况紧急必须立即修复缺陷或损坏的，承包人应在接到发包人通知后，立即到达事故现场修复缺陷或损坏。

<table>
<tr><th>《建设工程施工合同（示范文本）》
（GF—2013—0201）
第四部分　附件</th><th>《建设工程施工合同（示范文本）》
（GF—1999—0201）
第四部分　附件</th><th>对照解读</th></tr>
<tr><td>3. 对于涉及结构安全的质量问题，应当按照《建设工程质量管理条例》的规定，立即向当地建设行政主管部门和有关部门报告，采取安全防范措施，并由原设计人或者具有相应资质等级的设计人提出保修方案，承包人实施保修。</td><td>3. 对于涉及结构安全的质量问题，应当按照《房屋建筑工程质量保修办法》的规定，立即向当地建设行政主管部门报告，采取安全防范措施；由原设计单位或者具有相应资质等级的设计单位提出保修方案，承包人实施保修。</td><td>第 3 款是关于发生重大质量问题时的处理约定。如前款所述，《建设工程施工合同（示范文本）》（GF—2013—0201）推荐适用于房屋建筑工程、土木工程、线路管道和设备安装工程、装修工程等建设工程，因此在本款将《建设工程施工合同（示范文本）》（GF—1999—0201）中的“《房屋建筑工程质量保修办法》”之法律根据修改为“《建设工程质量管理条例》”。
《建设工程质量管理条例》第五十二条规定，建设工程发生质量事故，有关单位应当在 24 小时内向当地建设行政主管部门和其他有关部门报告。对重大质量事故，事故发生地的建设行政主管部门和其他有关部门应当按照事故类别和等级向当地人民政府和上级建设行政主管部门和其他有关部门报告。
如发生涉及结构安全的质量问题，本款约定应立即向当地建设行政主管部门和有关部门报告，并采取安全防范措施；承包人实施保修的前提条件是由原设计人或者具有相应资质等级的设计人提出保修方案。</td></tr>
<tr><td>4. 质量保修完成后，由发包人组织验收。</td><td>4. 质量保修完成后，由发包人组织验收。</td><td>第 4 款是关于发包人组织验收的约定。
承包人在履行保修义务后，应申请发包人组织验收。</td></tr>
</table>

《建设工程施工合同（示范文本）》（GF—2013—0201）第四部分 附件	《建设工程施工合同（示范文本）》（GF—1999—0201）第四部分 附件	对照解读
五、保修费用 保修费用由造成质量缺陷的责任方承担。	**四、保修费用** 保修费用由造成质量缺陷的责任方承担。	本款未作修改。 本款是关于保修费用的责任承担约定。 《通用合同条款》第15.4.2款对在保修期内修复费用的承担作了如下约定： （1）保修期内，因承包人原因造成工程的缺陷、损坏，承包人应负责修复，并承担修复的费用以及因工程的缺陷、损坏造成的人身伤害和财产损失； （2）保修期内，因发包人使用不当造成工程的缺陷、损坏，可以委托承包人修复，但发包人应承担修复的费用，并支付承包人合理利润； （3）因其他原因造成工程的缺陷、损坏，可以委托承包人修复，发包人应承担修复的费用，并支付承包人合理的利润，因工程的缺陷、损坏造成的人身伤害和财产损失由责任方承担。
六、双方约定的其他工程质量保修事项：______________。	**五、其他** 双方约定的其他工程质量保修事项：______________。	本款未作修改。 本款是关于其他工程质量保修事项的补充约定。承发包双方可根据工程项目的具体情况，对其他工程质量保修的相关事项在此进行约定。
工程质量保修书由发包人、承包人在工程竣工验收前共同签署，作为施工合同附件，其有效期限至保修期满。	本工程质量保修书，由施工合同发包人、承包人双方在竣工验收前共同签署，作为施工合同附件，其有效期限至保修期满。	本款是关于签署工程质量保修书要求的约定。签署要求：（1）签署主体：发包人和承包人；（2）签署时间：工程竣工验收前；（3）效力：作为建设工程施工合同附件；（4）有效期：从签署之日至保修期满止。

《建设工程施工合同（示范文本）》（GF—2013—0201）第四部分 附件	《建设工程施工合同（示范文本）》（GF—1999—0201）第四部分 附件	对照解读
发包人（公章）：____ 承包人（公章）：____ 地址：________ 地址：________ 法定代表人（签字）：___ 法定代表人（签字）：___ 委托代表人（签字）：___ 委托代表人（签字）：___ 电话：________ 电话：________ 传真：________ 传真：________ 开户银行：______ 开户银行：______ 账号：________ 账号：________ 邮政编码：______ 邮政编码：______	发包人（公章）： 承包人（公章）： 法定代表人（签字）： 法定代表人（签字）： ____年__月__日 ____年__月__日	本款已作修改。 为了便于双方畅通的通讯联系及资金往来，《建设工程施工合同（示范文本）》（GF—2013—0201）增加了对承发包双方具体的地址、电话、传真、开户银行、账号、邮政编码等内容的约定。 合同由承发包双方法定代表人或法定代表人授权的委托代理人签署姓名（注意不应是人名章）并加盖双方单位公章。准确载明委托事项的《授权委托书》应作为合同附件之一予以妥善保存。承发包双方均应避免发生无权代理的法律后果。

《建设工程施工合同（示范文本）》（GF—2013—0201）

附件4：

主要建设工程文件目录

文件名称	套数	费用（元）	质量	移交时间

《建设工程施工合同（示范文本）》（GF—2013—0201）

附件5：

承包人用于本工程施工的机械设备表

序号	机械或设备名称	规格型号	数量	产地	制造年份	额定功率（kW）	生产能力	备注

《建设工程施工合同（示范文本）》（GF—2013—0201）

附件6：

承包人主要施工管理人员表

名　称	姓名	职务	职称	主要资历、经验及承担过的项目
一、总部人员				
项目主管				
其他人员				
二、现场人员				
项目经理				
项目副经理				
技术负责人				
造价管理				
质量管理				
材料管理				
计划管理				
安全管理				
其他人员				

《建设工程施工合同（示范文本）》（GF—2013—0201）

附件7：

分包人主要施工管理人员表

名　　称	姓名	职务	职称	主要资历、经验及承担过的项目
一、总部人员				
项目主管				
其他人员				
二、现场人员				
项目经理				
项目副经理				
技术负责人				
造价管理				
质量管理				
材料管理				
计划管理				
安全管理				
其他人员				

《建设工程施工合同（示范文本）》（GF—2013—0201）第四部分　附件	《建设工程施工合同（示范文本）》（GF—1999—0201）第四部分　附件	对照解读
附件 8： **履约担保** ________（发包人名称）：		《建设工程施工合同（示范文本）》（GF—1999—0201）未提供“履约担保”之附件。以下内容均为《建设工程施工合同（示范文本）》（GF—2013—0201）新增条款。 发包人需要承包人提供履约担保的，则适用以下条款。 发包人名称应完整、准确地写在对应的位置内，不可填写简称。注意名称应与《合同协议书》及合同签字盖章处所加盖的公章内容一致。
鉴于__________（发包人名称，以下简称“发包人”）与__________（承包人名称）（以下称“承包人”）于______年____月____日就__________（工程名称）施工及有关事项协商一致共同签订《建设工程施工合同》。我方愿意无条件地、不可撤销地就承包人履行与你方签订的合同，向你方提供连带责任担保。		本款是说明性条款。此部分主要说明履约担保签订的背景，即当事人签订履约担保的目的、宗旨及依据。 发包人、承包人的名称均应完整、准确地写在对应的位置内，不可填写简称。注意名称应与《合同协议书》及合同签字盖章处所加盖的公章内容一致。此处填写的年月日应与《合同协议书》中的签订时间相一致。工程名称应与《合同协议书》中的工程名称相一致。 我国《担保法》规定的保证方式为两种：即一般保证和连带责任保证。当事人在保证合同中约定，债务人不能履行债务时，由保证人承担保证责任的，为一般保证。其中，一般保证的保证人在主合同纠纷未经审判或者仲裁，并就债务人财产依法强制执行仍不能履行债务前，对债权人可以拒绝承担保证责任；当事人在保证合同中约定保证人与债务人对债务承担

《建设工程施工合同（示范文本）》（GF—2013—0201）第四部分　附件	《建设工程施工合同（示范文本）》（GF—1999—0201）第四部分　附件	对照解读
		连带责任的，为连带责任保证。连带责任保证的债务人在主合同规定的债务履行期届满没有履行债务的，债权人可以要求债务人履行债务，也可以要求保证人在其保证范围内承担保证责任。当事人对保证方式没有约定或者约定不明确的，按照连带责任保证承担保证责任。
1. 担保金额人民币（大写）________元（￥________）。		第 1 款是关于担保金额的约定。 履约担保的金额用以补偿发包人因承包人违约造成的损失，其担保额度可视项目合同的具体情况而定，如填写签约合同价的 10%。涉及金额的数字应使用中文大写且同时使用大小写。 《担保法》第二十一条规定，保证担保的范围包括主债权及利息、违约金、损害赔偿金和实现债权的费用。保证合同另有约定的，按照约定。当事人对保证担保的范围没有约定或者约定不明确的，保证人应当对全部债务承担责任。
2. 担保有效期自你方与承包人签订的合同生效之日起至你方签发或应签发工程接收证书之日止。		第 2 款是关于担保期限的约定。 履约担保的有效期，本款明确自承发包双方签订合同生效之日起至发包人签发并由监理人向承包人出具工程接收证书之日止。 《担保法》第二十六条规定，连带责任保证的保证人与债权人未约定保证期间的，债权人有权自主债务履行期届满之日起六个月内要求保证人承担保证责任。在合同约定的保证期间和前款规定的保证期间，债权人未要求保证人承担保证责任的，保证人免除保证责任。

《建设工程施工合同（示范文本）》（GF—2013—0201）第四部分 附件	《建设工程施工合同（示范文本）》（GF—1999—0201）第四部分 附件	对照解读
3. 在本担保有效期内，因承包人违反合同约定的义务给你方造成经济损失时，我方在收到你方以书面形式提出的在担保金额内的赔偿要求后，在7天内无条件支付。		第3款是关于保证人承担保证责任的程序约定。 本款对保证人承担保证责任的前提作了约定，即在收到发包人以书面形式提出的在担保金额内的赔偿要求后，在7天内无条件予以支付。
4. 你方和承包人按合同约定变更合同时，我方承担本担保规定的义务不变。		第4款是关于承发包双方变更合同不影响保证人承担保证责任的约定。 《担保法》第二十四条规定，债权人与债务人协议变更主合同的，应当取得保证人书面同意，未经保证人书面同意的，保证人不再承担保证责任。保证合同另有约定的，按照约定。
5. 因本保函发生的纠纷，可由双方协商解决，协商不成的，任何一方均可提请________仲裁委员会仲裁。		第5款是关于争议解决的约定。 根据本款的约定，因履约担保发生的纠纷，应首先采取协商解决的方式；当协商不成时，通过仲裁解决。在此处应填写具体仲裁委员会的名称，如填写北京仲裁委员会或中国国际经济贸易仲裁委员会。
6. 本保函自我方法定代表人（或其授权代理人）签字并加盖公章之日起生效。		第6款是关于保函生效条件的约定。 本款约定保函生效的条件，由保证人的法定代表人或法定代表人授权的委托代理人签署姓名（注意不应是人名章）并加盖保证人公章之日起生效。

《建设工程施工合同（示范文本）》（GF—2013—0201）第四部分　附件	《建设工程施工合同（示范文本）》（GF—1999—0201）第四部分　附件	对照解读
担 保 人：__________（盖单位章） 法定代表人或其委托代理人：______（签字） 地　　址：__________ 邮政编码：__________ 电　　话：__________ 传　　真：__________ ____年___月___日		履约保函由保证人的法定代表人或法定代表人授权的委托代理人签署姓名（注意不应是人名章）并加盖保证人公章。准确载明委托事项的《授权委托书》应作为保函附件予以妥善保存。并明确、真实的填写具体的地址、电话、传真、邮政编码等内容，便于联系畅通。 履约保函签发时间是指保证人的法定代表人或法定代表人授权的委托代理人签署姓名（注意不应是人名章）并加盖保证人公章的时间。如未约定履约保函生效的条件，则履约保函签发的时间就是生效时间。此处应填写完整的年月日。

《建设工程施工合同（示范文本）》（GF—2013—0201）第四部分 附件	《建设工程施工合同（示范文本）》（GF—1999—0201）第四部分 附件	对照解读
附件 9： **预付款担保** ________（发包人名称）：		《建设工程施工合同（示范文本）》（GF—1999—0201）未提供“预付款担保”之附件。以下内容均为《建设工程施工合同（示范文本）》（GF—2013—0201）新增条款。 发包人要求承包人提供预付款担保的，则适用以下条款。 发包人名称应完整、准确地写在对应的位置内，不可填写简称。注意名称应与《合同协议书》及合同签字盖章处所加盖的公章内容一致。
根据__________（承包人名称）（以下称“承包人”）与__________（发包人名称）（以下简称“发包人”）于______年____月____日签订的__________（工程名称）《建设工程施工合同》，承包人按约定的金额向你方提交一份预付款担保，即有权得到你方支付相等金额的预付款。我方愿意就你方提供给承包人的预付款为承包人提供连带责任担保。		本款是说明性条款。此部分主要说明预付款担保签订的背景，即当事人签订预付款担保的目的、宗旨及依据。 发包人、承包人的名称均应完整、准确地写在对应的位置内，不可填写简称。注意名称应与《合同协议书》及合同签字盖章处所加盖的公章内容一致。此处填写的年月日应与《合同协议书》中的签订时间相一致。工程名称应与《合同协议书》中的工程名称相一致。 我国《担保法》规定的保证方式为两种：即一般保证和连带责任保证。当事人在保证合同中约定，债务人不能履行债务时，由保证人承担保证责任的，为一般保证。其中，一般保证的保证人在主合同纠纷未经审判或者仲裁，并就债务人财产依法强制执行仍不能履行债务前，对债权人可以拒绝承担保证责任；当事人在保证合同中约定保证人与债务人对债务承担

《建设工程施工合同（示范文本）》（GF—2013—0201）第四部分　附件	《建设工程施工合同（示范文本）》（GF—1999—0201）第四部分　附件	对照解读
		连带责任的，为连带责任保证。连带责任保证的债务人在主合同规定的债务履行期届满没有履行债务的，债权人可以要求债务人履行债务，也可以要求保证人在其保证范围内承担保证责任。当事人对保证方式没有约定或者约定不明确的，按照连带责任保证承担保证责任。
1. 担保金额人民币（大写）________元（￥________）。		第 1 款是关于担保金额的约定。 预付款担保的金额一般与发包人支付的预付款金额相等。涉及金额的数字应使用中文大写且同时使用大小写。 《担保法》第二十一条规定，保证担保的范围包括主债权及利息、违约金、损害赔偿金和实现债权的费用。保证合同另有约定的，按照约定。当事人对保证担保的范围没有约定或者约定不明确的，保证人应当对全部债务承担责任。
2. 担保有效期自预付款支付给承包人起生效，至你方签发的进度款支付证书说明已完全扣清止。		第 2 款是关于担保期限的约定。 预付款担保的有效期，本款约定自发包人将预付款支付承包人时起生效，至发包人签发进度款支付证书说明预付款已完全扣清止。 《担保法》第二十六条规定，连带责任保证的保证人与债权人未约定保证期间的，债权人有权自主债务履行期届满之日起六个月内要求保证人承担保证责任。在合同约定的保证期间和前款规定的保证期间，债权人未要求保证人承担保证责任的，保证人免除保证责任。

《建设工程施工合同（示范文本）》（GF—2013—0201）第四部分 附件	《建设工程施工合同（示范文本）》（GF—1999—0201）第四部分 附件	对照解读
3. 在本保函有效期内，因承包人违反合同约定的义务而要求收回预付款时，我方在收到你方的书面通知后，在 7 天内无条件支付。但本保函的担保金额，在任何时候不应超过预付款金额减去你方按合同约定在向承包人签发的进度款支付证书中扣除的金额。		第 3 款是关于保证人承担保证责任的程序约定。 本款对保证人承担保证责任的前提作了约定，即在收到发包人的书面通知后，在 7 天内无条件予以支付。并对支付金额作了明确，即不应超过预付款金额减去发包人按合同约定在向承包人签发的进度款支付证书中扣除的金额。
4. 你方和承包人按合同约定变更合同时，我方承担本保函规定的义务不变。		第 4 款是关于承发包双方变更合同不影响保证人承担保证责任的约定。 《担保法》第二十四条规定，债权人与债务人协议变更主合同的，应当取得保证人书面同意，未经保证人书面同意的，保证人不再承担保证责任。保证合同另有约定的，按照约定。
5. 因本保函发生的纠纷，可由双方协商解决，协商不成的，任何一方均可提请________仲裁委员会仲裁。		第 5 款是关于争议解决的约定。 根据本款的约定，因预付款担保发生的纠纷，应首先采取协商解决的方式；当协商不成时，通过仲裁解决。在此处应填写具体仲裁委员会的名称，如填写北京仲裁委员会或中国国际经济贸易仲裁委员会。
6. 本保函自我方法定代表人（或其授权代理人）签字并加盖公章之日起生效。		第 6 款是关于保函生效条件的约定。 本款约定保函生效的条件，由保证人的法定代表人或法定代表人授权的委托代理人签署姓名（注意不应是人名章）并加盖保证人公章之日起生效。

《建设工程施工合同（示范文本）》（GF—2013—0201）第四部分　附件	《建设工程施工合同（示范文本）》（GF—1999—0201）第四部分　附件	对照解读
担 保 人：________（盖单位章） 法定代表人或其委托代理人：____（签字） 地　　址：________ 邮政编码：________ 电　　话：________ 传　　真：________ ____年___月___日		预付款保函由保证人的法定代表人或法定代表人授权的委托代理人签署姓名（注意不应是人名章）并加盖保证人公章。准确载明委托事项的《授权委托书》应作为保函附件予以妥善保存。并明确、真实的填写具体的地址、电话、传真、邮政编码等内容，便于畅通的通信联系。 预付款保函签发时间是指保证人的法定代表人或法定代表人授权的委托代理人签署姓名（注意不应是人名章）并加盖保证人公章的时间。如未约定预付款保函生效的条件，则预付款保函签发的时间就是生效时间。此处应填写完整的年月日。

《建设工程施工合同（示范文本）》（GF—2013—0201）第四部分　附件	《建设工程施工合同（示范文本）》（GF—1999—0201）第四部分　附件	对照解读
附件10： **支付担保** ________（承包人）：		《建设工程施工合同（示范文本）》（GF—1999—0201）未提供“支付担保”之附件。以下内容均为《建设工程施工合同（示范文本）》（GF—2013—0201）新增条款。 《建设工程施工合同（示范文本）》（GF—2013—0201）创设了“双向担保制度”，即发包人要求承包人提供履约担保的，发包人应当向承包人提供支付担保。 承包人名称应完整、准确地写在对应的位置内，不可填写简称。注意名称应与《合同协议书》及合同签字盖章处所加盖的公章内容一致。
鉴于你方作为承包人已经与________（发包人名称）（以下称“发包人”）于______年____月____日签订了__________（工程名称）《建设工程施工合同》（以下称“主合同”），应发包人的申请，我方愿就发包人履行主合同约定的工程款支付义务以保证的方式向你方提供如下担保：		本款是说明性条款。此部分主要说明支付担保签订的背景，即当事人签订支付担保的目的、宗旨及依据。 发包人的名称应完整、准确地写在对应的位置内，不可填写简称。注意发包人名称应与《合同协议书》及合同签字盖章处所加盖的公章内容一致。此处填写的年月日应与《合同协议书》中的签订时间相一致。工程名称应与《合同协议书》中的工程名称相一致。
一、保证的范围及保证金额		第一款是关于保证担保的范围及保证金额的约定。 《担保法》第二十一条规定，保证担保的范围包括主债权及利息、违约金、损害赔偿金和实现债权的费用。保证合同另有约定的，按照约定。当事人对保证担保的范围没有约定或者约定不明确的，保证人应当对全部债务承担责任。

《建设工程施工合同（示范文本）》（GF—2013—0201）第四部分　附件	《建设工程施工合同（示范文本）》（GF—1999—0201）第四部分　附件	对照解读
1. 我方的保证范围是主合同约定的工程款。		第 1 款约定保证担保的范围仅限于主合同约定的工程款。
2. 本保函所称主合同约定的工程款是指主合同约定的除工程质量保证金以外的合同价款。		第 2 款对所指的主合同约定的工程款作了定义，不包括工程质量保证金。
3. 我方保证的金额是主合同约定的工程款的______%，数额最高不超过人民币______元（大写：______）。		第 3 款约定保证担保的金额为主合同约定的工程款的一定比例，且对保证金额作了最高额限制。
二、保证的方式及保证期间 1. 我方保证的方式为：连带责任保证。		第二款是关于保证方式及保证期间的约定。 第 1 款约定保证方式为连带责任保证。 我国《担保法》规定的保证方式为两种：即一般保证和连带责任保证。其中，当事人在保证合同中约定保证人与债务人对债务承担连带责任的，为连带责任保证。连带责任保证的债务人在主合同规定的债务履行期届满没有履行债务的，债权人可以要求债务人履行债务，也可以要求保证人在其保证范围内承担保证责任。当事人对保证方式没有约定或者约定不明确的，按照连带责任保证承担保证责任。
2. 我方保证的期间为：自本合同生效之日起至主合同约定的工程款支付完毕之日后______日内。		第 2 款约定保证期间为自本合同生效之日起至主合同约定的工程款支付完毕之日后一定期限内，如可填写 30 日内。 《担保法》第二十六条规定，连带责任保证的保证人与债权人未约定保证期间的，债权人

《建设工程施工合同（示范文本）》（GF—2013—0201）第四部分　附件	《建设工程施工合同（示范文本）》（GF—1999—0201）第四部分　附件	对照解读
3. 你方与发包人协议变更工程款支付日期的，经我方书面同意后，保证期间按照变更后的支付日期做相应调整。		有权自主债务履行期届满之日起六个月内要求保证人承担保证责任。在合同约定的保证期间和前款规定的保证期间，债权人未要求保证人承担保证责任的，保证人免除保证责任。 第 3 款是关于承发包双方协议变更工程款支付日期时的程序约定。 承发包双方协议变更工程款支付日期时，应取得保证人的书面同意，保证期间相应进行调整。 《担保法》第二十四条规定，债权人与债务人协议变更主合同的，应当取得保证人书面同意，未经保证人书面同意的，保证人不再承担保证责任。保证合同另有约定的，按照约定。 最高人民法院关于适用《中华人民共和国担保法》若干问题的解释第三十条第二款规定，债权人与债务人对主合同履行期限作了变动，未经保证人书面同意的，保证期间为原合同约定的或者法律规定的期间。
三、承担保证责任的形式 我方承担保证责任的形式是代为支付。发包人未按主合同约定向你方支付工程款的，由我方在保证金额内代为支付。		第三款是关于保证人承担保证责任形式的约定。 通常承担保证责任的形式为代为履行和代为赔偿。本款约定保证人承担保证责任的形式为代为支付，即当发包人未按合同约定向承包人支付工程款的，保证人在约定的保证金额内代发包人向承包人支付。

《建设工程施工合同（示范文本）》（GF—2013—0201）第四部分　附件	《建设工程施工合同（示范文本）》（GF—1999—0201）第四部分　附件	对照解读
四、代偿的安排 1. 你方要求我方承担保证责任的，应向我方发出书面索赔通知及发包人未支付主合同约定工程款的证明材料。索赔通知应写明要求索赔的金额，支付款项应到达的账号。		第四款是关于保证人承担保证责任的程序约定。 第 1 款承包人要求保证人承担保证责任时，首先应向保证人发出书面索赔通知。索赔通知应包括：（1）证明发包人未支付主合同约定工程款的材料；（2）索赔金额；（3）索赔款项应到达的账号。
2. 在出现你方与发包人因工程质量发生争议，发包人拒绝向你方支付工程款的情形时，你方要求我方履行保证责任代为支付的，需提供符合相应条件要求的工程质量检测机构出具的质量说明材料。		第 2 款当承发包双方因工程质量产生争议时，承包人要求保证人承担保证责任时，应向保证人提供符合约定条件要求的工程质量检测机构出具的质量说明材料。
3. 我方收到你方的书面索赔通知及相应的证明材料后 7 天内无条件支付。		第 3 款是保证人承担保证责任的时限约定，即保证人应在收到承包人书面索赔通知及相应证明材料后 7 天内无条件予以支付。
五、保证责任的解除		第五款是关于保证人的保证责任解除的约定。 本款项下约定了保证人保证责任解除的四种情形：
1. 在本保函承诺的保证期间内，你方未书面向我方主张保证责任的，自保证期间届满次日起，我方保证责任解除。		第 1 款承包人未书面主张保证人承担保证责任的，保证人的保证责任自保证期间届满次日起解除。
2. 发包人按主合同约定履行了工程款的全部支付义务的，自本保函承诺的保证期间届满次日起，我方保证责任解除。		第 2 款发包人已按约定履行全部支付义务的，保证人的保证责任自保证期间届满次日起解除；

《建设工程施工合同（示范文本）》 （GF—2013—0201） 第四部分 附件	《建设工程施工合同（示范文本）》 （GF—1999—0201） 第四部分 附件	对照解读
3. 我方按照本保函向你方履行保证责任所支付金额达到本保函保证金额时，自我方向你方支付（支付款项从我方账户划出）之日起，保证责任即解除。		第 3 款保证人已按约定支付保证金额的，保证人的保证责任自保证金额从保证人账户划出之日起解除。
4. 按照法律法规的规定或出现应解除我方保证责任的其他情形的，我方在本保函项下的保证责任亦解除。		第 4 款按照法律法规的规定或其他出现应解除保证人保证责任的情形的，保证人的保证责任解除。
5. 我方解除保证责任后，你方应自我方保证责任解除之日起______个工作日内，将本保函原件返还我方。		第 5 款是保证人的保证责任解除后，承包人有按约定时间返还保证人保函原件的义务。具体时间如填写 7 个工作日内返还。
六、免责条款 1. 因你方违约致使发包人不能履行义务的，我方不承担保证责任。 2. 依照法律法规的规定或你方与发包人的另行约定，免除发包人部分或全部义务的，我方亦免除其相应的保证责任。		第六款是关于免除保证人保证责任的约定。 本款项下约定了保证人免除保证责任的四种情形： 第 1 款因承包人违约致使发包人不能履行义务的，免除保证人的保证责任。 第 2 款因依照法律法规的规定或承发包双方另行约定免除发包人部分或全部义务的，相应免除保证人部分或全部保证责任。 《担保法》第三十条规定，有下列情形之一的，保证人不承担民事责任：（1）主合同当事人双方串通，骗取保证人提供保证的；（2）主合同债权人采取欺诈、胁迫等手段，使保证人在违背真实意思的情况下提供保证的。

《建设工程施工合同（示范文本）》 （GF—2013—0201） 第四部分　附件	《建设工程施工合同（示范文本）》 （GF—1999—0201） 第四部分　附件	对照解读
3. 你方与发包人协议变更主合同的，如加重发包人责任致使我方保证责任加重的，需征得我方书面同意，否则我方不再承担因此而加重部分的保证责任，但主合同第 10 条〔变更〕约定的变更不受本款限制。 4. 因不可抗力造成发包人不能履行义务的，我方不承担保证责任。		第 3 款因承发包双方协议变更主合同，从而加重发包人责任而未征得保证人书面同意的，则免除保证人此加重部分的保证责任。 第 4 款因不可抗力致使发包人不能履行义务的，免除保证人的保证责任。
七、争议解决 因本保函或本保函相关事项发生的纠纷，可由双方协商解决，协商不成的，按下列第______种方式解决： （1）向__________仲裁委员会申请仲裁； （2）向__________人民法院起诉。		第七款是关于争议解决的约定。 根据本款的约定，因支付担保发生的纠纷，应首先采取协商解决的方式；当协商不成时，可选择通过仲裁或诉讼的方式解决。如选择仲裁的方式，在此处应填写具体仲裁委员会的名称，如填写北京仲裁委员会或中国国际经济贸易仲裁委员会；如选择诉讼的方式，应在原告住所地、被告住所地、合同履行地、合同签订地和标的物所在地等与争议有实际联系的地点选择其一填写。
八、保函的生效 本保函自我方法定代表人（或其授权代理人）签字并加盖公章之日起生效。		第八款是关于保函生效条件的约定。 本款约定保函生效的条件，由保证人的法定代表人或法定代表人授权的委托代理人签署姓名（注意不应是人名章）并加盖保证人公章之日起生效。

《建设工程施工合同（示范文本）》（GF—2013—0201）第四部分 附件	《建设工程施工合同（示范文本）》（GF—1999—0201）第四部分 附件	对照解读
担 保 人：__________（盖章） 法定代表人或委托代理人：______（签字） 地　　址：__________ 邮政编码：__________ 传　　真：__________ ____年___月___日		支付保函由保证人的法定代表人或法定代表人授权的委托代理人签署姓名（注意不应是人名章）并加盖保证人公章。准确载明委托事项的《授权委托书》应作为保函附件予以妥善保存。并明确、真实的填写具体的地址、电话、传真、邮政编码等内容，便于畅通的通信联系。 支付保函签发时间是指保证人的法定代表人或法定代表人授权的委托代理人签署姓名（注意不应是人名章）并加盖保证人公章的时间。如未约定支付保函生效的条件，则支付保函签发的时间就是生效时间。此处应填写完整的年月日。

《建设工程施工合同（示范文本）》（GF—2013—0201）

附件 11：

11-1：材料暂估价表

序号	名称	单位	数量	单价（元）	合价（元）	备注

11-2：工程设备暂估价表

序号	名称	单位	数量	单价（元）	合价（元）	备注

11-3：专业工程暂估价表

序号	名称	单位	数量	单价（元）	合价（元）	备注